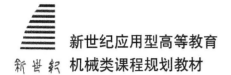

新世纪应用型高等教育
机械类课程规划教材

Fundamentals of Machinery Manufacturing Technology

机械制造技术基础

主　编　王天煜　吕海鸥
副主编　冷岳峰　王海飞
主　审　于英华

U0244334

大连理工大学出版社

图书在版编目(CIP)数据

机械制造技术基础 / 王天煜，吕海鸥主编． -- 大连：
大连理工大学出版社，2020.7(2023.7重印)
新世纪应用型高等教育机械类课程规划教材
ISBN 978-7-5685-2553-4

Ⅰ．①机… Ⅱ．①王… ②吕… Ⅲ．①机械制造工艺
－高等学校－教材 Ⅳ．①TH16

中国版本图书馆 CIP 数据核字(2020)第 091648 号

机械制造技术基础
JIXIE ZHIZAO JISHU JICHU

大连理工大学出版社出版

地址：大连市软件园路 80 号　邮政编码：116023
发行：0411-84708842　邮购：0411-84708943　传真：0411-84701466
E-mail：dutp@dutp.cn　URL：http://dutp.dlut.edu.cn
北京虎彩文化传播有限公司印刷　　　　大连理工大学出版社发行

幅面尺寸：185mm×260mm　　　印张：17.5　　　字数：426 千字
2020 年 7 月第 1 版　　　　　　　　　2023 年 7 月第 2 次印刷

责任编辑：王晓历　　　　　　　　　　责任校对：王瑞亮
封面设计：对岸书影

ISBN 978-7-5685-2553-4　　　　　　　定　价：51.80 元

前　言

　　《机械制造技术基础》是新世纪应用型高等教育教材编审委员会组编的机械类课程规划教材之一。

　　21世纪的到来对专门人才的培养提出了新的要求,特别是21世纪机械产品的国际竞争愈来愈激烈,这就要求机械产品不断创新,努力提高产品质量,完善机械性能,这些必将需要更多的具有创新精神和创造能力的高素质人才。

　　依据《国家中长期教育改革和发展规划纲要》(2010—2020),为适应地方院校转型,培养机械类应用技术型人才,优化教学内容,编者将材料成型方法、机械制造工艺、机床、夹具及刀具等基础知识,结合工程实际进行整合,形成新的课程体系与结构,以满足应用技术型人才培养目标的要求。

　　本教材的内容除绪论外分为8章,包括毛坯成形基础知识、金属切削原理与刀具、典型表面的机械加工方法与加工设备、机床夹具原理与设计、机械加工工艺规程的设计、典型零件的加工工艺、机械加工质量分析与控制、机器装配工艺基础。本教材力求理论联系实际,通过对工程案例的分析引出相关理论知识,并通过图表以较少的篇幅传递较多的信息,便于读者理解和掌握。

　　编写过程中力求贯彻以下基本思想:

　　(1)轻理论重实践,以工程实例引出相关知识点,并注重典型实例的分析,以便牢固掌握基本内容。

　　(2)与企业技术人员、管理人员合作编写教材,突出工程实例的分析和讲解,教材内容的选取注重实用性和实践性。

　　(3)贯彻名词术语、代(符)号、量和单位等现行国家标准。

　　本教材响应二十大精神,推进教育数字化,建设全民终身学习的学习型社会、学习型大国,及时丰富和更新了数字化微课资源,以二维码形式融合纸质教材,使得教材更具及时性、内容的丰富性和环境的可交互性等特征,使读者学习时更轻松、更有趣味,促进了碎片化学习,提高了学习效果和效率。

　　本教材可作为普通高等院校机械设计制造及其自动化专业和其他相关专业的教材或参考书,也可供从事机械制造的工程技术人员参考。

　　本教材建议学时为64学时,课程应配有实验、习题、生产实习、课程设计及项目训练等教学环节。

本教材由沈阳工程学院王天煜、吕海鸥任主编；辽宁工程技术大学冷岳峰、沈阳工程学院王海飞任副主编；沈阳工程学院谭越、长春一汽富晟德尔汽车部件有限公司徐小东参与了编写。具体编写分工如下：绪论由王天煜编写；第1、第4章由谭越编写；第2章由王天煜、徐小东编写；第3、第7章由冷岳峰编写；第5、第6章由吕海鸥编写；第8章由王海飞编写。全书由王天煜统稿并定稿。辽宁工程技术大学于英华教授审阅了书稿，并提出了改进意见，在此谨致谢忱。

在编写本教材的过程中，编者参考、引用和改编了国内外出版物中的相关资料以及网络资源，在此表示深深的谢意！相关著作权人看到本教材后，请与出版社联系，出版社将按照相关法律的规定支付稿酬。

尽管我们在教材特色的建设方面做了许多努力，但由于编者水平有限，教材中仍可能存在一些疏漏和不妥之处，恳请各教学单位和读者在使用本教材时多提宝贵意见，以便下次修订时改进。

编　者
2020 年 7 月

所有意见和建议请发往：dutpbk@163.com
欢迎访问高教数字化服务平台：http://hep.dutpbook.com
联系电话：0411-84708445　84708462

目　　录

第0章

绪 论

0.1 机械制造技术的发展

机械制造技术的发展伴随着工业革命的进程。第一次工业革命始于 18 世纪 60 年代，是由英国发起的技术革命，蒸汽机作为动力机被广泛使用。它开创了以机器代替手工的先河，从而达到提高产品质量和生产率的目的；同时，为了解放劳动力和减轻繁重的体力劳动，机械制造技术应运而生。第二次工业革命始于 19 世纪 70 年代，以电力的广泛应用（电气时代）为标志。随着科学技术发展的突飞猛进，各种新技术、新发明层出不穷，并被迅速应用于工业生产，从而在制造方法上有了很大发展，除了用机械方法加工外，还出现了电加工、光学加工、电子加工、化学加工等非机械加工方法，因此，人们把机械制造技术简称为制造技术。第三次工业科技革命是以原子能、电子计算机和空间技术的广泛应用为主要标志，涉及信息技术、新能源技术、新材料技术、生物技术、空间技术和海洋技术等诸多领域的一场信息控制技术革命。第三次科技革命是迄今为止人类历史上规模最大、影响最为深远的一次科技革命。这个时代的制造技术称为先进制造技术，它将机械、电子、信息、材料、能源和管理等方面的技术进行交叉、融合和集成，综合应用于产品全生命周期的制造全过程，包括市场需求、产品设计、工艺设计、加工装配、检测、销售、使用、维修、报废处理等，以实现优质、敏捷、高效、低耗、清洁生产，快速响应市场的需求。

制造技术是一个永恒的主题，是设想、概念、科学技术物化的基础和手段，是国民经济与国防实力的体现，是国家工业化的关键，在国民经济中占有十分重要的地位。为了提高制造业的竞争力，德国政府提出"工业 4.0"战略，并在 2013 年 4 月的汉诺威工业博览会上正式推出。"工业 4.0"概念即以智能制造为主导的第四次工业革命，将制造业向智能化转型。"工业 4.0"项目主要分为两大主题：一是"智能工厂"，重点研究智能化生产系统与过程以及网络化分布式生产设施的实现；二是"智能生产"，主要涉及整个企业的生产物流管理、人机互动以及 3D 技术在工业生产过程中的应用等。借鉴德国版"工业 4.0"计划，中国提出了制造业顶层设计"中国制造 2025"的既定方略，以打造具有国际竞争力的制造业，提升综合国力，建设世界强国。

0.2 广义制造

广义制造是 20 世纪制造技术的重要发展,是在机械制造技术的基础上发展起来的。随着社会发展和科学进步,需要综合、融合和复合多种技术去研究和解决问题,特别是集成制造技术的问世,提出了广义制造的概念,亦称"大制造"的概念。按照这样理解,制造应包括从市场分析、经营决策、工程设计、加工装配、质量控制、销售运输、售后服务直至产品报废处理的全过程。

广义制造概念的形成过程主要有以下几方面的原因:

1.工艺与设计一体化

制造技术大体分为三个阶段:

(1)手工生产阶段

制造主要靠工匠的手艺完成,使用简单机械,如凿、劈、锯、碾和磨等,为个体及小作坊生产方式;有简单的图样,设计与工艺一体,技术水平取决于制造经验。

(2)大工业生产阶段

生产与社会进步使制造产生了大分工,设计与工艺分开。加工方法除传统加工方法,如车、钻、刨、铣和磨等外,非传统加工方法,如电子束加工、超声波加工、激光加工等均有很大发展。同时出现了以零件为对象的加工流水线和自动化生产线、以部件及产品为对象的装配流水线和自动装配线。

(3)虚拟现实工业生产阶段

为快速适应市场需求,进行高效的单件小批生产,可借助于信息、计算机技术、网络技术,采用集成制造、并行工程、计算机仿真、虚拟制造、动态联盟、协同制造、电子商务等举措,将设计与工艺高度结合,进行计算辅助设计、计算辅助工艺设计和数控加工。虚拟现实工业生产阶段采用强有力的软件,在计算机上进行系统完整的仿真,避免在生产加工中才能发现的一些问题及其造成的损失。因此,它既是虚拟的,又是现实的。

2.材料成形方法

从加工成形机理来分类,加工工艺分为去除加工、结合加工和变形加工,材料成形机理及加工方法见表 0-1。

表 0-1 材料成形机理及加工方法

分类	成形机理	加工方法
去除加工	力学加工	切削加工、磨削加工、磨粒流加工、磨料喷射加工
	电物理加工	电火花加工、电火花线切割加工、等离子体加工、电子束加工、离子束加工
	电化学加工	电解加工
	物理加工	超声波加工、激光加工
	化学加工	化学铣削、光刻加工
	复合加工	电解磨削、超声电解磨削、超声电火花电解磨削、化学机械抛光
结合加工	附着加工	离子镀、蒸镀、电镀、化学镀
	注入加工	离子束注入、渗碳、烧结、渗氮、氧化、阳极氧化
	连接加工	激光焊接、化学粘接、快速成形制造、卷绕成形制造
变形加工	冷、热流动加工	锻造、辊锻、轧制、辊压、液态模锻、粉末冶金
	黏滞流动加工	金属型铸造、压力铸造、离心铸造、熔模铸造、壳型铸造、低压铸造、负压铸造
	分子定向加工	液晶定向

（1）去除加工

去除加工是指从工件上去除一部分材料而成形的加工方法。

（2）结合加工

结合加工利用物理和化学方法将相同材料或不同材料结合在一起而成形，是一种堆积成形、分层制造方法。按照结合机理及结合强弱又可分为附着、注入和连接三种。

①附着　又称为沉积，是在工件表面上覆盖一层材料，是一种弱结合，典型的加工方法是镀。

②注入　又称为渗入，是在工件表层上渗入某些元素，与基体材料产生物化反应，以改变工件表层材料的力学性质，是一种强结合，典型的加工方法有渗碳、氧化等。

③连接　又称为结合，是将两种相同或不同材料通过物化方法连接在一起，可以是强结合，也可以是弱结合，如激光焊接、快速成形等。

（3）变形加工　变形加工又称为流动加工，是利用力、热、分子运动等手段使工件产生变形，改变其尺寸、形状和性能，如锻造、铸造等。

3.制造模式的发展

计算机集成制造技术最早被称为计算机综合制造技术，强调技术的综合性，认为一个制造系统至少应由设计、工艺和管理三部分组成，是制造技术与计算机技术结合的产物，将计算机辅助设计、计算机辅助制造和计算机辅助管理集成，从互相联系的角度解决问题。其后在计算机集成制造技术发展的基础上出现了柔性制造、敏捷制造、虚拟制造、网络制造、智能制造和协同制造等概念以及技术和方法，强调在产品全生命周期中能并行有序地协同解决某一环节所发生的问题，强调局部与整体的关系，力求局部与整体协同解决。

4.产品的全生命周期

制造的范畴发展成为产品的全生命周期，包括需求分析、设计、加工、销售、使用和报废等，如图 0-1 所示。

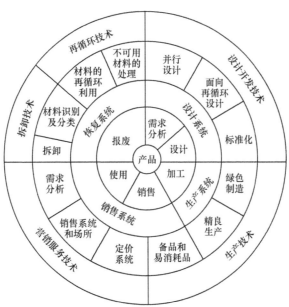

图 0-1　产品的全生命周期

0.3　本课程的研究对象及任务

在机械制造中,与产品生成直接有关的生产过程常被称为机械制造工艺过程,包括毛坯制造、零件加工、热处理、表面保护、装配等。

1.毛坯和零件成形

金属材料毛坯和零件的成形方法通常有铸造、锻压、冲压、焊接和轧材下料等;粉末材料、工程陶瓷等通常采用压制和烧结的方法成形;工程材料常采用注塑、压塑、挤塑、吹塑等成形方法;复合材料则可采用敞开模成形、对模成形、缠绕成形等。

2.机械加工

零件机械加工指采用切削、磨削和特种加工等方法,逐步改变毛坯的形态(形状、尺寸和表面质量),使其成为合格零件的过程。

3.材料改性与处理

材料改性与处理通常指零件热处理及电镀、氧化膜、涂装、热喷涂等表面保护工艺。这些工艺过程的功用是改变零件的整体、局部或表面的金相组织及物理力学性能,使其具有符合要求的强韧性、耐蚀性及其他特种性能。

4.机械装配

机械装配是把零件按一定关系和要求连接在一起,组合成部件和整台机械产品的过程。它通常包括零件固定、连接、调整、平衡、检验和试验等工作。

本课程的研究重点是工艺过程,包括机械零件加工工艺过程和装配工艺过程。

本课程的主要任务如下:

(1)掌握常用的毛坯成形方法,能够根据零件加工要求选择毛坯种类和制造方法。

(2)理解和掌握机械制造工艺过程的基本理论和基本知识。

(3)了解影响机械加工质量的各种因素,学会分析和控制加工质量的方法。

(4)学会制定机械加工工艺规程,理解和掌握典型零件的加工工艺。

(5)掌握机床夹具设计的基本原理和方法,理解和掌握典型夹具的设计。

(6)掌握机械装配工艺基础知识,学会选择满足机器装配精度的装配方法。

(7)了解计算机技术在机械制造领域的应用,能够结合相关软件进行初步应用。

0.4　本课程的特点和学习要求

机械制造技术基础是一门综合性、实践性很强的专业课程。本课程的特点可以归纳为以下几点:

(1)随着科技进步,课程内容需不断更新。由于制造工艺非常复杂,影响因素很多,课程在理论上和体系上正在不断完善和提高。

(2)课程的实践性很强,必须与生产实际紧密结合,深入一线有利于本课程的学习。

(3)课程内容有习题、课程设计、实验、实习、项目制作等,各环节相互配合,形成一个整体。

(4)在学习本课程前,应具备"金属工艺学""金工实习""互换性与技术测量基础"等相关知识。在学习过程中注意总结并与前面相关知识融会贯通。

学习要求如下：

(1)注意掌握基本知识和原理,如切削过程中各物理现象产生机理,工件加工时的定位及基准,加工精度及表面质量的概念等。

(2)注意学习一些基本方法,如毛坯成形方法、计算工艺尺寸链和装配尺寸链的方法、制定零件加工工艺过程和装配工艺过程的方法、夹具设计方法等,通过项目、课程设计等环节加深理解。

(3)注意和实际相结合,重视实践环节的学习,提高知识的应用能力和解决实际问题的能力。

(4)注意学习的灵活性。对同一个零件,在工艺设计上可能有多种方案,生产过程必须根据具体条件灵活运用理论知识,选择最佳方案。

(5)不断学习先进的科学技术,更新知识积累。

本课程仅涉及工艺理论中最基本内容,不管工艺水平发展到何种程度,都与这些基本内容有着密切的关系,掌握机械制造工艺的基本知识及方法,为今后的工作实践中不断提高分析和解决工程实际问题的能力打好基础。

思考与练习

0-1　试论述机械制造技术的发展过程。

0-2　试简述广义制造的含义。

0-3　什么是机械制造工艺过程？机械制造工艺过程主要包含哪些内容？

0-4　从材料成形机理来分析,加工工艺方法可分为哪几类？

第1章

毛坯成形基础知识

工程案例

材料成形主要研究机器零件常用毛坯的成形方法,它是机械制造技术的重要组成部分。常用的材料成形方法有液态成形(铸造)、塑性成形(锻压)及连接成形(焊接)等,如图 1-0 所示的成形零件。大多数机械零件是用上述方法制成毛坯,然后经过机械加工(车、铣、刨、磨等),使其最终具有符合要求的尺寸、形状、相对位置和表面质量。

(a)铸造件   (b)锻造件   (c)焊接件

图 1-0   成形零件

【学习目标】

1.掌握常用的毛坯成形方法。

2.根据生产类型、零件结构、形状、尺寸、材料等选择毛坯种类和制造方式。

3.掌握毛坯图的绘制方法。

1.1   铸造成形

1.1.1   概述

不同的产品有不同的使用性能,组成这些产品的零件其形状和要求也不同,所以零件毛坯的制造方法也就不同。制造零件毛坯的常用方法有铸造、锻造等。

将熔融金属浇注到铸型型腔中,待其凝固后得到具有一定形状、尺寸和性能的零件毛坯的方法称为铸造,铸造所得到的工件或毛坯称为铸件。

铸造是液态的下一次成形,具有很多优点:

(1)适应性广泛

工业上常用的金属材料,如铸铁、碳素钢、合金钢、非铁合金等,均可在液态下成形,并且铸件的大小、形状、质量几乎不受限制。

(2)可以形成形状复杂的铸件

具有复杂内腔的毛坯或零件,如复杂箱体、机床床身、阀体、泵体、缸体等都能成形。

(3)生产成本较低

铸造用的原材料价格低廉,铸件与最终零件的形状相似、尺寸相近,加工余量小,可减少切削加工量。

但铸造也存在一些缺点:

(1)涉及的生产工序较多,生产过程中难以精确控制,因而废品率较高。

(2)铸件组织疏松,晶粒粗大,内部常出现缩孔、缩松、气孔、砂眼等缺陷,导致铸件的某些力学性能较低。

(3)铸件表面粗糙,尺寸精度不高。

(4)一般来说,铸造工作环境较差,工人劳动强度大。

根据铸造材料不同,可将铸造方法分为砂型铸造和特种铸造两类。砂型铸造是以型砂作为主要铸造材料的铸造方法;而特种铸造是指除砂型铸造以外的所有铸造方法的总称。常用的特种铸造方法有金属型铸造、压力铸造、离心铸造和熔模铸造等。现代铸造技术已成为少余量、无余量的成形工艺。

1.1.2 砂型铸造

1.概述

(1)砂型铸造的概念

用型砂制成铸型,将熔融金属注入铸型并经凝固冷却,经落砂取出铸件的铸造方法叫砂型铸造。砂型铸造是传统的铸造方法,适用于各种形状、大小、批量及各种常用合金铸件的生产。掌握砂型铸造技术是合理选择铸造方法和正确设计铸件结构的基础。

(2)砂型铸造生产工艺过程

图 1-1 所示为砂型铸造生产工艺过程示意图。砂型铸造的主要工序有制造模样与芯盒、制备造型材料、造型、造芯、合型、熔炼金属、浇注、落砂、清理与检验等。有的铸件需用干型铸造,造型与造芯之后,还必须将砂型和芯子送进烘房进行烘干。湿型铸造中的芯子一般也应该烘干使用。

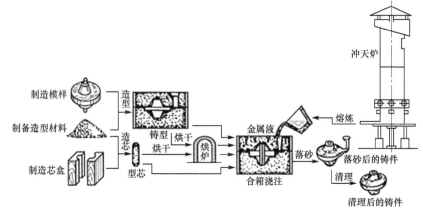

图 1-1 砂型铸造工艺过程

（3）砂型铸造的种类

常用的砂型有湿型、干型、表面干型和各种化学自硬砂型。

①湿型　在硅砂中加入适量的黏土和水分,混制而成的型砂称为湿型砂。用湿型砂春实,浇注前不烘干的砂型称为湿型。铝合金与镁合金铸件、小型铸铁件的生产常使用湿型。湿型由于不必烘干及不需要相应的烘干装置,故节省了成本,提高了生产效率,特别适合于机械化、自动化生产。

②干型　经过烘干的砂型称为干型。烘干后增加了砂型的强度和透气性,大大减少了气孔、砂眼、胀砂、夹砂等缺陷的产生。干型的缺点是:生产周期长,需要烘干设备,增加燃料消耗,恶化劳动条件,难于实现机械化和自动化。干型主要用于质量要求高、结构复杂的中、大型铸件的单件、小批量生产。

③表面干型　砂型表面仅有一层很薄(15～20 mm)的型砂被干燥,其余部分仍然是湿的型砂,称为表面干型。表面干型介于湿型和干型,常用于生产中、大型铝合金铸件和铸铁件。

④化学自硬砂型　靠型砂自身的化学反应硬化,一般不需要烘干或只经低温烘烤的砂型,称为化学自硬砂型。其优点是强度高,节约能源,效率高。但成本较高,有的易产生粘砂等缺陷,自硬砂型对于各种铸件均可采用。

2.造型材料及工艺装备

（1）铸型的组成

图 1-2 是铸型装配图,它主要由上型、下型、型腔、芯子、浇注系统等部分组成,上型与下型之间有一个接合面称为分型面。

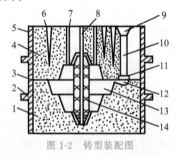

图 1-2　铸型装配图

1—下型;2—下砂箱;3—分型面;4—上型;5—上砂箱;6—通气孔;7—出气口;8—型芯通气孔;
9—外浇口;10—直浇道;11—横浇道;12—内浇道;13—型腔;14—芯子

（2）型砂与芯砂

型、芯砂要具有"一强三性",即一定的强度、透气性、耐火性和退让性。型砂用于制造砂型,芯砂用于制造芯子。型砂和芯砂的性能对铸件质量有很大的影响,应合理地选择和配制型砂与芯砂。

①型砂与芯砂应具备的性能

强度:型砂与芯砂成形之后抵抗外力破坏的能力称为强度。强度高的铸型在搬运、合型时不易损坏,浇注时不易被熔融金属冲塌,铸件可避免产生砂眼、夹砂和塌箱等缺陷。

透气性:型砂与芯砂透过气体的能力称为透气性。熔融金属浇入铸型时,砂型中会产生大量气体,熔融金属中也会随温度下降而析出一些气体,这些气体如不能从砂型中排出,就会使铸件形成气孔。

耐火性：型砂与芯砂在高温熔融金属的作用下，不软化、不熔化的性质叫作耐火性。耐火性差的型（芯）砂容易使铸件表面产生粘砂缺陷，导致铸件切削加工困难。

退让性：铸件凝固时体积要缩小，型砂与芯砂随铸件收缩而被压缩的性能称为退让性。退让性好的型（芯）砂不会阻碍铸件的收缩，使铸件避免产生裂纹，减少应力。

②型砂与芯砂的组成

型砂与芯砂主要由石英砂、黏结剂和水混合而制成，有时加入少量煤粉或木屑等辅助材料。

③涂料

为了提高铸件表面质量和防止铸件表面粘砂，铸型型腔和芯子外表面应刷上涂料。铸铁件的涂料为石墨粉加水，铸钢件以石英粉作为涂料。涂料中加入少量黏土可以增加黏性。

（3）模样与芯盒

模样用来获得铸件外部形状，芯盒用以造出芯子以获得铸件的内腔。制造模样与芯盒的材料有木材、铝合金或者塑料等。

制造模样要考虑铸造生产的特点。为了便于造型，要选择合适的分模面；为了便于起模，在垂直于分型面的模样壁上要做出斜度；模样上壁与壁连接处要以圆角过渡，称为铸造圆角；铸件需要切削加工的表面上要留出切削时切除的多余金属，即留出加工余量；有内腔的铸件，在模样上应做出安放芯子的芯头；考虑到金属凝固冷却后尺寸会变小，所以模样的尺寸要比零件大一些，称为收缩量。

把上述需要考虑的因素绘制在零件图上，就变成了铸造工艺图，再根据铸造工艺图制造模样和盒芯。图 1-3 所示为滑动轴承的铸造工艺图、模样结构图、芯盒结构图和铸件图。

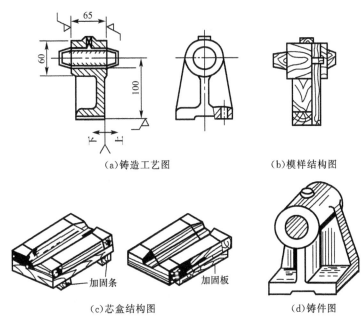

（a）铸造工艺图　　　　　　　　（b）模样结构图

（c）芯盒结构图　　　　　　　　（d）铸件图

图 1-3　滑动轴承的铸造工艺图、模样结构图、芯盒结构图和铸件图

（4）浇注系统

将熔融金属导入型腔的通道称为浇注系统。为了保证铸件质量，浇注系统应能平稳地

将熔融金属导入并充满型腔,以避免熔融金属冲击芯子和型腔,同时能防止熔渣及砂粒等进入型腔。设计合理的浇注系统还能调节铸件的凝固顺序,防止产生缩孔、裂纹等缺陷。

浇注系统通常由出气口、外浇口(浇口杯)、直浇道、横浇道及内浇道组成(图1-4)。

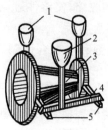

图1-4 浇注系统

1—出气口;2—外浇口;3—直浇道;4—横浇道;5—内浇道

①外浇口 外浇口的形状多为漏斗形。浇注时外浇口应保持充满状态,以便熔融金属比较平稳地流到铸型内并使熔渣上浮。

②直浇道 直浇道是外浇口下面的一段直立通道,利用其高度产生一定的液态静压力,使熔融金属产生充填能力。大件浇注有时有几个直浇道同时进行浇注。

③横浇道 横浇道承接直浇道流入的熔融金属,一般为梯形,它的作用是将熔融金属分配进入内浇道并起挡渣作用。横浇道应开设在内浇道的上部,以便熔渣上浮而不致流入型腔内。

④内浇道 内浇道与型腔直接相连,其断面形状多为梯形或半圆形。内浇道的作用是控制熔融金属流入型腔的速度与方向。为防止冲毁芯子,内浇道不宜正对着芯子(图1-5)。

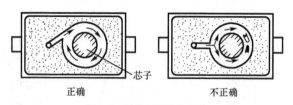

芯子

正确　　　　　　　　不正确

图1-5 开设内浇道的方法

3.造型与造芯方法

制造砂型的工艺过程称为造型。造型是砂型铸造中最基本的工序,通常分为手工造型和机器造型两大类。

(1)手工造型

手工造型时,填砂、紧实和起模都用手工来完成。其优点是操作方便灵活,适应性强,模样生产准备时间短;但生产率低,劳动强度大,铸件质量不易保证。故手工造型只适用于单件小批量生产。

实际生产中,造型方法的选择具有较大的灵活性,一个铸件往往可用多种方法造型。应根据铸件的结构特点、形状和尺寸、生产批量、使用要求及车间具体条件等进行分析比较,以确定最佳方案。各种常用的手工造型方法的特点及其适用范围见表1-1。

表 1-1 常用手工造型方法的特点及其适用范围

	造型方法	主要特点	适用范围
按砂箱特征区分	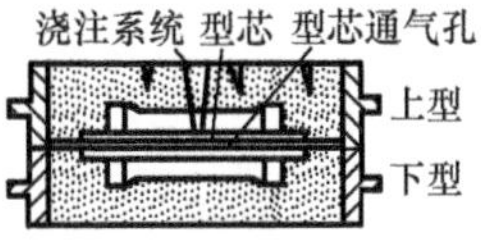 两箱造型	铸型由上型和下型组成,造型、起模、修型等操作方便	适用于各种生产批量,各种大、中、小铸件
	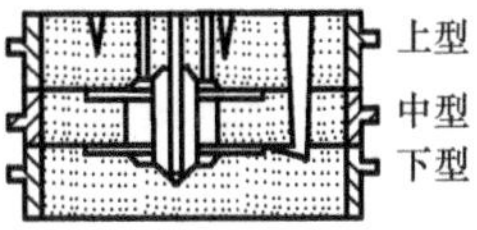 三箱造型	铸型由上、中、下三部分组成,中型的高度需与铸件两个分型面的间距相适应。三箱造型费工,应尽量避免使用	主要用于单件、小批量生产并具有两个分型面的铸件
	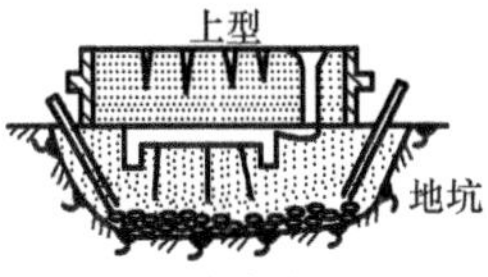 地坑造型	在车间地坑内造型,用地坑代替下砂箱,只要一个上砂箱,可减少砂箱的投资。但造型费工,要求操作者的技术水平较高	常用于砂箱数量不足,制造批量不大的大、中型铸件
	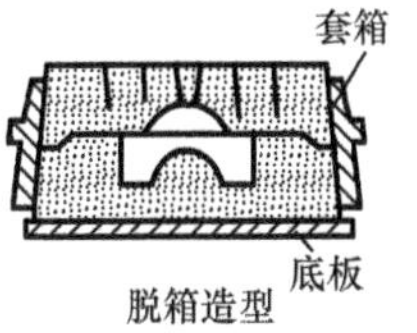 脱箱造型	铸型合型后,将砂箱脱出,重新用于造型。浇注前,需用型砂将脱箱后的砂型周围填紧,也可在砂型上加套箱	主要用于生产小铸件,砂箱尺寸较小
按模样特征分区	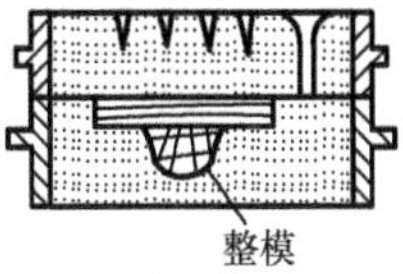 整模造型	模样是整体的,多数情况下型腔全部在下半型内,上半型无型腔。造型简单,铸件不会产生错型缺陷	适用于一端为最大截面,且为平面的铸件
	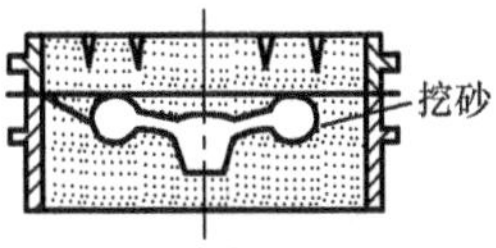 挖砂造型	模样是整体的,但铸件的分裂面是曲面。为了起模方便,造型时用手工挖去阻碍起模的型砂。每造一件,就挖砂一次,费工、生产率低	用于单件或小批量生产分型面不是平面的铸件
	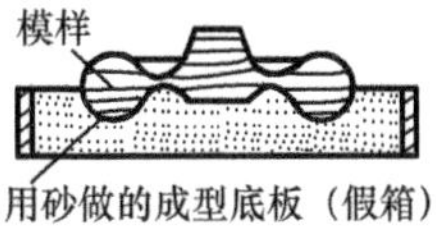 假箱造型	为了克服挖砂造型的缺点,先将模样放在一个预先做好的假箱上,然后放在假箱上造下型,省去挖砂操作。操作简便,分型面整齐	用于成批生产分型面不是平面的铸件
	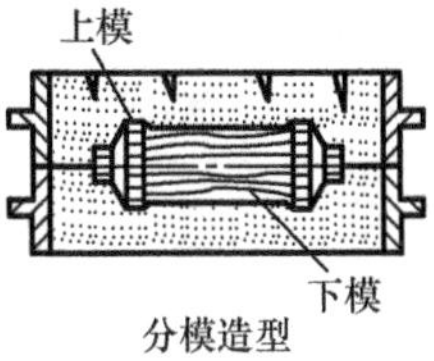 分模造型	将模样沿最大截面处分为两半,型腔分别位于上、下两个半型内。造型简单,节省工时	常用于最大截面在中部的铸件

（续表）

造型方法		主要特点	适用范围
按模样特征分区	活块造型（模样主体、活块）	铸件上有妨碍起模的小凸台、肋条等。制模时将此部分做成活块，在主体模样取出后，从侧面取出活块。造型费工，要求操作者的技术水平较高	主要用于单件、小批量生产带有突出部分、难以起模的铸件
	刮板造型（刮板、木桩）	用刮板代替模样造型。可大大降低模样成本，节约木材，缩短生产周期。但生产率低，要求操作者的技术水平较高	主要用于有等截面的或回转体的大、中型铸件的单件或小批量生产

（2）机器造型

机器造型是用机器来完成填砂、紧实和起模等造型操作过程，是现代化铸造车间的基本造型方法。与手工造型相比，可以提高生产率和铸型质量，减轻劳动强度。但设备及工装模具投资较大，生产准备周期较长，主要用于成批大量生产。

①机器造型的分类

机器造型按紧实方式的不同，分压实造型、振压造型、抛砂造型和射砂造型 4 种基本方式。

● 压实造型　利用压头的压力将砂箱内的型砂紧实，图 1-6 所示为压实造型示意图。先将型砂填入砂箱和辅助框中，然后压头向下将型砂紧实。辅助框用来补偿紧实过程中型砂被压缩的高度。压实造型生产率较高，但砂型在砂箱高度方向的紧实度不够均匀，一般越接近模底板，紧实度越差。因此，只适用于高度不大的砂箱。

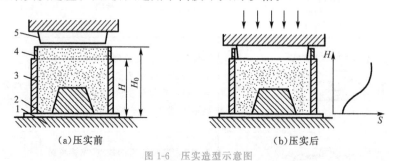

(a)压实前　(b)压实后

图 1-6　压实造型示意图

1—工作台；2—模底板；3—砂箱；4—辅助框；5—压头

● 振压造型　利用振动和撞击力对型砂进行紧实。图 1-7 所示为顶杆起模式振压造型机的工作过程示意图。振压造型分为以下几个步骤：①填砂（图 1-7(a)）；②振击紧砂（图 1-7(b)），振击活塞反复进行振击，使型砂被初步紧实；③辅助压实（图 1-7(c)），振击后砂箱上层的型砂紧实度仍然不足，必须进行辅助压实；④起模（图 1-7(d)），压力油进入起模液压缸时，4 根顶杆平稳地将砂箱顶起，从而使砂型与模样分离。

● 抛砂造型　图 1-8 所示为抛砂机的工作原理图。抛砂头转子上装有叶片，型砂由皮带输送机连续地送入，高速旋转的叶片接住型砂并分成一个个砂团，当砂团随叶片转到出口处时，由于离心力的作用，以高速抛入砂箱，同时完成填砂与紧实的工作过程。

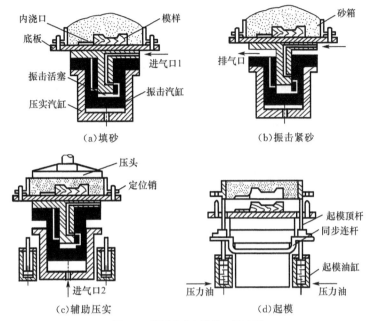

图 1-7 振压式造型机的工作过程

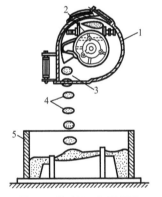

图 1-8 抛砂机工作原理图
1—机头外壳；2—型砂入口；3—砂团出口；
4—被紧实的砂团；5—砂箱

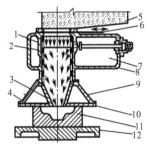

图 1-9 射砂机工作原理图
1—射砂筒；2—射膛；3—射砂孔；4—排气孔；5—砂斗；6—砂闸板；
7—进气阀；8—储气筒；9—射砂头；10—射砂板；11—芯盒；12—工作台

● 射砂造型　图 1-9 所示为射砂机工作原理图。由储气筒中迅速进入射膛的压缩空气，将型（芯）砂由射砂孔射入芯盒的空腔中，而压缩空气经射砂板上的排气孔排出，射砂过程在较短的时间内同时完成填砂和紧实，生产率极高。

②机器造型的工艺特点

机器造型工艺是采用模底板进行两箱造型。模底板是将模样、浇注系统沿分型面与底板连接成一个整体的专用模具。造型后，底板形成分型面，模样形成铸型空腔。

机器造型所用模底板可分为单面模底板和双面模底板两种。单面模底板用于制造半个铸型，是最常用的模底板。造型时，采用两个配对的单面模底板分别在两台造型机上同时造上型和下型，造好的两个半型依靠定位装置（如箱锥）合型。双面模底板仅用于生产小铸件，它是把上、下两个半模及浇注系统固定在同一底板的两侧，此时，上、下型均在同一台造型机上制出，待铸型合型后将砂箱脱除（即脱箱造型），并在浇注之前在铸型上加套箱，以防错型。

机器造型不能进行三箱造型,同时也应尽力避免活块造型。所以,在大批量生产铸件及制定铸造工艺方案时,必须考虑机器造型的这些工艺特点。

(3)造芯

砂芯是用芯砂制成的型芯。芯子的主要作用是用来形成铸件的内腔。浇铸时芯子被高温熔融金属包围,所受到的冲刷及烘烤比铸型强烈得多,因此芯子比铸型应具有更高的强度、透气性、耐火性与退让性。芯砂的组成与配比比型砂要求更严格。一般芯子用黏土砂,要求较高的芯子用桐油砂、合脂砂或树脂砂等。为了增加芯砂的透气性与退让性,芯砂中可适当加锯木屑。

造芯时,芯中应放入芯骨以提高其强度。小芯子用铁丝作芯骨,中型与大型芯子要用铸铁浇铸或用钢筋焊接成骨架。为了吊运方便,芯子上要做出吊环(图1-10(b))。

造芯时应该做出通气道,使芯子产生的气体能顺利地排出来。芯子的通气道要与铸型的排气孔连通。大型芯子的心部常放入焦炭以增加透气功能(图1-10(c))。

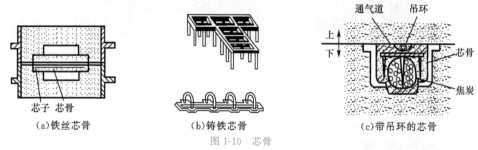

(a)铁丝芯骨　　　　　　(b)铸铁芯骨　　　　　　(c)带吊环的芯骨

图 1-10　芯骨

造芯的方法有很多,图1-11所示是几种常见的利用芯盒造芯的方法。芯子制成以后,表面要刷上一层涂料以防止铸件内腔粘砂,然后放入烘房,在250 ℃左右的温度下烘干,以提高芯子的性能。

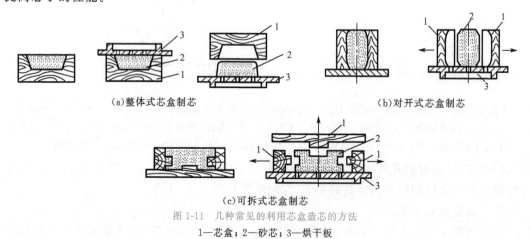

(a)整体式芯盒制芯　　　　　　　　　　　(b)对开式芯盒制芯

(c)可拆式芯盒制芯

图 1-11　几种常见的利用芯盒造芯的方法

1—芯盒;2—砂芯;3—烘干板

1.1.3　特种铸造

生产中采用的铸型用砂较少或不用砂,使用特殊工艺装备进行铸造的方法,统称为特种铸造,如熔模铸造、金属型铸造、压力铸造、低压铸造、离心铸造等。与砂型铸造相比,特种铸造具有铸件精度高、表面质量高、内在性能好、原材料消耗低、工作环境好等优点。每种特种铸造的方法均有其优越之处和适用的场合,但铸件的结构、形状、尺寸、质量、材料种类往往受到某些限制。

1.熔模铸造

(1)原理及特点

熔模铸造又称精密铸造或失蜡铸造。它是用易熔材料(蜡料及塑料等)制成精确的可熔性模样(熔模),在模样上涂以若干层耐火涂料,经过干燥、硬化成整体型壳;然后加热型壳熔失模样,再经高温焙烧而成为耐火型壳;将液体金属浇入型壳中,待冷却后即得到铸件。工艺流程如图 1-12 所示。

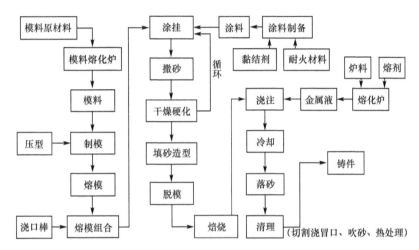

图 1-12　熔模铸造工艺流程图

与其他铸造方法相比,熔模铸造的主要优点如下:

①铸件精度高、表面质量好,是少、无切削加工工艺的重要方法之一,其尺寸精度可达 IT11～IT14,表面粗糙度为 $Ra\ 12.5$～$Ra\ 1.6\ \mu m$。如熔模铸造的涡轮发动机叶片,铸件精度已达到无加工余量的要求。

②可以铸造薄壁铸件以及质量很小的铸件,熔模铸件的最小壁厚可达 0.3 mm,最小铸出孔径为 0.5 mm,质量可以小到几克。

③熔模铸件的外型和内腔形状几乎不受限制,可以制造出用砂型铸造、锻压、切削加工等方法难以制造的形状复杂的零件,而且可以使有些组合件、焊接件在稍进行结构改进后直接铸造成整体零件,从而减轻零件质量、降低生产成本。

④铸造合金种类不受限制,用于铸造高熔点和难切削合金时更具显著的优越性。

⑤生产批量基本不受限制,既可成批、大批量生产,又可单件、小批量生产。

但熔模铸造工序繁杂,生产周期长,原辅材料费用比砂型铸造高,生产成本较高。另外,受蜡模与型壳强度、刚度的限制,不适用于生产轮廓尺寸很大的铸件,质量一般限于 25 kg 以下。

熔模铸造主要用于生产汽轮机及燃气轮机的叶片、泵的叶轮、切削刀具,以及飞机、汽车、拖拉机和机床上的小型零件。

(2)工艺过程

熔模铸造主要包括蜡模制造、结壳、脱蜡、焙烧和浇注等过程,如图 1-13 所示。

①蜡模制造　根据零件图制造出与零件形状、尺寸相符合的母模(图 1-13(a));再根据母模做成压型(图 1-13(b));把熔化成糊状的蜡质材料压入压型,等冷却凝固后取出,就得

到蜡模(图 1-13(c)～图 1-13(e))。在铸造小型零件时,常把若干个蜡模黏合在一个浇注系统上,构成蜡模组(图 1-13(f)),以便一次浇出多个铸件。

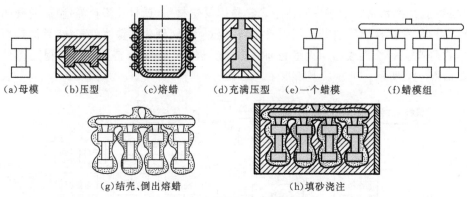

(a)母模　(b)压型　(c)熔蜡　(d)充满压型　(e)一个蜡模　(f)蜡模组

(g)结壳、倒出熔蜡　(h)填砂浇注

图 1-13　熔模铸造工艺过程

②结壳　把蜡模组放入黏结剂与硅粉配制的涂料中浸渍,使涂料均匀地覆盖在蜡模表层,然后在上面均匀地撒一层硅砂,再放入硬化剂中硬化。如此反复 4～6 次,最后在蜡模组外表面形成由多层耐火材料组成的坚硬型壳(图 1-13(g))。

③脱蜡　通常将附有型壳的蜡模组浸入 85～95 ℃的热水中,使蜡料熔化并从型壳中脱除,以形成形腔。

④焙烧和浇注　型壳在浇注前,必须在 800～950 ℃下进行焙烧,以彻底去除残蜡和水分。为了防止型壳在浇注时变形或破裂,可将型壳排列于砂箱中,周围用砂填紧(图 1-13(h))。焙烧通常趁热(600～700 ℃)进行浇注,以提高充型能力。

⑤待铸件冷却凝固后,将型壳打碎取出铸件,切除浇口,清理毛刺。

熔模铸造铸件的结构,除应满足一般铸造工艺的要求外,还具有其特殊性:

①铸孔不能太小和太深,否则涂料和砂粒很难进入蜡模的空洞内。一般铸孔应大于 2 mm。

②铸件壁厚不可太薄,一般为 2～8 mm。

③铸件的壁厚应尽量均匀。熔模铸造工艺一般不用冷铁,少用冒口,多用直浇道直接补缩,故不能有分散的热节。

2.金属型铸造

金属型铸造是将液态金属浇入金属铸型,以获得铸件的铸造方法。由于金属铸型可重复使用,所以又称为永久型铸造。

(1)金属型的结构及其铸造工艺

根据铸件的结构特点,金属型可采用多种形式,图 1-14 所示为铸造铝活塞的金属型铸造示意图。该金属型由左半型 1、右半型 5 和底型 7 组成,采用垂直分型,活塞的内腔由组合式型芯构成。铸件冷却凝固后,先取出中间型芯 3,再取出左、右两侧型芯 2 和 4,然后沿水平方向拔出左、右销孔型芯 6 和 8,最后分开左、右两个半型,即可取出铸件。

由于金属型导热速度快,没有退让性和透气性,为了确保获得优质铸件和延长金属型的使用寿命,应该采取下列工艺措施:

①加强金属型的排气　例如,在金属型腔上部设排气孔、通气塞(气体能通过,金属液不能通过),在分型面上开通气槽等。

②表面喷刷涂料　金属型与高温金属液直接接触的工作表面上应喷刷耐火涂料,以保护金属型,并可调节铸件各部分的冷却速度,提高铸件质量。涂料一般由耐火材料(石墨粉、氧化锌、石英粉等)、水玻璃黏结剂和水组成,涂料层厚度为 0.1～0.5mm。

③预热金属型　金属型浇注前需预热,预热温度一般为 200～350 ℃,目的是防止金属液冷却过快而造成浇不到、冷隔和气孔等缺陷。

④开型　因金属型无退让性,除在浇注时正确选定浇注温度和浇注速度外,浇注后,如果铸件在铸型中停留时间过长,易引起过大的铸造应力而导致铸件开裂,因此,铸件冷凝后,应及时从铸型中取出。通常铸铁件出型温度为 780～950 ℃,开型时间为 10～60 s。

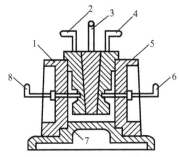

图 1-14　金属型铸造示意图

1—左半型;2,3,4—一组合型芯;5—右半型;7—底型;6,8—销孔型芯

(2)金属型铸件的结构工艺性

①由于金属型无退让性和溃散性,铸件结构一定要保证能顺利出型,铸件结构斜度应比砂型铸件大。

②铸件壁厚要均匀,以防出现缩松和裂纹。同时,为防止出现浇不到、冷隔等缺陷,铸件的壁厚不能过薄。例如,铝硅合金铸件的最小壁厚为 2～4 mm,铝镁合金为 3～5 mm,铸铁为 2.5～4 mm。

③铸孔的孔径不能过小、过深,以便于金属型芯的安放和抽出。

(3)金属型铸造的特点及应用

金属型铸造的优点如下:

①有较高的尺寸精度(IT12～ IT16)和较小的表面粗糙度(Ra 12.5～Ra 6.3 μm),机械加工余量小。

②由于金属型的导热性好,冷却速度快,因此铸件的晶粒较细,力学性能好。

③可实现"一型多铸",提高劳动生产率,节约造型材料,减轻环境污染,改善劳动条件。

但金属型的制造成本高,不宜生产大型、形状复杂和薄壁铸件。由于冷却速度快,铸铁件表面易产生白口,使切削加工困难。受金属型材料熔点的限制,熔点高的合金不适宜用金属型铸造。

金属型铸造主要用于铜合金、铝合金等非铁金属铸件的大批量生产,如活塞、连杆、汽缸盖等。铸铁件的金属型铸造目前也有所发展,但其尺寸限制在 300 mm 以内,质量不超过 8 kg,如电熨斗底板等。

3.压力铸造

压力铸造是将熔融的金属在高压下快速压入金属铸型中,并在压力下凝固,以获得铸件的方法。压铸时所用的压力为 30～70 MPa,填充速度可达 5～100 m/s,充满铸型的时间为

0.05～0.15 s。高压和高速是压铸法区别于一般金属型铸造的两大特征。

(1)压铸机和压铸工艺过程

压力铸造通常在压铸机上完成,压铸机分为立式和卧式两种。图 1-15 所示为立式压铸机工作过程示意图。合型后,用定量勺将金属注入压室中(图 1-15(a))。压射活塞向下推进,将金属液压入铸型(图 1-15(b))。金属凝固后,压射活塞退回,下活塞上移顶出余料,动型移开,取出铸件(图 1-15(c))。

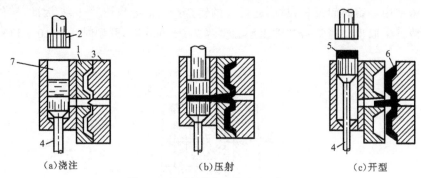

| (a)浇注 | (b)压射 | (c)开型 |

图 1-15 立式压铸机工作过程示意图

1—定型;2—压射活塞;3—动型;4—下活塞;5—余料;6—压铸件;7—压室

(2)压铸件的结构工艺性

①压铸件上应消除内侧凹,以保证压铸件从压型中顺利取出。

②压力铸造可铸出细小的螺纹、孔、齿和文字等,但有一定的限制。

③应尽可能采用薄壁并保证壁厚均匀。由于压铸工艺的特点,金属浇注和冷却速度都很快,厚壁处不易得到补缩而形成缩孔、缩松。压铸件适宜的壁厚:锌合金为 1～4 mm,铝合金为 1.5～5 mm,铜合金为 2～5 mm。

④对于复杂而无法取芯的铸件或局部有特殊性能(如耐磨、导电、导磁和绝缘等)要求的铸件,可采用嵌铸法,把镶嵌件先放在压型内,然后和压铸件铸合在一起。

(3)压力铸造的特点及应用

压力铸造的优点如下:

①压铸件尺寸精度高,表面质量好,尺寸公差等级为 IT11～ IT13,表面粗糙度为 Ra 6.3～Ra 1.6 μm,可不经机械加工直接使用,而且互换性好。

②可以压铸壁薄、形状复杂以及具有很小孔和螺纹的铸件,如锌合金的压铸件最小壁厚可达 0.8 mm,最小铸出孔径可达 0.8 mm,最小可铸螺距达 0.75 mm。还能压铸镶嵌件。

③压铸件的强度和表面硬度较高。压力下结晶,加上冷却速度快,铸件表层晶粒细密,其抗拉强度比砂型铸件高 25%～40%。

④生产率高,可实现半自动化及自动化生产。

但压铸也存在一些不足。由于充型速度快,型腔中的气体难以排出,在压铸件皮下易产生气孔,故压铸件不能进行热处理,也不宜在高温下工作,否则气孔中的空气会产生热膨胀压力,可能使铸件开裂;金属液凝固快,厚壁处来不及补缩,易产生缩孔和缩松;设备投资大,铸型制造周期长,造价高,不宜小批量生产。

压力铸造应用广泛,可用于生产锌合金、铝合金、镁合金和铜合金等铸件。

4.离心铸造

离心铸造是将熔融金属浇入旋转的铸型中,使液态金属在离心力的作用下充填铸型并凝固成形的一种铸造方法。

(1)离心铸造类型及工艺

为使铸型旋转,离心铸造必须在离心铸造机上进行。根据铸型旋转轴空间位置的不同,离心铸造机通常可分为立式和卧式两大类,如图 1-16 所示。

在立式离心铸造机上,铸型是绕垂直轴旋转的(图 1-16(a))。在离心力和液态金属本身重力的共同作用,使铸件的内表面呈抛物面形状,造成铸件上薄下厚。显然,在其他条件不变的前提下,铸件的高度越高,壁厚的差别也越大。因此,立式离心铸造主要用于高度小于直径的圆环类铸件。

在卧式离心铸造机上,铸型是绕水平轴旋转的(图 1-16(b))。由于铸件各部分的冷却条件相近,故铸出的圆筒型铸件壁厚均匀。因此,卧式离心铸造适合于生产长度较大的套筒、管类铸件。

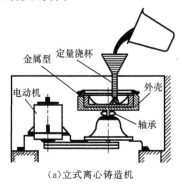
(a)立式离心铸造机

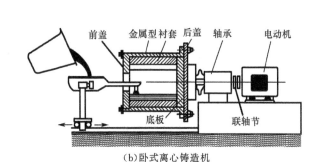
(b)卧式离心铸造机

图 1-16 离心铸造机原理图

(2)特点及应用

离心铸造的优点如下:

①不用型芯即可铸出中空铸件。液体金属能在铸型中形成中空的自由表面,大大简化了套筒、管类铸件的生产过程。

②可以提高金属液充填铸型的能力。由于金属液体旋转时产生离心力作用,因此一些流动性较差的合金和薄壁铸件可用离心铸造法生产,形成轮廓清晰、表面光洁的铸件。

③改善了补缩条件。气体和非金属夹杂物易于从金属中排出,产生缩孔、缩松、气孔和夹渣等缺陷的比率很小。

④无浇注系统和冒口,节约金属。

⑤便于铸造"双金属"铸件,如钢套镶铜轴承等。

离心铸造也存在不足。由于离心力的作用,金属中的气体、熔渣等夹杂物,因密度较轻而集中在铸件的内表面上,所以内孔的尺寸不精确,质量也较差,必须增加机械加工余量;铸件易产生成分偏析和密度偏析。

目前,离心铸造已广泛用于铸铁管、汽缸套、铜套、双金属轴承、特殊钢的无缝管坯、造纸机滚筒等铸件的生产。

1.1.4 铸件图的绘制

按照铸造工艺图及产品图绘制铸件图(图 1-17)。

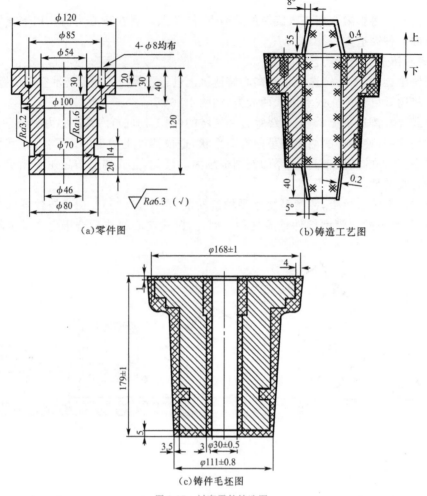

（a）零件图　　（b）铸造工艺图

（c）铸件毛坯图

图 1-17　衬套零件铸造图

1.铸件图应表达的内容

铸件毛面上的加工定位点（面）、夹紧点（面），加工余量，拔模斜度，分型面，内浇口和冒口残余，铸件全部形状和尺寸，未注明的圆角、壁厚，涂漆种类，铸件允许的缺陷说明等项。

2.铸件图视图的画法

（1）用细的双点划线表示加工面,用粗实线表示铸件轮廓形状,在双点画线和实线之间标注加工余量尺寸。在剖面图上加工余量范围内,即在双点画线和外廓实线之间,在原有剖面线上,再附加一层剖面线,其方向与原剖面线相垂直,这样组成正方形网格线的部分即表示加工余量和不铸孔及沟槽等将被切削去除的部分。

（2）只标明特殊的铸造圆角尺寸,相同的铸造圆角在技术条件中说明。

（3）只标出特殊的拔模斜度,相同角度的拔模斜度统一在技术条件中说明。

（4）用细实线画出分型面在铸件上的痕迹,并注明"上""下"字样,以说明浇注位置。

（5）浇冒口残余的表示方法为,用细双点画线画出内浇道、冒口根的位置和形状,再用引出线引出加以文字说明,如"内浇道残余不应大于 x 毫米"等。

（6）铸件上特殊部位允许缺陷的限制,应在图形上相应部位示清,并加以文字说明。

3.尺寸标注方法

生产中有两种尺寸标注方法:第一种方法是以零件尺寸为基础,即标注零件尺寸,加工余量(拔模斜度的尺寸界限)等则在零件尺寸线上向外标注;第二种方法是以铸件尺寸为基础,即标注铸件尺寸,加工余量等则由铸件外廓尺寸线向内标注尺寸。第二种方法在个别大量生产的工厂中应用,而大多数工厂应用第一种方法。无论采用哪种方法,不铸孔和沟槽等均不标注尺寸。

1.2 锻造成形

1.2.1 概述

塑性成形是指对金属材料施加外力,在该力作用下产生塑性变形,从而获得具有一定形状、尺寸、组织和性能的工件或毛坯的加工方法,也称为塑性加工或压力加工。与金属切削加工、铸造、焊接等加工工艺相比,塑性成形使金属组织致密,晶粒细小,力学性能提高。常见的塑性成形方法有锻造(自由锻造、模型锻造)、轧制、挤压、拉拔、冲压等。塑性成形的基本方法如图 1-18 所示。

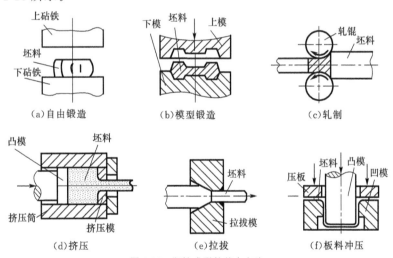

图 1-18 塑性成形的基本方法

用于塑性成形的金属材料包括黑色金属和有色金属,大多数金属及其合金均具有一定的塑性,可在热态或冷态下进行各种塑性成形。

金属塑性成形中作用在金属坯料上的外力主要有两种:冲击力和压力。锤类设备产生冲击力使金属变形;压力机和轧机对金属坯料施加静压力使金属变形。

金属塑性成形的适用范围非常广泛,是许多型材和重要构件的主要成形方法。但塑性成形方法与液态成形方法相比,前者所允许构件的复杂程度不及后者。

1.2.2 自由锻造

将金属坯料放在上、下砧铁或锻模之间,使之受到冲击力或压力而变形的加工方法叫作锻造。锻造是金属零件的重要成形方法之一,可以分为自由锻造和模型锻造两种类型。

1.自由锻造的概念

自由锻造是利用冲击力或压力,使金属在上、下砧铁之间产生塑性变形,从而获得所需形状、尺寸以及内部质量的锻件的一种加工方法。自由锻造时,除与上、下砧铁接触的金属部分受到约束外,金属坯料朝其他各个方向均能自由变形流动,不受外部的限制,故无法精确控制变形的发展。

自由锻造分为手工锻造和机器锻造两种。手工锻造只能生产小型锻件,生产率较低。机器锻造是自由锻造的主要方法。

由于自由锻件的形状与尺寸主要靠人工操作来控制,所以锻件的精度较低,加工余量大,劳动强度大,生产率低。自由锻主要应用于单件、小批量生产,修配以及大型锻件的生产和新产品的试制等。

2.自由锻造工序

根据各工序变形性质和变形程度的不同,自由锻造工序可分为基本工序、辅助工序和精整工序三大类。

(1)基本工序

基本工序是使金属坯料实现主要的变形要求,达到或基本达到锻件所需形状和尺寸的工序。主要有以下几个:

①镦粗　使坯料高度减小、横截面积增大的工序,是自由锻生产中最常用的工序,适用于块状、盘套类锻件的生产。

②拔长　使坯料横截面积减小、长度增大的工序,适用于轴类、杆类锻件的生产。为达到规定的锻造比和改变金属内部组织结构,锻制以钢锭为坯料的锻件时,拔长经常与镦粗交替反复使用。

③冲孔　在坯料上冲出通孔或盲孔的工序。对圆环类锻件,冲孔后还应进行扩孔。

④弯曲　使坯料轴线产生一定曲率的工序。

⑤扭转　使坯料的一部分相对于另一部分绕其轴线旋转一定角度的工序。

⑥错移　使坯料的一部分相对于另一部分平移错开,但仍保持轴线平行的工序,是生产曲拐或曲轴类锻件所必需的工序。

⑦切割　分割坯料或去除锻件余量的工序。

⑧锻接　将两分离工件加热到高温,在锻压设备产生的冲击力或压力作用下,使两者在固相状态下接合成一牢固整体的工序。

(2)辅助工序

辅助工序指进行基本工序之前的预变形工序,如压钳口、倒棱、压肩等。

(3)精整工序

精整工序是在完成基本工序之后,用以提高锻件尺寸及位置精度的工序,如校正、滚圆、平整等。

实际生产中最常用的是镦粗、拔长、冲孔3个基本工序。相关工序见表1-2。

表 1-2　　　　　　　　　　　**自由锻造基本工序简图**

工序名称	工序简图	工序名称	工序简图	工序名称	工序简图
镦粗		拔长		冲孔	

（续表）

工序名称	工序简图	工序名称	工序简图	工序名称	工序简图
马杠扩孔		心轴拔长		弯曲	
切割		错移		扭转	

3.自由锻造工艺规程的制定

制定工艺规程、编写工艺卡片是进行自由锻造生产必不可少的技术准备工作,是组织生产过程、规定操作规范、控制和检查产品质量的依据。自由锻造工艺规程的主要内容包括根据零件图绘制锻件图,计算坯料质量和尺寸,确定锻造工序,确定锻造温度范围,选择锻造设备等。

（1）绘制锻件图

锻件图是制定锻造工艺和检验的依据,绘制时主要考虑工艺余块、加工余量及锻件公差。绘制出的自由锻造锻件图,如图 1-19 所示。通常在锻件图上用粗实线画出锻件的最终轮廓,在锻件尺寸线上方标注出锻件的主要尺寸和公差;用双点画线画出零件的主要轮廓形状,并在锻件尺寸线的下面或右面用圆括号标注出零件尺寸。

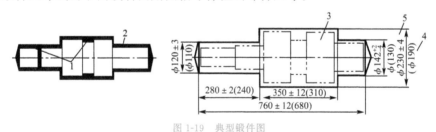

图 1-19　典型锻件图

1—工艺余块;2—加工余量;3—零件;4—零件尺寸;5—锻件公称尺寸及公差

①某些零件上的精细结构,如键槽、齿槽、退刀槽、小孔、不通孔和台阶等,难以用自由锻造锻出,必须暂时添加一部分金属以简化锻件形状。这部分添加的金属称为工艺余块,它将在切削加工时去除。

②由于自由锻造的精度较低,表面质量较差,一般需要进一步切削加工,所以零件表面要留加工余量。加工余量的大小与零件的形状、尺寸等因素有关。其数值应结合生产的具体情况而定。

③锻造公差是锻件名义尺寸的允许变动量。公差的数值可查有关国家标准,通常为加工余量的 $1/4 \sim 1/3$。

（2）计算坯料质量和尺寸

①坯料质量的计算

坯料质量的计算公式为

$$m_{坯} = m_{锻} + m_{烧} + m_{芯} + m_{切}$$

（1-1）

式中 $m_坯$——坯料的质量,kg;

   $m_锻$——锻件的质量,kg;

   $m_烧$——加热时坯料表面因氧化而烧损的质量,kg;

   $m_芯$——冲孔时芯料的质量,kg;

   $m_切$——端部切头损失的质量,kg。

②坯料尺寸的确定

根据求出的 $m_坯$,除以金属的密度,即能得到坯料的体积 $V_坯$,然后再根据锻件变形工序(如镦粗、拔长)、形状及锻造比计算坯料横截面积 $S_坯$、直径、边长等尺寸。

● 镦粗时,坯料的高度 H_0 不应超过坯料直径 D_0 或边长 A_0 的 2.5 倍,高度不应小于直径或边长的 1.25 倍,故圆坯料直径 D_0 的计算公式为

$$D_0=(0.8\sim1.0)\sqrt[3]{V_坯} \tag{1-2}$$

方坯料边长 A_0 的计算公式为

$$A_0=(0.74\sim0.93)\sqrt[3]{V_坯} \tag{1-3}$$

坯料长度 H_0 的计算公式为

$$H_0=V_坯/S_坯 \tag{1-4}$$

● 拔长时,根据坯料拔长后的最大截面部分需满足锻造比 $Y_锻$ 的要求,坯料截面积 $S_坯$ 应为锻件最大截面积 $S_锻$ 的 1.1～1.5 倍,即

$$S_坯\geqslant Y_锻 S_锻=(1.1\sim1.5)S_锻 \tag{1-5}$$

故圆坯料直径 D_0 的计算公式为

$$D_0=1.13\sqrt{S_坯} \tag{1-6}$$

方坯料边长 A_0 的计算公式为

$$A_0=\sqrt{S_坯} \tag{1-7}$$

坯料长度 H_0 的计算公式为

$$H_0=V_坯/S_坯 \tag{1-8}$$

(3)确定锻造工序

自由锻造的工序应根据锻件的形状、尺寸和技术要求,并综合考虑生产批量、生产条件以及各基本工序的变形特点加以确定。表 1-3 为常见的自由锻造锻件的基本工序。

(4)确定锻造温度范围

确定合理的锻造温度范围,对改善金属的可锻性,提高锻件的产量、质量以及减少坯料和金属的消耗都有直接作用。常用金属的锻造温度见表 1-4。

表 1-3   **常见的自由锻造锻件的基本工序**

锻件类别	图例	锻造工序	实例
盘类、圆环类		镦粗、冲孔、马杠扩孔、定径	齿圈、法兰、套筒、圆环等

（续表）

锻件类别	图例	锻造工序	实 例
筒类		镦粗、冲孔、芯棒拔长、滚圆	圆筒、套筒等
轴类		拔长、压肩、滚圆	主轴、传动轴等
杆类		拔长、压肩、修整、冲孔	连杆等
曲轴类		拔长、错移、压肩、扭转、滚圆	曲轴、偏心轴等
弯曲类		拔长、弯曲	吊钩、轴瓦盖、弯杆等

表 1-4 　　　　　　　　　　　　　常用金属的锻造温度　　　　　　　　　　　　　℃

合金种类	始锻温度	终锻温度	锻造温度范围
碳质量分数小于 0.3% 的碳素钢	1 200～1 250	750～800	450
碳质量分数为 0.3%～0.5% 的碳素钢	1 150～1 200	750～800	400
碳质量分数为 0.5%～0.9% 的碳素钢	1 100～1 150	800	300～350
碳质量分数大于 0.9% 的碳素钢	1 050～1 100	800	250～300
合金结构钢	1 150～1 200	800～850	350
低合金工具钢	1 100～1 150	850	250～300
高速钢	1 100～1 150	900	200～250
硬铝	470	380	90
铝铁青铜	850	700	150

（5）选择锻造设备

自由锻造的设备分为锻锤和液压机两大类。生产中使用的锻锤有空气锤和蒸汽-空气锤,其吨位以锻锤落下部分的质量表示。空气锤锤击速度高,吨位较小,只有 0.5～10 kN,用于锻造 100 kg 以下的锻件。蒸汽-空气锤的吨位较大,可达 10～50 kN,用于锻造 1 500 kg 以下的锻件。液压机是以液体产生的静压力使坯料变形的,其压力可达 5～15 000 kN,可锻造 300 t 的大型锻件,是生产大型锻件的唯一方式。

工艺规程的内容,还包括确定所用工夹具、加热设备、加热火次、冷却规范、锻后热处理规范和填写工艺卡片等。

（6）自由锻造工艺实例

表 1-5 为一个典型的自由锻件（半轴）的锻造工艺卡示例。

表 1-5　　　　　　　　　　　　　　　半轴自由锻造工艺卡

锻件名称	半轴	锻 件 图
坯料质量	25 kg	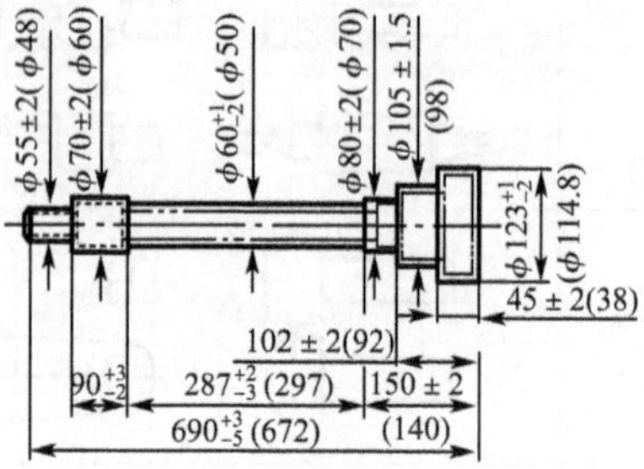
坯料尺寸	ϕ130 mm×240 mm	
材料	18CrMnTi	

火次	工序	图例
1	锻出头部	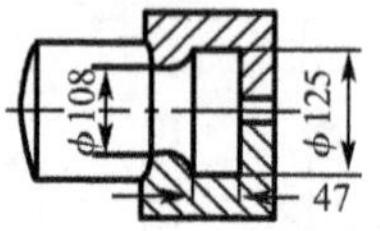
	拔长	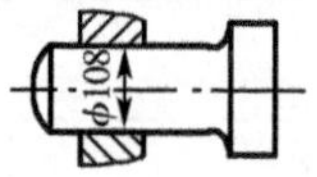
	拔长及修整台阶	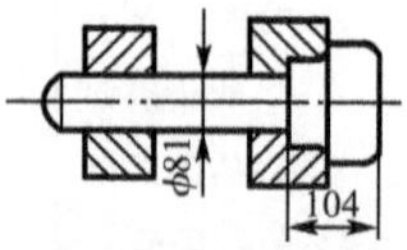
	拔长并留出台阶	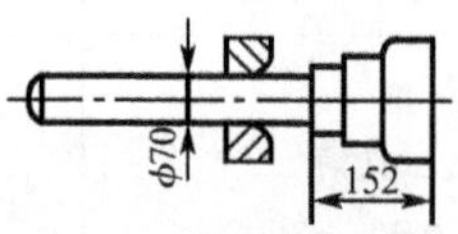
	锻出凹挡及拔出端部并修整	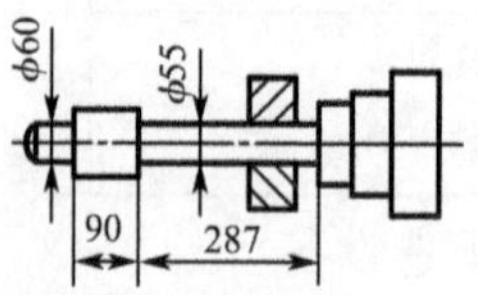

4.自由锻造锻件的结构工艺性

由于自由锻造只限于使用简单的通用工具成形，因而自由锻造锻件外型结构的复杂程度受到很大限制。

在设计自由锻造锻件时，除满足使用性能的要求外，还应考虑加工的可行性，以及方便和经济，即零件结构要符合自由锻造的工艺性要求。自由锻造零件的结构工艺性见表 1-6。

表 1-6　　　　　　　　　　　自由锻造零件的结构工艺性

工艺要求	合理结构	不合理结构
圆锥体的锻造需用专门工具,锻造比较困难,因此锻件上应尽量避免锥体或斜面结构	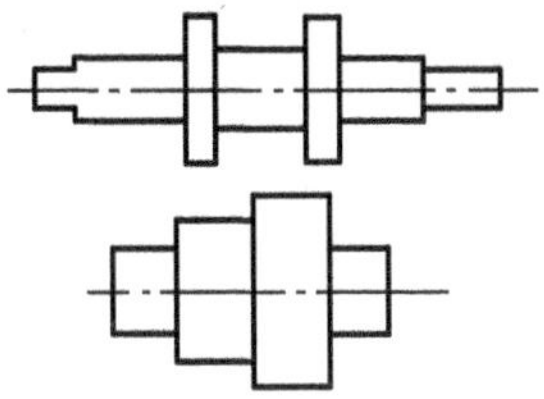	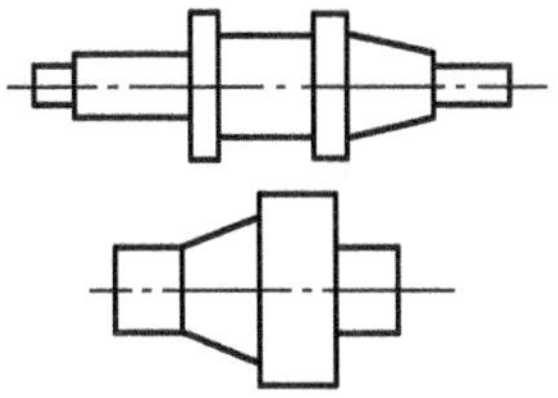
圆柱体与圆柱体交接处的锻造很困难,应改为平面与圆柱体交接	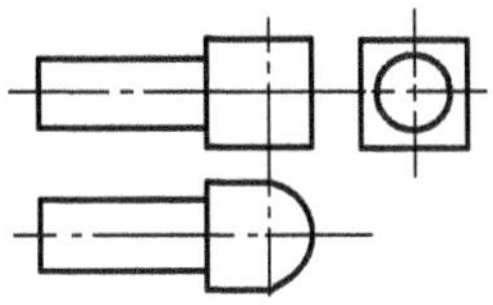	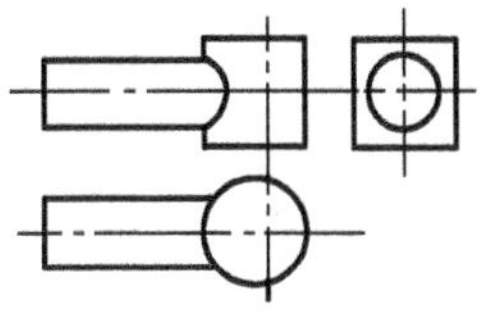
避免椭圆形、工字形或其他非规则形状截面及非规则外形	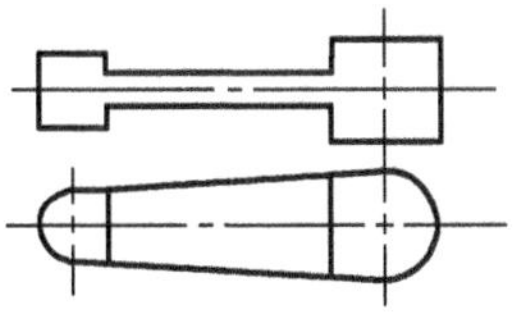	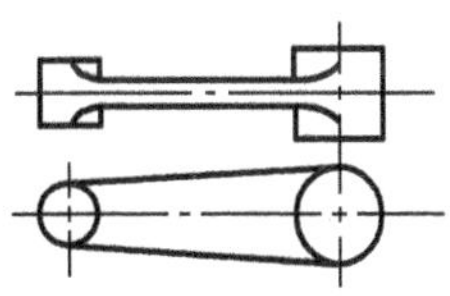
加强筋和表面凸台等结构是难以用自由锻造方法获得的,应避免加强筋和凸台等结构	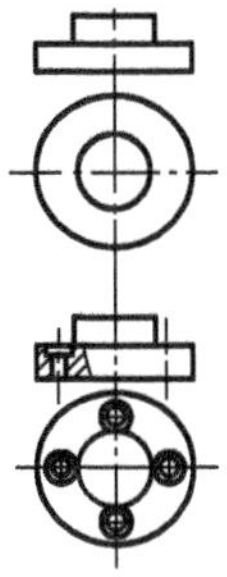	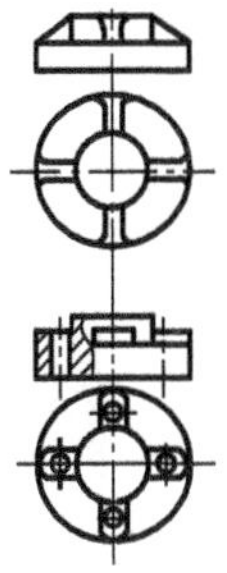
横截面有急剧变化或形状复杂的锻件,应设计成为由简单件构成的组合体	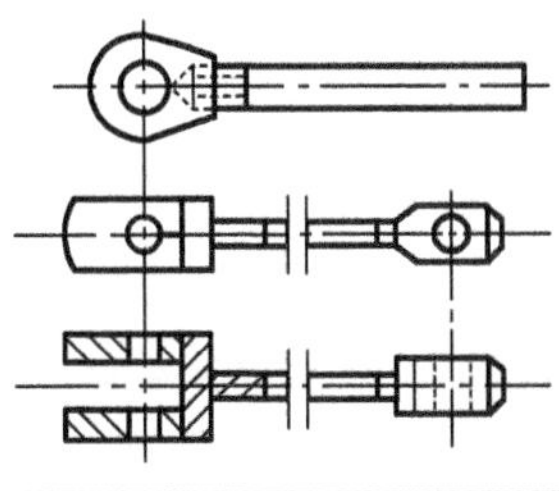	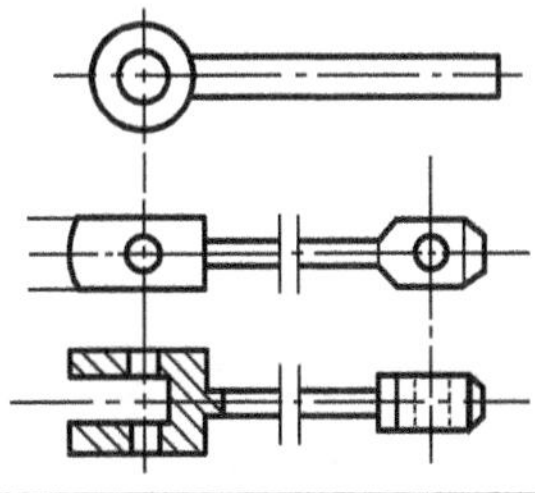

1.2.3　模型锻造

1.概述

模型锻造简称模锻,是使金属坯料在冲击力或压力作用下,在锻模模腔内变形,从而获得锻件的工艺方法。

模锻与自由锻造比较有如下优点:

(1)生产率较高。自由锻造时,金属的变形是在上、下两个砧块间进行的,难以控制;模锻时,金属的变形是在模腔内进行的,故能较快获得所需形状。

(2)锻件尺寸精确,加工余量小。

(3)可以锻造出形状比较复杂的锻件。而如果用自由锻造来生产,则必须加大量工艺余块以简化形状。

(4)比自由锻造生产节省金属材料,减少切削加工量,降低零件成本。

但是,模锻生产由于受模锻设备吨位的限制,模锻件质量不能太大,一般在 150 kg 以下,又由于制造锻模成本很高,所以适合于中、小型锻件的大批量生产。

由于现代化大生产的要求,模锻生产越来越广泛地应用于国防工业及其制造业中。

模锻按使用的设备不同分为锤上模锻、压力机上模锻、胎模锻等。

2.锤上模锻

锤上模锻所用设备为模锻锤,由它产生的冲击力使金属变形。图 1-20 所示为一般工厂中常用的蒸汽-空气模锻锤。该种设备上运动副之间的间隙小,运动精度高,可保证锻模的合模准确性。模锻锤的吨位(落下部分的质量)为 1～16 t。

锤上模锻生产所用的锻模如图 1-21 所示。上模 2 和下模 4 分别用楔铁 10、7 固定在锤头 1 和模垫 5 上,模垫用楔铁 6 固定在砧座上,上模随锤头做上下往复运动。

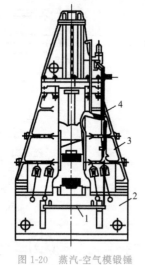

图 1-20 蒸汽-空气模锻锤

1—踏板;2—砧座;3—基架;4—操纵杆

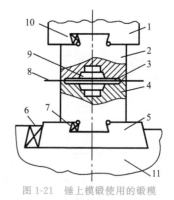

图 1-21 锤上模锻使用的锻模

1—锤头;2—上模;3—飞边槽;4—下模;5—模垫;
6,7,10—楔铁;8—分模面;9—模膛;11—砧座

模膛根据其功用的不同,分为模锻模膛和制坯模膛。

(1)模锻模膛

由于金属在此种模膛中发生整体变形,故作用在锻模上的抗力较大。模锻模膛又分为终锻模膛和预锻模膛两种。

①终锻模膛 终锻模膛的作用是使坯料最后变形到锻件所要求的形状和尺寸,因此它的形状应和锻件的形状相同。但因锻件冷却时要收缩,所以终锻模膛的尺寸应比锻件尺寸放大一个收缩量,钢件收缩率取 1.5%。另外,沿模膛四周有飞边槽,用以增大金属从模膛中流出的阻力,促使金属更好地充满模膛,同时容纳多余的金属。对于具有通孔的锻件,由于不可能靠上、下模的凸起部分把金属完全挤压到旁边去,故终锻后在孔内有一薄层金属,称为冲孔连皮(图 1-22)。因此,把冲孔连皮和飞边冲掉后,才能得到具有通孔的模锻件。

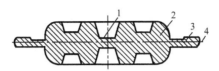

图 1-22　带有冲孔连皮及飞边的模锻件

1—冲孔连皮；2—锻件；3—飞边；4—分模面

②预锻模膛　预锻模膛的作用是使坯料变形到接近于锻件的形状和尺寸,这样再进行终锻时,金属容易充满终锻模膛,同时减少了终锻模膛的磨损,延长了锻模的使用寿命。

预锻模膛与终锻模膛的主要区别是,前者的圆角和斜度较大,没有飞边槽。对于形状或批量不够大的模锻件也可以不设预锻模膛。

(2)制坯模膛

对于形状复杂的模锻件,为了使坯料形状基本接近模锻件形状,使金属能合理分布和很好地充满模锻模膛,就必须预先在制坯模膛内制坯。制坯模膛有以下几种:

①拔长模膛　用来减小坯料某部分的横截面积,以增大该部分的长度(图 1-23)。当模锻件沿轴向横截面积相差较大时,常采用这种模膛进行拔长。拔长模膛分为开式(图 1-23(a))和闭式(图 1-23(b))两种。一般情况下,把它设置在锻模的边缘处。生产中进行拔长操作时,坯料除向前送进外还需不断翻转。

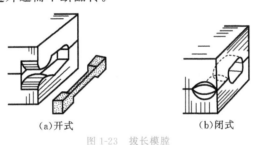

(a)开式　　　　　　　　　　(b)闭式

图 1-23　拔长模膛

②滚压模膛　在坯料长度基本不变的前提下用它来减小坯料某部分的横截面积,以增大另一部分的横截面积(图 1-24)。滚压模膛分为开式(图 1-24(a))和闭式(图 1-24(b))两种。当模锻件沿轴线的横截面积相差不大或对拔长后的毛坯进行修整时,用开式滚压模膛。当模锻件的截面相差较大时,则采用闭式滚压模膛。滚压操作时需不断翻转坯料,但不做送进运动。

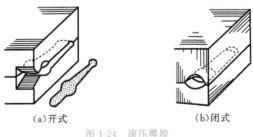

(a)开式　　　　　　　　　　(b)闭式

图 1-24　滚压模膛

③弯曲模膛　对于弯曲的杆类模锻件,需采用弯曲模膛来弯曲坯料(图 1-25(a))。坯料可直接或先经其他制坯工步后再放入弯曲模膛进行弯曲变形。弯曲后的坯料需翻转 90°再放入模锻模膛中成形。

④切断模膛　在上模与下模的角部组成的一对刃口,用来切断金属(图 1-25(b))。单

件锻造时,用它从坯料上切下锻件或从锻件上切下钳口;多件锻造时,用它来分离成单个锻件。

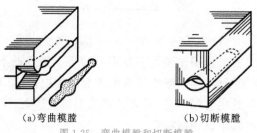

(a)弯曲模膛　　　　(b)切断模膛

图 1-25　弯曲模膛和切断模膛

此外,还有成形模膛、镦粗台及击扁面等制坯模膛。

模锻件的复杂程度不同,所需变形的模膛数量不等,据此可将锻模设计成单膛锻模或多膛锻模。单膛锻模是在一副锻模上只具有终锻模膛。例如,齿轮坯模锻件就可将截下的圆柱坯料,直接放入单膛锻模中一次终锻成形。多膛锻模是在一副锻模上具有两个以上模膛的锻模。例如,弯曲连杆模锻件的锻模即多膛锻模(图 1-26)。

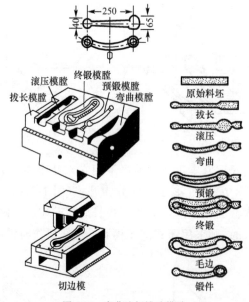

图 1-26　弯曲连杆锻造模膛

锤上模锻虽具有设备投资较少,锻件质量较好,适应性强,可以实现多种变形工步,锻制不同形状的锻件等优点,但由于锤上模锻振动大,噪声大,完成一个变形工步往往需要经过多次锤击,故难以实现机械化和自动化,生产率在模锻中相对较低。

3.压力机上模锻

曲柄压力机是一种机械式压力机,其外形构造如图 1-27(a)所示,其传动系统如图 1-27(b)所示。曲柄压力机的吨位一般为 2 000～120 000 kN。曲柄压力机上模锻方法具有锻件精度高、生产率高、劳动条件好和节省金属等优点,故适合于大批量生产条件下锻制中、小型锻件。

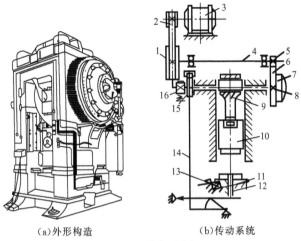

（a）外形构造　　　　　　　（b）传动系统

图 1-27　曲柄压力机

1—大带轮；2—小带轮；3—电动机；4—传动轴；5—小齿轮；6—大齿轮；7—离合器；8—曲柄；9—连杆；
10—滑块；11—楔形工作台；12—下顶杆；13—楔铁；14—顶料连杆；15—凸轮；16—制动器

（2）此外还有摩擦压力机模锻及平锻机模锻。摩擦压力机主要靠飞轮、螺杆及滑块向下运动时所积蓄的能量来实现。吨位为 3 500 kN 的摩擦压力机使用较多，最大吨位可达 25 000 kN。适合于中小型锻件的小批或中批生产，如铆钉、螺钉、螺母、配汽阀、齿轮、三通阀等。摩擦压力机具有结构简单、造价低、投资少、使用及维修方便、基建要求不高、工艺用途广泛等优点，所以我国中小型锻造车间大多拥有这类设备。

平锻机上模锻扩大了模锻的范围，锻件尺寸精确，表面粗糙度值小，生产率高；对非回转体及中心不对称的锻件较难锻造。平锻机的造价也较高，适用于大批量生产。

4. 胎模锻

胎模锻是在自由锻造设备上使用胎模生产模锻件的工艺方法。胎模锻一般采用自由锻造方法制坯，然后在胎模中成形。

胎模的种类较多，主要有扣模、筒模及合模三种。

（1）扣模

如图 1-28（a）所示，扣模用来对坯料进行全部或局部扣形，生产长杆非回转体锻件，也可以为合模锻造进行制坯。用扣模锻造时，坯料不转动。

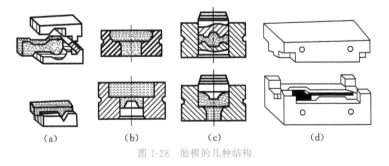

（a）　　　　（b）　　　　（c）　　　　（d）

图 1-28　胎模的几种结构

（2）筒模

如图 1-28（b）、图 1-28（c）所示，筒模主要用于锻造齿轮、法兰盘等盘类锻件。如果是组合筒模，则采用两个半模（增加一个分模面）的结构，可锻出形状更复杂的胎模锻件，能扩大胎模锻的应用范围。

（3）合模

如图 1-28(d)所示。合模由上模和下模组成,并有导向结构,可生产形状复杂、精度较高的非回转体锻件。

由于胎模结构较简单,可提高锻件的精度,不需昂贵的模锻设备,故扩大了自由锻造生产的范围。但胎模易损坏,较其他模锻方法生产的锻件精度低,劳动强度大,故胎模锻只适用于没有模锻设备的中小型工厂生产中小批量锻件。

5.模锻件的结构工艺性

设计模锻零件时,应根据模锻的特点和工艺要求,使其结构与模锻工艺相适应,以便于模锻生产和降低成本。为此,锻件的结构应符合下列原则:

(1)模锻零件应具有合理的分模面,以使金属易于充满模膛,模锻件易于从锻模中取出,且工艺余块最少,锻模容易制造。

选定分模面的原则:①应保证模锻件能从模膛中取出来。如图 1-29 所示轮形件,分模面选定在 $a—a$ 面时,已成形的模锻件就无法取出。一般情况下,分模面应选在模锻件的最大截面处。②应使上、下两模分模面的模膛轮廓一致,以便在安装锻模和生产中容易发现错模现象。图 1-29 中的 $c—c$ 面被选定为分模面,就不符合此原则。③应选在能使模膛深度最浅的位置上。这样有利于金属充满模膛,便于取件,并有利于锻模的制造。图 1-29 中的 $b—b$ 面就不适合做分模面。④应使零件上所加的工艺余块最少。图 1-29 中的 $b—b$ 面被选作分模面时,零件中间的孔不能锻出来,孔部金属都是工艺余块,既浪费金属,又增加了切削加工的工作量。⑤分模面最好是一个平面,便于锻造,防止锻造中上、下锻模错动。按上述原则综合分析,图 1-29 中的 $d—d$ 面是最合理的分模面。

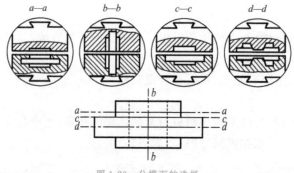

图 1-29　分模面的选择

(2)模锻零件上,除与其他零件配合的表面外,均应设计为非加工表面。这是因为模锻件的尺寸精度较高,表面粗糙度值较小。模锻件的非加工表面之间形成的角应设计成模锻圆角,与分模面垂直的非加工表面应设计出模锻斜度。

(3)零件的外形应力求简单、平直、对称,避免零件截面间差别过大,或具有薄壁、高肋等不良结构。一般说来,零件的最小截面与最大截面之比不要小于 0.5,否则不利于模锻成形。图 1-30(a)所示零件的凸缘太薄、太高,中间下凹太深,金属不易充型。图 1-30(b) 所示零件过于扁薄,薄壁部分金属模锻时容易冷却,不易锻出,对保护设备和锻模也不利。

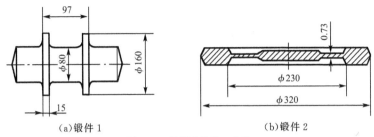

(a)锻件 1　　　　　　　　　(b)锻件 2

图 1-30　模锻件结构工艺性

（4）在零件结构允许的条件下应避免有深孔或多孔结构。孔径小于 30 mm 或孔深大于直径的 2 倍时,锻造困难。如图 1-31 所示齿轮零件,为保证纤维组织的连贯性以及更好的力学性能,常采用模锻方法生产,但齿轮上的 4 个 ϕ20 mm 的孔不方便锻造,只能采用机加工成形。

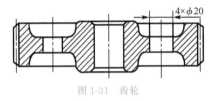

图 1-31　齿轮

1.2.4　锻件图的绘制

模锻件毛坯图应包含以下内容:锻件外形用粗实线表示,零件轮廓形状用双点画线画出,分模面的位置和形状,机械加工余量、敷料和锻件公差,模锻斜度、圆角半径,冲孔连皮的形式和尺寸,技术要求等。图 1-32 所示为模锻件零件图和毛坯图。

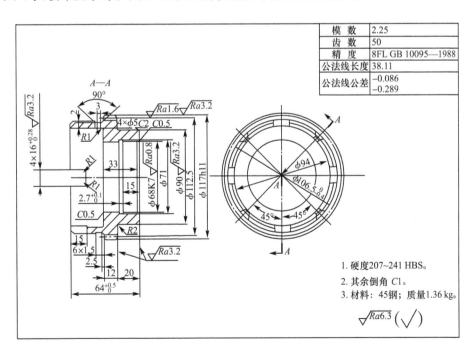

模　　数	2.25
齿　　数	50
精　　度	8FL GB 10095—1988
公法线长度	38.11
公法线公差	−0.086 −0.289

1. 硬度207~241 HBS。
2. 其余倒角 C1。
3. 材料:45钢;质量1.36 kg。

(a)零件图

图 1-32　离合齿轮

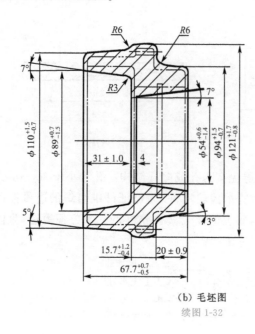

技术要求
1. 正火，硬度207~241 HBS。
2. 未注圆角R2.5。
3. 外模锻斜度 5°。

材料：45钢
质量：2.2 kg

（b）毛坯图

续图 1-32

思考与练习

1-1　为什么手工造型仍是目前的主要造型方法？

1-2　常用的机器造型方法有哪些？

1-3　挖沙造型、活块造型、三箱造型分别适用于哪种场合？

1-4　什么是熔模铸造？试述其工艺过程。

1-5　金属型铸造有何优越性？为什么金属型铸造未能广泛取代砂型铸造？

1-6　压力铸造有何优缺点？它与熔模铸造的适用范围有何不同？

1-7　什么是离心铸造？它在圆筒形或圆环形铸件生产中有哪些优越性？成形铸件采用离心铸造有什么好处？

1-8　什么叫自由锻？它有何优缺点？适用于何种场合使用？

1-9　自由锻有哪几种基本工序？它们各有何特点？各适用于锻造哪类锻件？

1-10　为什么胎膜锻可以锻造出形状较为复杂的模锻件？

1-11　简述图 1-33 零件毛坯成形的工艺过程。

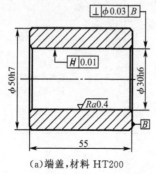

（a）端盖，材料 HT200

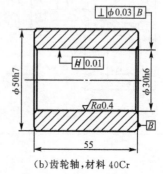

（b）齿轮轴，材料 40Cr

图 1-33　题 1-11 图

第2章

金属切削原理与刀具

工程案例

切削过程是刀具与工件的相互作用过程。在此过程中,为了能够去除工件上的多余材料,刀具与工件需要有哪些相对运动?对刀具结构及其材料有哪些要求?加工中的物理现象对切削加工有哪些影响?本章主要通过学习切削运动与要素、刀具的结构及材料、切削过程出现的物理现象等,来揭示切削过程中各物理现象的产生机理及影响因素,并在兼顾质量、效率及成本的同时合理选择切削用量。

图 2-0 零件的加工

【学习目标】

1.掌握切削过程的基本原理及刀具基本知识。

2.掌握切削过程中各物理现象产生机理及影响因素。

3.在兼顾质量、效率及成本的同时合理选择切削用量。

2.1 切削运动与要素

2.1.1 切削运动

金属切削加工是利用刀具切去工件毛坯上多余的金属层(加工余量),以获得具有一定尺寸、形状、位置精度和表面质量的机械加工方法。刀具的切削作用是通过刀具与工件之间的相互作用和相对运动来实现的。

刀具与工件间的相对运动称为切削运动,即表面成形运动。切削运动可分解为主运动和进给运动。

(1)主运动

切下切屑所需的最基本运动。在切削运动中,主运动的速度最高,消耗的功率最大。主运动只有一个,如车削时工件的旋转运动、铣削时铣刀的旋转运动。

(2)进给运动

多余材料不断被投入切削,从而加工出完整表面所需的运动。进给运动可以有一个或几个。例如车削时车刀的纵向和横向运动,磨削外圆时工件的旋转和工作台带动工件的纵向移动。

切削运动及其方向用切削运动的速度矢量来表示。用车刀进行普通外圆车削时,切削加工的主运动与进给运动往往是同时进行的,因此刀具切削刃上某一点与工件的相对运动应是上述两运动的合成。其合成速度为 $v_e = v_c + v_f$。

在切削过程中,工件上通常存在着3个不断变化的表面,如图2-1所示。

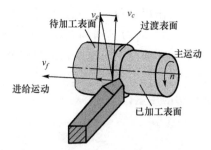

图 2-1　切削运动与切削表面

已加工表面:工件上经刀具切削后产生的新表面。

待加工表面:工件上有待切除的表面。

加工表面(过渡表面):工件上正在被切削的表面。

2.1.2 切削要素

切削要素包括切削用量和切削层的几何参数。

1.切削用量

切削用量是切削时各参数的合称,包括切削速度、进给量和背吃刀量(切削深度)三个要素,它们是设计机床运动的依据。

(1)切削速度 v

主运动速度即为切削速度。当主运动为旋转运动时,刀具或工件以最大直径处的切削速度来计算,单位为 m/s,计算公式为

$$v_c = \frac{\pi d n}{1\,000} \tag{2-1}$$

式中　n——主运动转速,r/s;

　　　d——刀具或工件的最大直径,mm。

若主运动为往复运动时,其平均速度为

$$v = \frac{2Ln_r}{1\ 000} \tag{2-2}$$

式中　L——往复运动行程长度,mm;

n_r——主运动每秒钟往复次数,str/s。

(2)进给量 f

工件或刀具每转一周时(或主运动一循环时),两者沿进给方向上相对移动的距离即为进给量,其单位为 mm/r。

车削时,工件转速 n、进给速度 v_f 之与进给量 f 之间有如下关系,即

$$v_f = nf \tag{2-3}$$

(3)背吃刀量(切削深度)a_p

待加工表面与已加工表面之间的垂直距离即为背吃刀量。对于外圆车削如图 2-2 所示,背吃刀量可由下式计算,即

$$a_p = \frac{1}{2}(d_w - d_m) \tag{2-4}$$

式中　d_w——待加工表面直径,mm;

d_m——已加工表面直径,mm。

2.切削层截面参数

在主运动和进给运动的作用下,工件上将有一层多余的材料被切除,这层多余的材料称为切削层。切削层在垂直于主运动方向上的断面称为切削层截面。切削层截面对研究切削过程的机理具有重要的意义。

图 2-2(a)所示为纵车外圆的情况,进给量 f 和背吃刀量 a_p 是切削层截面上的两个工艺参数。为了进一步分析切削过程,尚需掌握切削厚度 h_D、切削宽度 b_D 和切削面积 A_D,称它们为切削层截面参数。

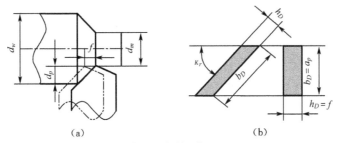

图 2-2　切削层截面

(1)切削厚度 h_D

切削层的厚度,它是垂直于切削刃方向上度量的切削层截面的尺寸。h_D 的大小能反映切削刃单位长度上工作负荷的大小。由图 2-2(b)可知,即

$$h_D = f\sin\kappa_r \tag{2-5}$$

(2)切削宽度 b_D

切削层的宽度,它是沿切削刃方向度量的切削层截面的尺寸。b_D 的大小影响刀具的散热情况。由图 2-2(b)可知,即

$$b_D = \frac{a_p}{\sin \kappa_r} \tag{2-6}$$

(3)切削面积 A_D

切削面积是切削层垂直于切削速度截面内的面积（mm^2）。车外圆时,有

$$A_D = h_D b_D = a_p f \tag{2-7}$$

式(2-5)～式(2-7)建立了切削层截面的工艺参数与物理参数的换算关系。其中,κ_r 为车刀主偏角。当工艺参数进给量 f 与背吃刀量 a_p 确定后,主偏角 κ_r 越大,则切削厚度 h_D 也越大,但切削宽度 b_D 却越小。显然,当 $\kappa_r = 90°$ 时,$h_D = f$, $b_D = a_p$。

2.2 切削刀具基础知识

2.2.1 刀具切削部分的组成

切削刀具的种类很多,形状各异。外圆车刀结构最典型,因此以外圆车刀为例介绍刀具的结构。车刀切削部分(又称刀头)由前刀面、主后刀面、副后刀面、主切削刃、副切削刃和刀尖所组成,统称为"三面两刃一尖",如图 2-3 所示。其定义分别如下:

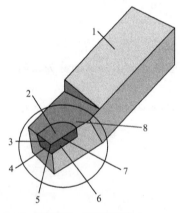

图 2-3 车刀的组成

1—夹持部分(刀柄);2—前刀面;3—副切削刃;4—副后刀面;
5—刀尖;6—主后刀面;7—主切削刃;8—切削部分

前刀面:刀具上与切屑接触并相互作用的表面。

主后刀面:刀具上与工件加工表面相对的表面。

副后刀面:刀具上与工件已加工表面相对的表面。

主切削刃:前刀面与主后刀面的交线,它承担主要的切削工作。

副切削刃:前刀面与副后刀面的交线,它配合主切削刃完成切削工作,并最终形成已加工表面。

刀尖:主、副切削刃的实际交点,为了强化刀尖,一般都在刀尖处磨成折线或圆弧形过渡刃。

其他各类刀具,如刨刀、钻头、铣刀等,都可看作是车刀的演变和组合。刨刀切削部分的形状与车刀相同,如图 2-4(a)所示;钻头可看作是两把一正一反并在一起同时车削孔壁的车

刀,因而有两个主切削刃,两个副切削刃,还增加了一个横刃,如图 2-4(b)所示;铣刀可看作由多把车刀组合而成的复合刀具,其每一个刀齿相当于一把车刀,如图 2-4(c)所示。

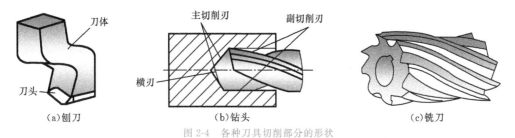

图 2-4　各种刀具切削部分的形状

2.2.2　刀具角度

1.刀具标注角度坐标系

在设计与制造刀具时,需确定刀具角度值的大小,确定和测量刀具角度必须引入三个相互垂直的参考平面,此时还不知道合成切削速度的方向,因而只能在某些合理的假定条件下建立坐标系,这就是刀具标注角度坐标系,或称正交平面坐标系,在此坐标系中所确定的刀具角度称为刀具标注角度。

车削时的假设条件为:

(1)主运动方向与刀具底面垂直(不考虑进给运动);

(2)刀柄中心线垂直于工件轴线(假定进给方向);

(3)切削刃上选定点与工件轴线等高。

基于上述条件,外圆车刀主切削刃上任一点 M 的基面、切削平面和正交平面如图 2-5 所示。

(1)切削平面 P_s

通过主切削刃上选定点并与工件加工表面相切的平面。

(2)基面 P_r

通过主切削刃上选定点并与该点切削速度方向相垂直的平面。

(3)正交平面 P_o

通过主切削刃上选定点并与主切削刃在基面上的投影相垂直的平面。

2.刀具标注角度

刀具的标注角度是制造和刃磨刀具所必需的,并在刀具设计图上予以标注的角度。刀具的标注角度主要有五个,以车刀为例,如图 2-6 所示,表示了五个角度的定义。

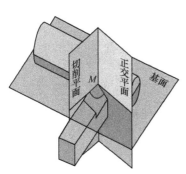

图 2-5　刀具标注角度参考平面

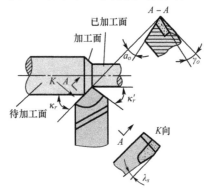

图 2-6　车刀标注角度

（1）前角 γ_o

在正交平面内测量的前刀面与基面之间的夹角，前角表示前刀面的倾斜程度。前角有正、负值之分，通过选定点的基面若位于刀体投影的实体之外为正值，如图 2-6 所示；反之，若基面位于实体之内，则前角为负值。

（2）后角 α_o

在正交平面内测量的主后刀面与切削平面之间的夹角，后角表示主后刀面的倾斜程度。若通过选定点的切削平面位于刀体的实体之外，后角为正值；反之为负值。

（3）主偏角 κ_r

在基面内测量的主切削刃在基面上的投影与进给运动方向的夹角，主偏角一般为正值。

（4）副偏角 κ_r'

在基面内测量的副切削刃在基面上的投影与进给运动反方向的夹角，副偏角一般为正值。

（5）刃倾角 λ_s

在切削平面内测量的主切削刃与基面之间的夹角。当主切削刃呈水平时，$\lambda_s=0$；当刀尖为主切削刃上最低点时，$\lambda_s<0$；当刀尖为主切削刃上最高点时，$\lambda_s>0$，如图 2-7 所示。

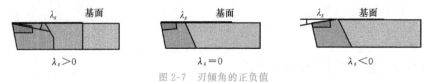

图 2-7　刃倾角的正负值

3.刀具工作角度

在实际的切削加工中，由于刀具安装位置和进给运动的影响，刀具的标注角度会发生一定的变化，其原因是切削平面、基面和正交平面位置会发生变化。以切削过程中实际的切削平面、基面和正交平面为参考平面所确定的刀具角度称为刀具的工作角度，又称实际角度。

（1）车刀的安装对工作角度的影响

当车刀刀尖与工件中心等高时，不考虑进给运动，车刀的工作前、后角 γ_{oe}、α_{oe} 等于标注前后角 γ_o、α_o。若将刀尖安装高于或低于工件中心，工作基面 P_{re} 和工作切削平面 P_{se} 的位置将有所改变，则工作前、后角不等于标注前、后角。图 2-8(a) 所示为刀尖安装高度高于工件中心的情况，刀具工作前角 γ_{oe} 将增大，而工作后角 α_{oe} 将减小；反之，刀尖安装高度低于工件中心时，刀具工作前角 γ_{oe} 将减小，而工作后角 α_{oe} 将增大，如图 2-8(b) 所示。

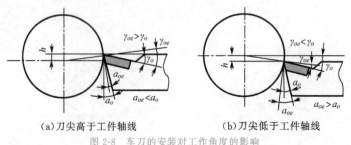

(a)刀尖高于工件轴线　　　　(b)刀尖低于工件轴线

图 2-8　车刀的安装对工作角度的影响

（2）进给运动对刀具工作角度的影响

车削时由于进给运动的存在，使车外圆及车螺纹的加工表面实际上是一个螺旋面（图

2-9(a));车端面或切断时,加工表面是阿基米德螺旋面(图 2-9(b))。因此,实际的切削平面和基面都要偏转一个附加的螺纹升角 μ,使车刀的工作前角 γ_{oe} 增大,工作后角 α_{oe} 减小。一般车削时,进给量比工件直径小很多,故螺纹升角 μ 很小,它对车刀工作角度影响不大,可忽略不计。但在车端面、切断和车外圆进给量(或加工螺纹的导程)较大时,则应考虑螺纹升角的影响。

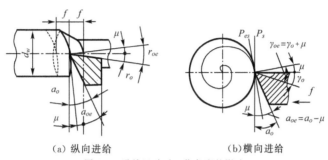

(a) 纵向进给　　　　　　　　　(b)横向进给

图 2-9　进给运动对工作角度的影响

2.2.3　刀具材料

1.刀具材料应具备的性能

在切削加工时,刀具切削部分与切屑、工件相互接触的表面上承受很大的压力和强烈的摩擦,刀具切削区产生很高的温度,受到很大的应力。在加工余量不均匀的工件或断续加工时,刀具还受到强烈的冲击和振动,因此刀具材料应具备以下性能:

(1)高的硬度和耐磨性

刀具材料的硬度必须比工件材料的硬度高,通常在 60 HRC 以上。耐磨性是指材料抗磨损的能力。一般说来,刀具材料的硬度越高晶粒越细、分布越均匀,耐磨性越好。

(2)有足够的强度和韧性

只有具备足够的强度和韧性,刀具才能承受切削力和切削时产生的振动,以防脆性断裂和崩刃。

(3)高的耐热性

刀具在高温下仍能保持硬度、强度、韧性和耐磨性的能力。

(4)良好的工艺性

为便于刀具本身的制造,刀具材料还应具有一定的工艺性能,如切削性能、磨削性能、焊接性能及热处理性能等。

(5)良好的热物理性能和耐热冲击性

要求刀具的导热性要好,不会因受到大的热冲击,刀具内部产生裂纹而导致刀具断裂。

上述要求中有些是相互矛盾的,如硬度越高、耐磨性越好的材料,其韧性和抗破损能力就越差,耐热性好的材料韧性也较差。实际工作中,应根据具体的切削对象和条件进行综合考虑,以选出最合适的刀具材料。

2.常用刀具材料的种类和特性

刀具材料种类很多,常用的有工具钢(包括碳素工具钢、合金工具钢和高速钢)、硬质合金、陶瓷、金刚石和立方氮化硼等。碳素工具钢和合金工具钢因其耐热性很差,目前仅用于手工刀具。常用刀具材料特性见表 2-1。

表 2-1   常用刀具材料的特性

种类	牌号	硬度	维持切削性能的最高温度/℃	抗弯强度/GPa	工艺性能	用途
碳素工具钢	T8A T10A T12A	60~64 HRC (81~83 HRA)	约 200	2.45~2.75 (250~280)	可冷热加工成形,工艺性能良好,须热处理	用于手动刀具,如手动丝锥、板牙、铰刀、锯条、锉刀等
合金工具钢	9CrSi CrWMn 等	60~65 HRC (81~83 HRA)	250~300	2.45~2.75 (250~280)		用于手动或低速机动刀具,如手动丝锥、板牙、拉刀等
高速钢	W18Cr4V W6Mo5Cr4V2Al W10Mo4Cr4V3Al	60~70 HRC (82~87 HRA)	540~600	2.45~4.41 (250~450)	可冷热加工成形,工艺性能良好,须热处理,磨削性能好,但高钒类较差	用于各种刀具,特别是形状复杂的刀具,如钻头、铣刀、拉刀、齿轮刀具、丝锥、板牙、刨刀等
硬质合金	钨钴类 YG3,YG6,YG8 钨钴钛类 YT5,YT15,YT30	(89~94 HRA)	800~1 000	0.88~2.45 (90~250)	压制烧结后使用,不能冷热加工,无须热处理	车刀刀头大部分采用硬质合金,钻头、铣刀、滚刀、丝锥等也可镶刀片使用。钨钴类加工铸铁,有色金属,钨钴钛类加工碳素钢、合金钢、淬硬钢等
陶瓷材料		(91~94 HRA)	>1 200	0.441~0.883 (45~85)	压制烧结后使用,不能冷热加工,多镶片使用,无须热处理	多用于车刀,性脆,适于连续切削
立方氮化硼		7 300~9 000 HV			压制烧结后使用,可用金刚石砂轮磨削	用于硬度、强度较高材料的精加工。在空气中达 1 300 ℃仍保持稳定
金刚石		10 000 HV			用天然金刚石砂轮刃磨极困难	用于有色金属的高精度、低粗糙度切削,700~800 ℃易碳化

(1)高速钢

一种加入了较多的钨、钼、铬、钒等合金元素的高合金工具钢。高速钢有很高的强度,抗弯强度比一般硬质合金高 1~2 倍;韧性也高,比硬质合金高几十倍。高速钢的硬度在 63 HRC 以上,且有较好的耐热性。切削温度达到 500~650 ℃时,尚能进行切削。高速钢可加工性好,热处理变形较小,目前常用于制造各种复杂刀具(如钻头、丝锥、拉刀、成形刀具、齿轮刀具等)。高速钢刀具可以加工从有色金属到高温合金的各种材料。表 2-1 列出了几种常用高速钢的牌号及其主要用途。

(2)硬质合金

用高硬度高熔点的金属碳化物(如 WC、TiC、NbC 等)粉末和金属粘结剂(如 Co、Ni、Mo 等)经高压成形后,再在高温下烧结而成的粉末冶金制品。其硬度为 74~82 HRC,能耐 800~1 000 ℃的高温,因此耐磨、耐热性好,许用切削速度是高速钢的 6 倍,但强度和韧性比高速钢低,工艺性差,因此硬质合金常用于制造形状简单的高速切削刀片,经焊接或机械夹固在车刀、刨刀、面铣刀、钻头等刀体(刀杆)上使用。硬质合金牌号按使用领域不同分为 P、M、K、N、S、H 六大类。各个类别为满足不同的使用要求,以及根据材料耐磨性和韧性的不同,又可分为若干组,见表 2-2。

表 2-2　　　　　　　　　　　　　　硬质合金刀具的分类

组 别		基本成分	使用领域
类别	分组号		
P	01	主要以 WC、TiC 为基体,以 Co(Ni＋Mo、Ni＋Co)作为粘结剂的合金/涂层合金	主要用于长切屑材料的加工,如钢、铸钢、长切屑可锻铸铁等的加工
	10		
	20		
	30		
M	01	主要以 WC 为基,以 Co 作为粘结剂,添加少量 TiC(TaC、NbC)的合金/涂层合金	主要用于耐热和优质合金材料的加工,如耐热钢,含镍、钴、钛各类合金材料的加工
	10		
	20		
	30		
K	01	主要以 WC 为基,以 Co 作为粘结剂,或添加少量 TaC、NbC 的合金/涂层合金	主要用于不锈钢、铸钢、锰钢、可锻铸铁、合金钢、合金铸铁等材料的加工
	10		
	20		
	30		
	40		
N	01	主要以 WC 为基,以 Co 作为粘结剂,或添加少量 TaC、NbC 或 CrC 的合金/涂层合金	主要用于短切屑材料的加工,如铸铁、冷硬铸铁、短切屑可锻铸铁、灰铸铁等的加工
	10		
	20		
	30		
S	01	主要以 WC 为基,以 Co 作为粘结剂,或添加少量 TaC、NbC 或 TiC 的合金/涂层合金	主要用于耐热和优质合金材料的加工,如耐热刚,含镍、钴、钛各类合金材料的加工
	10		
	20		
	30		
H	01	主要以 WC 为基,以 Co 作为粘结剂,或添加少量 TaC、NbC 或 TiC 的合金/涂层合金	主要用于硬切削材料的加工,如淬硬钢、冷硬铸铁等材料的加工
	10		
	20		
	30		

(3)陶瓷

陶瓷材料比硬质合金具有更高的硬度(91～95 HRC)和耐热性,在 1 200 ℃的温度下仍能切削,耐磨性和化学惰性好,摩擦系数小,抗粘结和扩散磨损能力强,因而能以更高的速度进行切削,并可切削难加工的高硬度材料。主要缺点是脆性、抗冲击韧性差,抗弯强度低。

（4）超硬刀具材料

超硬刀具材料包括天然金刚石、聚晶金刚石和聚晶立方氮化硼三种。

金刚石是碳的同素异构体，是自然界已经发现的最硬材料，显微硬度达到 10 000 HV。一般有两种：天然金刚石和人造金刚石。天然金刚石性质较脆，容易崩刃，且价格昂贵，因此往往被人造聚晶金刚石代替。

聚晶金刚石是由金刚石微粉在高温高压下聚合而成，因此不存在各向异性，其硬度比天然金刚石低，为 6 500~8 000 HV，价格便宜，焊接方便，可磨削性好，因此成为当前金刚石刀具的主要材料，可在大部分场合替代天然金刚石刀具。

用等离子 CVD(Chemical Vapor Deposition，化学气相沉积)法开发的金刚石涂层刀具，其基体材料为硬质合金或氮化硅陶瓷，用途和聚晶金刚石相同。由于可在形状复杂的刀具（如硬质合金麻花钻、立铣刀、成形刀具及带断屑槽的刀片等）上进行涂层，故具有广阔的发展前途。

聚晶立方氮化硼是由单晶立方氮化硼微粉在高温高压下聚合而成。由于成分及粒度的不同，聚晶立方氮化硼刀片的硬度在 3 000~5 000 HV 变动，其耐热性达 1 200 ℃，化学惰性好，在 1 000 ℃的温度下不与铁、镍和钴等金属发生化学反应。主要用于加工淬硬工具钢、冷硬铸铁、耐热合金及喷焊材料等。用于高精度铣削时可以代替磨削加工。

2.3　金属切削过程及其物理现象

金属切削过程是指在刀具和切削力的作用下形成切屑的过程，在此过程中会出现许多物理现象，如切削力、切削热、积屑瘤、刀具磨损和加工硬化等。要提高切削加工生产率，保证零件的加工质量，降低生产成本，必须研究切削过程的物理本质及其变形规律。

2.3.1　切削过程

1.挤压与切削

切削过程是刀具从工件表面上切除多余材料，从切屑形成开始到已加工表面形成为止的完整过程。实验证明，切屑的形成与切离过程是切削层在受到刀具前刀面的挤压面产生以滑移为主的塑性变形过程。这一滑移变形过程与金属的挤压过程相似。图 2-10 所示为金属的挤压与金属切削对比示意图。

（1）正挤压

由材料力学可知，金属材料受到挤压时，材料内部产生正应力与剪应力。最大剪应力的方向大致与作用力方向成 45°，如图 2-10(a)所示。当剪应力达到材料的屈服强度时，即沿 OM 或 AB 面发生剪切滑移，OM、AB 称为剪切面。

（2）偏挤压

当试件的部分金属受到挤压时，OB 线以下的金属由于母体的阻碍，使其不能沿 AB 面滑移，而只能沿 OM 面滑移，如图 2-10(b)所示。

（3）切削

金属切削的挤压与偏挤压类似，如图 2-10(c)所示。切削层在刀具的挤压作用下，首先产生弹性变形，随着刀具的不断挤压切入，金属内部的应力不断增大，当应力达到材料屈服强度时，便沿图中的 OM 方向滑移而产生塑性变形。刀具再继续前进，切削层便沿 OM 方向滑移并与母体脱离,成为切屑。

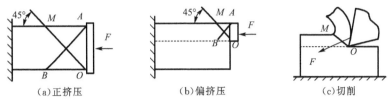

(a)正挤压　　　　　　　　(b)偏挤压　　　　　　　　(c)切削

图 2-10　金属挤压与切削比较

2.金属切削的变形过程

切削层在切削过程的变形情况可由切屑根部(靠近刀尖前刀面的被切金属层及切屑)的金相照片(图 2-11)来观察。当工件受到刀具的挤压以后,切削层金属在始滑移面 OA 以左发生弹性变形,越靠近 OA 面,弹性变形越大。在 OA 面上,应力达到材料的屈服强度 σ_s,则发生塑性变形,产生滑移现象。随着刀具的连续移动,原来处于始滑移面上的金属不断向刀具靠拢,应力和变形也逐渐加大。在终滑移面 OM 上,应力和变形达到最大值,越过 OM 面,切削层金属将脱离工件基体,沿着前面流出而形成切屑,完成切离阶段。经过塑性变形的金属,其晶粒沿大致相同的方向伸长。可见,金属切削过程实质是一种剪切—滑移—断裂过程,在这一过程中产生的许多物理现象,都是由切削过程中变形和摩擦引起的。

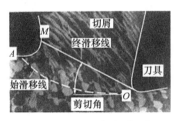

图 2-11　刀具根部变形图像

3.三个变形区

根据图 2-12(a)所示的晶粒滑移线,可将塑性金属材料在切削时,刀具与工件接触的区域分为三个变形区,如图 2-12(b)所示。

(1)第Ⅰ变形区

OA 与 OM 之间是切削层的塑性变形区,称为第Ⅰ变形区。第Ⅰ变形区的变形量最大,切削过程的塑性变形主要集中于此区域,切削变形对刀具产生较大切削抗力。

(2)第Ⅱ变形区

切屑与前面摩擦的区域称为第Ⅱ变形区。切屑形成后与前刀面之间存在压力,所以沿前刀面流出时必然有很大的摩擦,因而使切屑底层又一次产生塑性变形。第Ⅱ变形区是造成前刀面磨损和产生积屑瘤的主要原因。

(3)第Ⅲ变形区

工件已加工表面与后刀面接触的区域称为第Ⅲ变形区。在已加工表面处也形成了显著的变形层(晶格发生了纤维化),这是已加工表面受到切削刃和后刀面的挤压和摩擦所造成的,如图 2-12(a)所示。这一变形区的变形是造成已加工表面硬化和残余应力的主要原因。

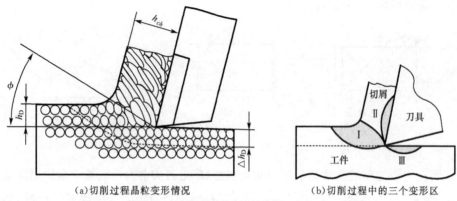

(a)切削过程晶粒变形情况   (b)切削过程中的三个变形区

图 2-12 切削过程晶粒变形情况及三个变形区

2.3.2 切屑类型及其控制

由于工件材料不同,切削条件不同,切屑变形的程度也不同,由此生成的切屑种类自然多种多样。归纳起来,可分为以下四种类型(图 2-13),从左到右依次为:带状切屑、节状切屑、粒状切屑及崩碎切屑。

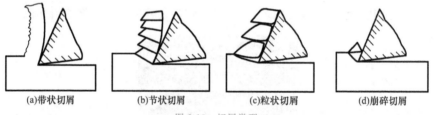

(a)带状切屑   (b)节状切屑   (c)粒状切屑   (d)崩碎切屑

图 2-13 切屑类型

(1)带状切屑

一种常见切屑,它的底层表面光滑、上表面呈毛茸状。一般情况下,当加工塑性材料、进给量较小、切削速度较高、刀具前角较大时,往往会得到此类切屑。形成带状切屑的切削过程比较平稳,切削力波动较小,已加工表面粗糙度值较小。

(2)节状切屑又称挤裂切屑

切屑外弧表面呈锯齿状,内弧表面有时有裂纹。节状切屑多在切削速度较低、进给量(切削厚度)较大、加工塑性材料时产生。

(3)粒状切屑又称单元切屑

当切削过程中剪切面上的应力超过工件材料破裂强度时,则整个单元被切离成梯形单元,得到单元切屑。当切削塑性材料、前角较小(或为负前角)、切削速度较低、进给量较大时易产生单元切屑。

以上三种切屑均是切削塑性材料时得到的,只要改变切削条件,三种切屑形态是可以相互转化的。

(4)崩碎切屑

切削脆性材料时,因工件材料的塑性很小,抗拉强度也很低。切屑是未经塑性变形就在拉应力作用下脆断了,形成不规则的碎块状切屑,此种切屑称为崩碎切屑。工件材料越硬、越脆,进给量越大,越易产生此类切屑。

衡量切屑可控性的主要标准是:不妨碍正常的加工,即不缠绕在工件、刀具上,不飞溅到机床运动部件中;不影响操作者的安全;易于清理、存放和搬运。对于不同的加工场合,例如不同的机床、刀具或者不同的被加工材料有相应的可接受屑形。因而,在进行切屑控制时,要针对不同情况采取适应的措施,以得到相应的可接受的良好屑形。在实际加工中,应用最广的是使用可转位刀具,并且在前刀面上磨制出断屑槽(图 2-14)或使用压块式断屑器。

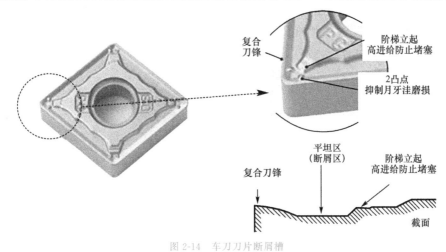

图 2-14　车刀刀片断屑槽

2.3.3　积屑瘤

切削过程中的积屑瘤现象是指在切削速度不高而又能形成连续切屑的情况下,加工一般钢料或其他塑性材料时,常常在前刀面处粘着一块剖面有时呈三角状的硬块。它的硬度很高,通常是工件材料的 2～3 倍,在处于比较稳定的状态时,能够代替切屑刃进行切削。这块冷焊在前刀面上的金属称为积屑瘤或刀瘤。积屑瘤剖面的照片如图 2-15 所示。

积屑瘤的产生会引起刀具实际角度的变化,如可增大前角(图 2-16)。有时可延长刀具寿命等,但是积屑瘤是不稳定的,增大到一定程度后会发生碎裂,这样容易嵌入在已加工表面内,增大了表面粗糙度。积屑瘤在加工过程中是不可控的,只能通过改变切削条件来防止其产生。

图 2-15　积屑瘤剖面照片

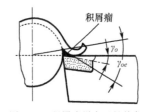

图 2-16　积屑瘤增大刀具前角

2.4　切削力与切削功率

2.4.1　切削力的来源与分解

切削时刀具必须克服材料的切削变形阻力,其反作用力就是切削力。切削力是设计机床、夹具、刀具的重要参数。在自动化生产中,还可通过切削力来监控切削过程和刀具工作状态,如刀具折断、磨损、破损等。减小切削力可降低功率消耗、降低切削温度,减小振动,延长刀具寿命。因此研究切削力有着重要的意义。

1.切削力的来源

由前述对切削变形的分析可知,切削力的来源有三个方面:

(1)克服被加工材料弹性变形的抗力;

(2)克服被加工材料塑性变形的抗力;

(3)克服切屑与刀具前刀面的摩擦力,刀具后刀面与过渡表面及已加工表面之间的摩擦力。

2.切削力的分解

按照力学的表达方法,将切削力 F 分为三个方向的分力(图 2-17)。

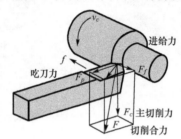

图 2-17 外圆车刀切削力的分解

进给抗力 F_f:主要用于计算进给功率和设计机床进给机构等。

吃刀抗力 F_p:主要用于计算与加工精度有关的工件挠度,刀具及机床零件的强度等。它也是使工件在切削过程中产生振动的主要作用力。

主切削力或切向力 F_c。它的方向与过渡表面相切并与基面垂直。F_c 是计算车刀强度、设计机床主轴系统、确定机床功率所必需的。

由图 2-17 可以看出,即

$$F=\sqrt{F_c^2+F_f^2+F_p^2}=\sqrt{F_c^2+F_D^2} \tag{2-8}$$

式中　F_D——作用于基面 Pr 内的合力。

根据实验,当 $\kappa_r=45°,\lambda_s=0°,\gamma_o=15°$ 时,各切削分力之间的关系为

$$F_p=(0.15\sim0.7)F_c$$

$$F_f=(0.1\sim0.6)F_c$$

因此,F_c 最大,F_p 次之,F_f 最小。

2.4.2 切削力与切削功率的计算

1.切削力计算

迄今为止,仍难以从理论上对切削力进行精确的估算。目前生产实际中采用的计算公式都是通过大量的试验和数据处理而得到的经验公式。

(1)切削力经验公式

$$\begin{cases} F_c=C_{F_c}a_p^{X_{F_c}}f^{Y_{F_c}}v_c^{Z_{F_c}}K_{F_c} \\ F_f=C_{F_f}a_p^{X_{F_f}}f^{Y_{F_f}}v_c^{Z_{F_f}}K_{F_f} \\ F_p=C_{F_p}a_p^{X_{F_p}}f^{Y_{F_p}}v_c^{Z_{F_p}}K_{F_p} \end{cases} \tag{2-9}$$

式中　F_c、F_p、F_f——切削力、进给力和背向力;

C_{F_c}、C_{F_p}、C_{F_f}——取决于工件材料和切削条件的系数；

X_{F_c}、Y_{F_c}、Z_{F_c}、X_{F_f}、Y_{F_f}、Z_{F_f}、X_{F_p}、Y_{F_p}、Z_{F_p}——三个分力公式中背吃刀量 a_p、进给量 f 和切削速度 v_c 的指数。

K_{F_c}、K_{F_f}、K_{F_p}——当实际加工条件与求得经验公式的试验条件不符时，各种因素对各切削分力的修正系数。

式中各种系数和指数都可以在切削用量手册中查到。表 2-3 列出了计算车削切削力公式中的系数和指数，其中对硬质合金刀具 $\kappa_r = 45°$，$\gamma_o = 10°$，$\lambda_s = 0°$；对高速钢刀具 $\kappa_r = 45°$，$\gamma_o = 20°\sim25°$，$\lambda_s = 0°$，刀尖圆弧半径 $r_\varepsilon = 1.0$ mm。当刀具的几何参数及其他条件与上述不符时，各个因素都可用相应的修正系数进行修正，修正系数的值和计算公式，可由切削用量手册查得。

表 2-3　　　　　　　　　　　计算车削切削力公式中的系数和指数

被加工材料	刀具材料	加工形式	公式中的系数及指数											
			切削力 F_c				背向力 F_p				进给力 F_f			
			C_{F_c}	X_{F_c}	Y_{F_c}	Z_{F_c}	C_{F_p}	X_{F_p}	Y_{F_p}	Z_{F_p}	C_{F_f}	X_{F_f}	Y_{F_f}	Z_{F_f}
结构钢及铸钢 $\sigma_b = 0.637$ GPa	硬质合金	外圆纵车、横车及镗孔	1 433	1.0	0.75	−0.15	572	0.9	0.6	−0.3	561	1.0	0.5	−0.4
		切槽及切断	3 600	0.72	0.8	0	1 393	0.73	0.67	0	—	—	—	—
		切螺纹	23 879	—	1.7	0.71	—	—	—	—	—	—	—	—
	高速钢	外圆纵车、横车及镗孔	1 766	1.0	0.75	0	922	0.9	0.75	0	530	1.2	0.65	0
		切槽及切断	2 178	1.0	1.0	0	—	—	—	—	—	—	—	—
		成形车削	1 874	1.0	0.75	0	—	—	—	—	—	—	—	—
不锈钢	硬质合金	外圆纵车、横车及镗孔	2 001	1.0	0.75	0	—	—	—	—	—	—	—	—
灰铸铁 190HBW	硬质合金	外圆纵车、横车及镗孔	903	1.0	0.75	0	530	0.9	0.75	0	451	1.0	0.4	0
		切螺纹	29 013	—	1.8	0.82	—	—	—	—	—	—	—	—
	高速钢	外圆纵车、横车及镗孔	1 118	1.0	0.75	0	1 167	0.9	0.75	0	500	1.2	0.65	0
		切槽及切断	1 550	1.0	1.0	0	—	—	—	—	—	—	—	—
可锻铸铁 150HBW	硬质合金	外圆纵车、横车及镗孔	795	1.0	0.75	0	422	0.9	0.75	0	373	1.0	0.4	0
	高速钢	外圆纵车、横车及镗孔	981	1.0	0.75	0	863	0.9	0.75	0	392	1.2	0.65	0
		切槽及切断	1 364	1.0	1.0	0	—	—	—	—	—	—	—	—

(续表)

被加工材料	刀具材料	加工形式	公式中的系数及指数											
			切削力 F_c				背向力 F_p				进给力 F_f			
			C_{F_c}	X_{F_c}	Y_{F_c}	Z_{F_c}	C_{F_p}	X_{F_p}	Y_{F_p}	Z_{F_p}	C_{F_f}	X_{F_f}	Y_{F_f}	Z_{F_f}
中等硬度不均质钢合金 120HBW	高速钢	外圆纵车、横车及镗孔	540	1.0	0.66	0	—	—	—	—	—	—	—	—
		切槽及切断	736	1.0	1.0	0	—	—	—	—	—	—	—	—
铝及铝硅合金	高速钢	外圆纵车、横车及镗孔	392	1.0	0.75	0	—	—	—	—	—	—	—	—
		切槽及切断	491	1.0	1.0	0	—	—	—	—	—	—	—	—

由表 2-3 可见,除切螺纹外,切削力 F_c 中切削速度 v_c 的指数 Z_{F_c} 几乎全为 0,说明切削速度对切削力影响不明显(经验公式中反映不出来)。对于最常见的外圆纵车、横车或镗孔,$X_{F_c}=1.0,Y_{F_c}=0.75$,这是一组典型的值,既可计算切削力,还可用于分析切削中的一些现象。

由此可以容易地估算出某种具体加工条件下的切削力和切削功率。例如用某硬质合金外圆车刀纵车 $\sigma_b=0.637$ GPa 的结构钢,车刀几何参数为: $\kappa_r=45°,\gamma_o=10°,\lambda_s=0°$,切削用量为: $a_p=4$ mm,$f=0.4$ mm/r,$v_c=1.7$ m/s。把由表 2-3 查出的系数和指数代入式(2-9)中(由于所给条件与表 2-3 条件相同,故 $K_{F_c}=K_{F_f}=K_{F_p}=1$),得

$$F_c=C_{F_c}a_p{}^{X_{F_c}}f^{Y_{F_c}}v_c{}^{Z_{F_c}}K_{F_c}=(1\,433\times4^{1.0}\times0.4^{0.75}\times1.7^{-0.15}\times1)N=2\,662.5 \text{ N}$$

$$F_f=C_{F_f}a_p{}^{X_{F_f}}f^{Y_{F_f}}v_c{}^{Z_{F_f}}K_{F_f}=(572\times4^{0.9}\times0.4^{0.6}\times1.7^{-0.3}\times1)N=980.3 \text{ N}$$

$$F_p=C_{F_p}a_p{}^{X_{F_p}}f^{Y_{F_p}}v_c{}^{Z_{F_p}}K_{F_p}=(561\times4^{1.0}\times0.4^{0.5}\times1.7^{-0.4}\times1)N=1\,147.8 \text{ N}$$

切削功率 P_m 为

$$P_m=F_cv_c\times10^{-3}=(2\,662.5\times1.7\times10^{-3})kW=4.5 \text{ kW}$$

(2)用切削层单位面积切削力计算切削力

切削层单位面积切削力 k_c(N/mm²)可按下式计算,即

$$k_c=\frac{F_c}{A_D}=\frac{F_c}{a_pf}=\frac{F_c}{h_Db_D} \tag{2-10}$$

各种工件材料的切削层单位面积切削力 k_c 可在有关手册中查到。根据式(2-9)、式(2-10)可得到切削力 F_c 的计算公式为

$$F_c=k_cA_DK_{F_c} \tag{2-11}$$

式中　A_D——切削层面积;

　　　K_{F_c}——切削条件修正系数。

2.工作功率计算

消耗在切削加工过程中的功率 P_e(W),称为工作功率。P_e 可以分为两部分:一部分为主运动消耗的功率 P_c(W),称为切削功率;另一部分是进给运动消耗的功率 P_f(W),称为进给功率;所以,工作功率可以按下式计算,即

$$P_e=P_c+P_f=F_cv_c+F_fn_wf\times10^{-3} \tag{2-12}$$

式中　F_c、F_f——切削力和进给力,N;

　　　v_c——切削速度,m/s;

　　　n_w——工件转速,r/s;

　　　f——进给量,mm。

由于进给功率 P_f 相对于 P_c 一般都很小(1%～2%),可以忽略不计。所以,工作功率 P_e 可用切削功率 P_c 近似代替。

在计算机床电动机功率 P_m 时,还应考虑机床的传动效率 η_m。P_m 按下式计算,即

$$P_m > \frac{P_c}{\eta_m} \tag{2-13}$$

通常 $\eta_m = 0.75 \sim 0.85$。

2.4.3　影响切削力的因素

1.工件材料的影响

工件材料的力学性能、加工硬化程度、化学成分、热处理状态以及切削前的加工状态都会对切削力的大小产生影响。

工件材料的强度、硬度、冲击韧度和塑性愈大,则切削力愈大。加工硬化程度大,切削力也会增大。工件材料的化学成分、热处理状态等都直接影响其力学性能,因而也影响切削力。

2.刀具几何参数的影响

在刀具几何参数中,前角 γ_o 对切削力的影响最大。加工塑性材料时,前角 γ_o 增大,切削轻快,因此切削力降低。

主偏角 κ_r 对切削力 F_c 的影响较小,影响程度不超过 10%。然而,主偏角 κ_r 对背向力 F_p 和进给力 F_f 的影响较大。当主偏角增大时,进给力 F_f 增大、背向力 F_p 减小。加工细长轴时常常采用 90° 主偏角车刀就是这个道理。

刀尖圆弧半径 r_ε 增大,使切削刃曲线部分的长度和切削宽度增大,但切削厚度减薄,各点的 κ_r 减小。所以,r_ε 增大相当于 κ_r 减小时对切削力的影响。

实践证明,刃倾角 λ_s 在很大范围($-40°$～$+40°$)内变化时对切削力 F_c 没有什么影响,但对 F_p 和 F_f 影响较大。随着 λ_s 的增大,F_p 减小,而 F_f 增大。

在前刀面上磨出负倒棱宽度 b_r,对切削力有一定的影响。负倒棱宽度 b_r 与进给量 f 之比增大,切削力随之增大。

3.切削用量的影响

背吃刀量 a_p 增大,切削面积 A_D 成正比增加,而切削层单位面积切削力不变,因而切削力成比例增加。背向力和进给力也近似成正比增加。

切进给量 f 增大,切削面积 A_D 成正比增加,但变形程度减小,使切削层单位面积切削力减小,因而切制力的增大与 f 不成正比。

切削速度 v_c 对切削力的影响分为有积屑瘤阶段和无积屑瘤阶段两种。在积屑瘤增长阶段,随着 v_c 增大,积屑瘤高度增加,前角增大,切削力减小。反之,在积屑瘤减小阶段,切削力则逐渐增大。在无积屑瘤阶段,随着切削速度 v_c 的提高,切削温度增高,前刀面摩擦系数减小,变形程度减小,使切削力减小,如图 2-18 所示。

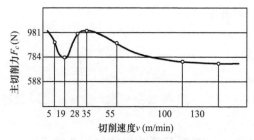

图 2-18　切削速度对切削力的影响

工件材料:45 钢正火 HB＝187;刀具结构:焊接式前刀面外圆车刀;刀片材料:YTI5;

刀具几何参数:$\gamma_o=18°,\alpha_o=6°\sim8°,\alpha_o'=4°\sim6°,\kappa_r=75°,\kappa_r'=10°\sim12°,\lambda_s=0°$,

$b_r=0,r_\varepsilon=0.2$ mm;切削用量:$a_p=3$ mm,$f=0.25$ mm/r

4.刀具材料的影响

因为刀具材料与工件材料之间的亲和性影响其间的摩擦,所以直接影响到切削力的大小。一般按立方氮化硼(CBN)刀具、陶瓷刀具、涂层刀具、硬质合金刀具、高速钢刀具的顺序,切削力依次增大。

5.切削液的影响

切削液具有润滑作用,使切削力降低。切削液的润滑作用越好,切削力的降低越显著。在较低的切削速度下,切削液的润滑作用更为突出。

2.5　切削热与切削温度

切削热是切削过程中的重要物理现象之一。切削热和由它产生的切削温度影响切削过程、刀具磨损、刀具使用寿命、加工精度和表面质量。因此,研究切削热和切削温度具有重要的实际意义。

2.5.1　切削热的产生和传出

切削过程中所消耗的能量有 98%～99% 转换为热能。因此可以近似认为单位时间内所产生的切削热 q 等于切削功率 P_c,即

$$q\approx P_c\approx F_c v_c \tag{2-14}$$

式中　q——单位时间内产生的切削热,J/s。

切削热分别产生于三个切削变形区:剪切区、切屑与前刀面的接触区、后刀面与切削表面的接触区。并通过切屑、工件、刀具和周围介质向外传出,如图 2-19 所示。

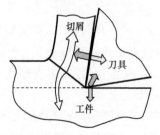

图 2-19　切削热的来源与传出

实验表明,加工方法及切削参数不同,切削热传散的比例也不相同。如车削加工时,切削热量的 50%～88% 由切屑带走,10%～40% 传入车刀,3%～9% 传入工件,1% 左右通过

辐射传入空气。车削时随着切削速度的提高和切削厚度的加大,由切屑带走的热量越多。而属于半封闭切削的钻削加工,约 50％的热量传入工件,不到 30％的热量由切屑带走,20％左右的热量传入刀具和周围介质。

2.5.2　切削温度及其分布

1.切削温度

切削温度 θ 通常是指前刀面与切屑接触区域内的平均温度,它由切削热的产生与传出的平衡条件所决定。产生的切削热愈多,传出的愈慢,切削温度愈高。反之,切削温度就愈低。

凡是增大切削力和切削功率的因素都会使切削温度 θ 上升,而有利于切削热传出的因素都会降低切削温度。例如,提高工件材料和刀具材料的热导率或充分浇注切削液,都会使切削温度下降。

2.切削温度的测量

目前比较成熟的测量切削温度的方法有自然热电偶法、人工热电偶法和红外测温法。

（1）自然热电偶法

利用工件和刀具材料化学成分不同而组成热电偶两极,当工件与刀具接触区的温度升高后,形成热电偶的热端,而把工件的引出端与刀具的尾端(保持室温)作为热电偶的冷端,这样刀具与工件接触处(切削区)便产生了温差电势,利用电位差计或毫伏表可测得切削区温度,利用这种方法测得的温度是切削区的平均温度。

（2）人工热电偶法

图 2-20 所示是用人工热电偶法测量刀具前刀面和工件切削区中某点温度示意图。这种方法是利用预先经过标定的互相绝缘的两种材料的金属丝作为热电偶,在刀具(或工件)被测点位置打出小孔(小孔直径小于 0.5 mm),将热电偶插入孔中,焊在被测点上形成热端;冷端通过导线串接在电位差计或毫伏表上,根据表上的指示值即可按照热电偶标定值得出被测点的温度。

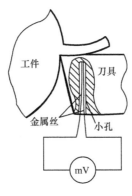

图 2-20　人工热电偶

（3）红外测温法

利用红外辐射原理,借助热敏感元件,测量切削区的温度。此法可测刀具及切屑侧面温度场。

3.切削温度的分布

实验证明:切削温度在刀具、工件和切屑上的分布是不均匀的。图 2-21 是用人工热电偶法测量并辅以传热学计算得到的切削钢料时正交平面内的温度场。

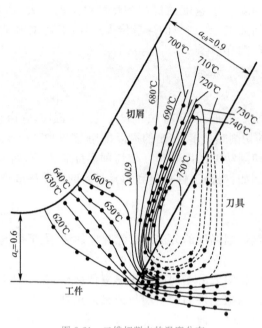

图 2-21 二维切削中的温度分布

工件材料:低碳易切钢;刀具:$\gamma_o=30°$,$\alpha_o=7°$;

切削用量:$a_p=0.6$ mm,$v_c=0.38$ m/s;切削条件:干切削,预热 611 ℃

(1)剪切区内,沿剪切面方向上各点温度几乎相同,而在垂直于剪切面方向上的温度梯度很大。由此可以推测在剪切面上各点的应力和应变的变化不大,而且剪切区内的剪切滑移变形很强烈,产生的热量十分集中。

(2)前刀面和后刀面上的最高温度点都不在切削刃上,而是在离切削刃有一定距离的地方,这是摩擦热沿前后刀面逐渐增加的缘故。

(3)在靠近前刀面的切屑底层上,温度梯度很大,离前刀面距离为 0.1～0.2 mm,温度可能下降一半。这说明前刀面上的摩擦热集中在切屑底层,对切屑底层金属的剪切强度有很大的影响。切削温度上升会使前刀面上的摩擦系数下降。

(4)由于刀面的接触长度较小,因此在工件加工表面上温度的升降是在极短的时间内完成的。刀具通过时加工表面受到一次热冲击。

2.5.3 影响切削温度的主要因素

切削温度的高低,取决于切削热产生的多少和散热条件的好坏。下面分析几个主要因素对它的影响。

1.切削用量的影响

实验得出的切削温度经验公式为

$$\theta=C_\theta v_c^{Z_\theta} f^{Y_\theta} a_p^{X_\theta} \tag{2-15}$$

式中 θ——用自然热电偶法测出的前刀面接触区的平均温度,℃;

C_θ——与工件、刀具材料和其他切削参数有关的切削温度系数;

Z_θ、Y_θ、X_θ——v_c、f、a_p 的指数。

实验得出,用高速钢和硬质合金刀具切削中碳钢时,切削温度系数 C_θ 及指数 Z_θ、Y_θ、X_θ 的确定见表 2-4。

表 2-4   切削温度的系数及指数

刀具材料	加工方法	C_θ	Z_θ		Y_θ	X_θ
高速钢	车削	140~170	0.35~0.45		0.2~0.3	0.08~0.10
	铣削	80				
	钻削	150				
硬质合金	车削	320	$f/(\text{mm/r})$	0.1 　 0.41	0.15	0.05
				0.2 　 0.31		
				0.3 　 0.26		

从表 2-4 中的数据可以看出:在切削用量三要素中,v_c 的指数最大,f 次之,a_p 最小。这说明切削速度对切削温度影响最大,随着切削速度的提高,切削温度迅速上升。而背吃刀量 a_p 变化时,散热面积和产生的热量也作相应的变化,故 a_p 对切削温度的影响很小。因此,为了有效控制切削温度以提高刀具寿命,在机床允许的条件下,选用较大的背吃刀量和进给量,比选用大的切削速度更为有利。

2.刀具几何参数的影响

前角 γ_o 减小,产生的切削热减少,因而切削温度下降。但前角大于 18°~20°时,对切削温度 θ 的影响减小。

主偏角 κ_r 减小,使切削宽度 b_D 增大,散热面积增加,故切削温度下降。

负倒棱宽度及刀尖圆弧半径的增大,使切屑变形程度增大,产生的切削热增加,但同时也使散热条件改善,两者趋于平衡。因而,负倒棱宽度和刀尖圆弧半径对切削温度影响很小。

3.工件材料的影响

工件材料的强度、硬度等各项力学性能提高时,产生的切削热增多,切削温度升高;工件材料的热导率愈大,通过切屑和工件传出的热量越多,切削温度下降越快。图 2-22 是几种工件材料的切削温度随切削速度的变化曲线。

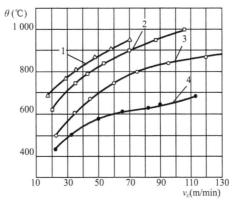

图 2-22　不同切削速度下各种工件材料的切削温度
1—CH131;2—1Gr18Ni9Ti;3—45 钢(正火);4—HT200 刀具材料:YT15,YG8;
刀具几何参数:$\gamma_o=15°$,$\alpha_o=6°~8°$,$\kappa_r=75°$,$\lambda_s=0°$,$b_r=0.1$ mm,$r=0.2$ mm;
切削用量:$a_p=3$ mm,$f=0.1$ mm/r

4.刀具磨损的影响

刀具后刀面磨损量增大,切削温度升高,磨损量达到一定值后,对切削温度的影响加剧;

切削速度越高,刀具磨损对切削温度的影响就越显著。

5.切削液的影响

浇注切削液对降低切削温度、减少刀具磨损和提高已加工表面质量有明显的效果。切削液的热导率、比热容和流量愈大,切削温度愈低。切削液本身温度愈低,其冷却效果愈显著。

2.6 刀具磨损与使用寿命

切削金属时刀具将切屑切离工件,同时本身也要发生磨损或破损。磨损是连续的、逐渐的发展过程,而破损一般是随机的突发破坏(包括脆性破损和塑性破损)。

刀具磨损不同于一般机械零件的磨损。在刀具磨损中,与刀具表面接触的切屑底面是活性很高的新鲜表面;刀面上的接触压力很大(可达 3 GPa),接触温度也很高(如硬质合金加工钢,可达 800~1 000 ℃以上),因此磨损时存在着机械的、热的和化学的作用以及摩擦、粘结、扩放等现象。

2.6.1 刀具的磨损形式

刀具的磨损发生在与切屑和工件接触的前刀面和后刀面上。多数情况下二者同时发生,相互影响,如图 2-23 所示。

1.前刀面磨损

切削塑性材料时,如果切削速度和切削厚度较大,由于切屑与刀具前刀面完全是新鲜表面相互接触和摩擦,化学活性很高,反应很强烈;如前所述,接触面又有很高的压力和温度,接触面积中有 80%以上是实际接触,空气或切削液渗入比较困难,因此在刀具前刀面上形成月牙洼磨损,如图 2-23 所示。前刀面月牙洼磨损值以其最大深度 KT 表示,如图 2-24(a)所示。

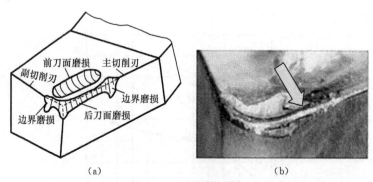

(a)　　　　　　　　　　　(b)

图 2-23　刀具的磨损形态

2.后刀面磨损

后刀面与工件表面的接触压力很大,存在着弹性和塑性变形。因此,后刀面与工件实际上是小面积接触,磨损就发生在这个接触面上。在切铸铁和以较小的切削厚度切削塑性材料时,主要发生这种磨损。后刀面磨损带往往不均匀,如图 2-24(b)所示,刀尖部分(C 区)强度较低,散热条件又差,磨损比较严重,其最大值为 VC;主切削刃靠近工件待加工表面处的后刀面(N 区)上,磨成较深的沟,以 VN 表示;在后刀面磨损带的中间部位(B 区),磨损比较均匀,其平均宽度以 VB 表示,而其最大宽度以 VB_{max} 表示。

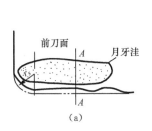
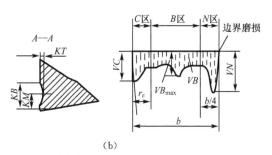

图 2-24　刀具磨损的测量

3.边界磨损

N 区磨损常被称为边界磨损。边界磨损主要是由于工件在边界处的加工硬化层硬质点和刀具在边界处的较大应力梯度和温度梯度所造成的。

2.6.2　刀具磨损的原因

刀具正常磨损的原因主要是机械磨损和热化学磨损。前者是由工件材料中硬质点的刻划作用引起的磨损,后者则是由粘结、扩散、腐蚀等原因引起的磨损。

1.磨料磨损

工件材料中的杂质、材料基体组织中的碳化物、氮化物、氧化物等硬质点在刀具表面刻划出沟纹而造成的磨损称为磨料磨损。在各种切削速度下,刀具都存在磨料磨损。在低速切削时,其他各种形式的磨损还不显著,磨料磨损便成为刀具磨损的主要原因。

2.粘结磨损

粘结是指刀具与工件材料的接触达到原子间距离时所产生的粘结现象,又称为冷焊。在切削过程中,由于刀具与工件材料的摩擦面上具备高温、高压和新鲜表面的条件,因此极易发生粘结。在继续相对运动时,粘结点受到较大的剪切或拉伸应力而破裂,一般发生于硬度较低的工件材料一侧。但刀具材料往往因为存在组织不均匀,内应力、微裂纹、空隙以及局部软点等缺陷,所以刀具表面也常发生破裂而被工件材料带走,形成粘结磨损。各种刀具材料都会发生粘结磨损。

3.扩散磨损

由于切削温度很高,刀具与工件被切出的新鲜表面接触,化学活性很大,刀具与工件材料的化学元素有可能互相扩散,使两者的化学成分发生变化,削弱刀具材料的性能,加速磨损过程。例如,用硬质合金刀具切削钢件时,切削温度常达 800~1 000 ℃以上,扩散磨损成为硬质合金刀具的主要磨损原因之一。

实验表明扩散速度随切削温度的升高而按指数规律增加,即切削温度升高扩散磨损会急剧增加。不同元素的扩散速度不同,例如,Ti 的扩散速度比 C、Co、W 等元素低得多,故 P(YT)类硬质合金抗扩散能力比 K(YG)类强。此外,扩散速度与接触表面的相对滑动速度有关,相对滑动速度越高,扩散越快。所以切削速度愈高,刀具的扩散磨损越快。

4.化学磨损

化学磨损是在一定温度下,刀具材料与某些周围介质(如空气中的氧、切削液中的极性添加剂硫、氯等)起化学作用,在刀具表面形成一层硬度较低的化合物,而被切屑带走,加速刀具磨损。化学磨损主要发生于较高的切削速度条件下。

5.热电磨损

热电磨损是在切削区高温作用下,刀具与工件材料会形成热电偶,产生热电势,使刀具与切屑及工件之间有电流通过,加快扩散速度,从而加剧刀具磨损。

2.6.3 刀具的磨损过程及磨钝标准

1.刀具的磨损过程

根据切削实验可以得到如图 2-25 所示的典型刀具磨损过程曲线。由图可看出,刀具的磨损过程分为三个阶段:

(1)初期磨损阶段

新刃磨的刀具后刀面存在粗糙不平及显微裂纹、氧化或脱碳等缺陷,而且切削刃锋利,后刀面与加工表面接触面积较小,压应力较大。这一阶段后刀面的凸出部分很快被磨平,刀具磨损速度较快。

(2)正常磨损阶段

经过初期磨损后,刀具粗糙表面已经磨平,缺陷减少,刀具进入比较缓慢的正常磨损阶段。后刀面的磨损量与切削时间近似地成正比例增加。正常切削时,这个阶段时间较长。

(3)急剧磨损阶段

当刀具的磨损带增大到一定限度后,切削力与切削温度迅速增高。磨损速度急剧增加。生产中为了合理使用刀具,保证加工质量,应该在发生急剧磨损之前就及时换刀。

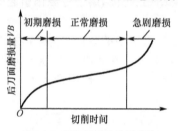

图 2-25　刀具磨损的典型曲线

2.刀具的磨钝标准

刀具磨损到一定限度后就不能继续使用,这个磨损限度称为磨钝标准。

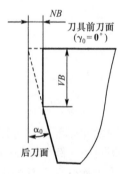

图 2-26　车刀的磨损量

在实际生产中,常常根据切削中发生的一些现象(如出现火花、振动、噪声或加工表面粗糙度变化等)来判断刀具是否已经磨钝。在评定刀具材料的切削性能和试验研究时,都是以刀具表面材料的磨损量作为衡量刀具磨钝标准的。ISO 标准统一规定以 1/2 背吃刀量处的后刀面上测定磨损带宽度 VB 作为刀具的磨钝标准,如图 2-26 所示。自动化生产中的精加工刀具,则常以沿工件径向的刀具磨损尺寸作为刀具的磨钝标准,称为径向磨损量 NB。磨钝标准的具体数值可参考有关手册。

3.刀具使用寿命

刃磨后的刀具自开始切削直到磨损量达到刀具的磨钝标准为止的切削时间,称为刀具使用寿命,以 T 表示。对于重磨刀具,由刀具第一次使用直到报废之前的总切削时间(其中包括多次重磨),称为刀具总使用寿命。

刀具使用寿命是表征刀具材料切削性能优劣的一项综合性指标。在相同切削条件下,使用寿命越高,刀具材料的耐磨性越好。在比较不同的工件材料切削加工性时,刀具使用寿命也是一个重要的指标,刀具使用寿命越高,工件材料的切削加工性越好。

4.刀具使用寿命与切削用量的关系

切削用量与刀具使用寿命有着密切的关系,后者直接影响机械加工的生产效率和加工成本。当工件材料、刀具材料和刀具几何形状确定之后,切削速度对刀具使用寿命的影响最大。

一般说,切削速度越高刀具使用寿命越低。它们之间的关系可用试验方法求出,其一般形式为

$$v_c T^m = C_0 \tag{2-16}$$

式中　C_0——系数,与刀具、工件材料和切削条件有关;

m——指数,表示 v_c 对 T 的影响程度;

T——表示刀具的使用寿命,min。

式(2-16)为重要的刀具使用寿命公式,称为泰勒(Taylor)公式。如果 v-T 画在双对数坐标系中,则为一直线,m 就是该直线的斜率(图 2-27)。耐热性越低的刀具材料,斜率越小,切削速度对刀具寿命影响越大。图 2-27 所示为各种刀具材料加工同一种工件材料时的后刀面磨损寿命曲线,其中陶瓷刀具的寿命曲线的斜率比硬质合金和高速钢的都大,这是因为陶瓷刀具的耐热性很高,所以在非常高的切削速度下仍然有较高的刀具寿命。但是在低速时,其刀具寿命比硬质合金的还要低。

用类似试验方法,同样可求出进给量 f 和背吃刀具 a_p 与使用寿命 T 的关系,最终得到切削用量与刀具使用寿命的一般关系式为

$$T = \frac{C_T}{v_c^x f^y a_p^z} \tag{2-17}$$

式中　C_T——系数,与刀具、工件材料和切削条件有关;

x、y、z——指数,表示各切削用量对 T 的影响程度。

例如用硬质合金车刀车削中碳钢时($f > 0.75$ mm/r),有

$$T = \frac{C_T}{v_c^5 f^{2.25} a_p^{0.75}} \tag{2-18}$$

由式(2-18)可知,在切削用量中,切削速度对刀具寿命的影响最大,进给量的影响次之,切削深度的影响最小。

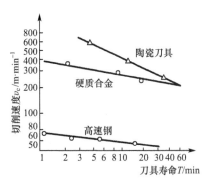

图 2-27　不同刀具材料的使用寿命比较

4.刀具的破损

刀具破损和刀具磨损一样,也是刀具失效的一种形式。刀具在一定的切削条件下使用时,如果它经受不住强大的应力(切削力或热应力),就可能发生突然损坏,使刀具提前失去切削能力,这种情况就称为刀具破损。破损是相对于磨损而言的,从某种意义上讲,破损可认为是一种非正常的磨损。刀具破损和刀具磨损都是在切削力和切削热的作用下发生的,磨损是一个比较缓慢的、逐渐发展的刀具表面损伤过程,而破损则是一个突发过程,刹那间使刀具失效,刀

具破损的形式分为脆性破损和塑性破损两种。硬质合金和陶瓷刀具在切削时,在机械和热冲击的作用下,经常发生脆性破损。脆性破损又分为崩刃、碎断、剥落和裂纹破损。

2.7 金属切削条件的合理选择

2.7.1 工件材料的切削加工性

1.工件材料切削加工性的含义

工件材料的切削加工性是指在一定的切削条件下,工件材料切削加工的难易程度,通常可用以下几个指标来衡量:

(1)以刀具使用寿命来衡量

在相同切削条件下,刀具使用寿命越高,切削加工性越好。

(2)以切削力和切削温度来衡量

在相同切削条件下,切削力大或切削温度高,则切削加工性差。机床动力不足时,常用此指标。

(3)以加工表面质量来衡量

易获得好的加工表面质量,则切削加工性好。精加工时常用此指标。

(4)以断屑性能来衡量

在相同切削条件下,以所形成的切屑是否便于清除作为一项指标。自动机床数控机床和自动化程度较高的生产线上常用此指标。

在生产和试验中,往往只取某一项指标来反映材料切削加工性的某一侧面。最常用的指标是一定刀具寿命下的切削速度 v_T 和相对加工性 K_r。

v_T 的含义是指当刀具寿命为 T 时,切削某种材料所允许的最大切削速度。v_T 越高,材料的切削加工性越好。通常取 $T=60$ min,此时将 v_T 写作 v_{60}。

切削加工性的概念具有相对性。所谓某种材料切削加工性的好与坏,是相对于另一种材料而言的。在判别材料的切削加工性时,一般以切削正火状态 45 钢的 v_{60} 作为基准,写作 $(v_{60})_j$,而把其他各种材料的 v_{60} 同它相比,其比值 K_r 称为相对加工性,即 $K_r=v_{60}/(v_{60})_j$。常用材料的相对加工性 K_r 分为八级,见表 2-5。$K_r>1$ 时,其材料的加工性比 45 钢好;$K_r<1$ 时,其材料的加工性比 45 钢差。K_r 实际上也反映了不同材料对刀具磨损和刀具寿命的影响。

表 2-5 材料切削加工性等级

等级	名称及种类		K_r	代表性材料
1	很容易切削材料	一般有色金属	>3.0	HPb59-1 铜铅合金、HAl60-1-1 铝铜合金、铝镁合金
2	容易切削材料	易切削钢	2.5~3.0	退火 l5Cr,$\sigma_b=373\sim441$ MPa 自动机床钢,$\sigma_b=393\sim491$ MPa
3		较易切削钢	1.6~2.5	正火 30 钢,$\sigma_b=441\sim549$ MPa
4	普通材料	一般钢及铸铁	1.0~1.6	45 钢,灰铸铁
5		稍难切削材料	0.65~1.0	2Crl3 调质,$\sigma_b=850$ MPa 85 钢,$\sigma_b=900$ MPa

（续表）

等级	名称及种类		K_r	代表性材料
6	难切削材料	较难切削材料	0.5~0.65	45Cr 调质，σ_b＝1 050 MPa 65Mn 调质，σ_b＝950~1 000 MPa
7		难切削材料	0.15~0.5	50CrV 调质，某些钛合金
8		很难切削材料	<0.15	镍基高温合金

2.改善工件材料切削加工性的途径

材料的切削加工性对生产率和表面质量有很大影响，因此在满足零件使用要求的前提下应尽量选用加工性较好的材料。

工件材料的物理性能（如热导率）和力学性能（如强度、塑性、韧性、硬度等）对切削加工性有着重大影响，但也不是一成不变的。在实际生产中，可采取一些措施来改善切削加工性。生产中常用的措施主要有以下两个方面。

（1）调整材料的化学成分

材料的化学成分直接影响其力学性能，如碳钢中，随着含碳量的增加，其强度和硬度一般都增高，塑性和韧性降低，故高碳钢强度和硬度较高，切削加工性较差；低碳钢塑性和韧性较高，切削加工性也较差；中碳钢的强度、硬度、塑性和韧性都居于高碳钢和低碳钢之间，故切削加工性较好。在钢中加入适量的硫、铅等元素，可有效地改善其切削加工性。这样的钢称为"易切削钢"，但只有在满足零件对材料性能要求的前提下才能这样做。

（2）采用热处理改善材料的切削加工性

化学成分相同的材料，当其金相组织不同时，力学性能就不一样，其切削加工性就不同。因此，可通过对不同材料进行不同的热处理来改善其切削加工性。例如，对高碳钢进行球化退火，可降低硬度；对低碳钢进行正火，可降低塑性；白口铸铁可在 910~950 ℃经 10~20 h 的退火或正火，使其变为可锻铸铁，从而改善切削性能。

2.7.2　刀具几何参数的合理选择

1.前角的选择

增大前角可减少切削变形，从而减小切削力、切削热和切削功率，提高刀具的使用寿命；还可以抑制积屑瘤的产生，减少振动，改善加工质量。但另一方面，增大前角会削弱切削刃强度和散热情况，过大的前角，可能导致切削刃处出现弯曲应力，造成崩刃。

选择合理刀具前角可遵循下面几条原则：

（1）在刀具材料的抗弯强度和韧性较低，或工件材料的强度、硬度较高，或切削用量较大的粗加工，或在断续切削中刀具承受冲击载荷等条件下，为确保刀具强度应选用较小的前角，甚至可采用负前角。

（2）加工塑性工件材料，或工艺系统刚度差而易引起切削振动，或机床功率不足时，应选用较大的前角，以减小切削力。

（3）对于成形刀具和刃形受前角影响的其他刀具，以及某些自动化加工中不宜频繁更换的刀具，为保证其工作的稳定性和刀具使用寿命，前角应取较小值，或取 0 前角。

硬质合金车刀合理前角的参考范围见表 2-6。高速钢车刀的前角一般比表中数值增大 5°~10°。

表 2-6　　　　　　　　　硬质合金车刀合理前、后角参考范围

工件材料种类	合理前角参考范围/(°)		合理后角参考范围/(°)	
	粗车	精车	粗车	精车
低碳钢	18～20	20～25	8～10	10～12
中碳钢	10～15	13～18	5～7	6～8
合金钢	10～15	13～18	5～7	6～8
淬火钢	−15～−5		8～10	
不锈钢(奥氏体)	15～25	15～25	6～8	6～8
灰铸铁	10～15	5～10	5～7	6～8
铜及铜合金(脆)	10～15	5～10	8～10	8～10
铝及铝合金	30～35	35～40	8～10	8～10
钛合金 $\sigma_b \leqslant 1.177$ GPa	5～10		14～16	

注:粗加工用的硬质合金车刀,通常都磨有负倒棱及负刃倾角。

2.后角的选择

增大后角,可增加切削刃的锋利性,减轻后刀面与已加工表面的摩擦,从而降低切削力和切削温度,改善已加工表面质量。但增大后角也会使切削刃和刀头的强度降低,减小了散热面积和容热体积,加速刀具磨损。

对于后角的合理选择,一般应遵循下列原则:

(1)当需要提高刀具强度时,应适当减少后角。如刀具前角采用了较大负前角时,不宜减少后角,以保证切削刀具有良好的切入条件。

(2)如需优先考虑加工表面质量(如表面残余应力、表面粗糙度等)要求,则宜加大后角,以减轻刀具与工件之间的摩擦。表 2-6 列出了硬质合金车刀常用后角的参考范围,可供参考。

3.主偏角的选择

当背吃刀量和进给量不变时,减小主偏角会使切削厚度减小,切削宽度增大,从而使单位长度切削刃所承受的载荷减轻,同时刀尖圆弧半径增大,有利于散热和增加刀尖强度,从而可提高刀具使用寿命。但是,减小主偏角会导致背向力增大,加大工件的变形挠度,同时刀尖与工件的摩擦也加剧,容易引起振动,使加工表面的粗糙度值加大,也会导致刀具使用寿命下降。

综合上述两方面,合理选择主偏角时主要看工艺系统的刚性如何。若系统刚性好,不易产生变形和振动,则主偏角可取小值;若系统刚性差(如切削细长轴),则应取大值。

4.副偏角的选择

副偏角的主要作用是最终形成已加工表面。副偏角越小,切削刃痕的理论残留面积的高度刚度也越小,可以有效地减小已加工表面的粗糙度值。同时,还加强了刀尖强度,改善了散热条件,但副偏角过小会增大副切削刃的工作长度,增大副后刀面与已加工表面的摩擦,容易引起系统振动,反而增大表面粗糙度值。

5.刃倾角的选择

刃倾角的作用可归纳为以下几个方面:

(1)影响切削刃的锋利性

当刃倾角 $\lambda_s \leqslant 45°$ 时,刀具的工作前角和工作后角将随着 λ_s 的增大而增大,而切削刃钝圆半径却随之减小,提高了切削刃的锋利性。

（2）影响刀头强度和散热条件

负刃倾角可以增强刀尖强度，其原因是切入时是从切削刃开始的，而不是从刀尖开始的，如图 2-28 所示，进而改善了散热条件，有利于提高刀具的使用寿命。

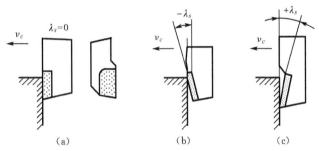

图 2-28　刨削时刃倾角对切削刃受冲击位置的影响

（3）影响切削力的大小和方向

一般刃倾角为正时，切削力降低；为负时，切削力增大。当负刃倾角绝对值增大时，背向力会显著增大，易导致工件变形和工艺系统振动。因此，在工艺系统刚度不足时，应尽量避免采用负刃倾角。

（4）影响切屑流出方向

刃倾角 λ_s 的大小和正负直接影响切屑的流出方向。λ_s 为正值时，切屑流向待加工表面，如图 2-29(a) 所示。精加工时，常取正刃倾角；当 λ_s 为负值时，切屑流向已加工表面，如图 2-29(c) 所示，易划伤已加工表面。

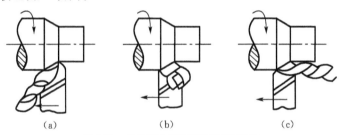

图 2-29　刃倾角对切屑流出方向的影响

2.7.3　刀具使用寿命的选择

在切削加工中，总希望达到最理想的加工效率、质量和经济性。单从加工效率方面考虑，如果刀具使用寿命规定过高，允许采用的切削速度就低，从而使生产效率降低；如果刀具使用寿命规定过低，虽然切削速度可以很高，但装刀、卸刀及调整机床的时间增多，生产效率也会降低。这样就存在一个生产效率为最大时的刀具使用寿命，即最大生产效率刀具使用寿命。同样，从加工成本考虑，也存在一个工序成本为最低的刀具使用寿命，即经济刀具使用寿命。

单件工序时间 t_0 的计算公式为

$$t_0 = t_m + t_{ot} + t_{ct}\frac{t_m}{T} \tag{2-19}$$

式中　　t_m ——基本时间，min；

　　　　t_{ot} ——辅助时间，min；

　　　　t_{ct} ——一次换刀所消耗的时间，min；

　　　　T ——刀具使用寿命，min。

以外圆车削为例(图 2-30),基本时间为

$$t_m = \frac{\pi d_w l_w h}{1\,000 v_c a_p f} \tag{2-20}$$

式中　d_w——加工长度,mm;

　　　l_w——直径,mm;

　　　h——单边余量,mm。

将式(2-16)代入式(2-20)中,即

$$t_m = \frac{\pi d_w l_w h}{1\,000 v_c a_p f} = \frac{\pi d_w l_w h}{1\,000 C_0 a_p f} \cdot T^m \tag{2-21}$$

将式(2-21)代入式(2-19)中,对 T 求导,并令其为 0,可得到最大生产率刀具使用寿命为

$$T_p = \frac{1-m}{m} \cdot t_{ct} \tag{2-22}$$

式中　m——泰勒指数(参考式 2-16)。

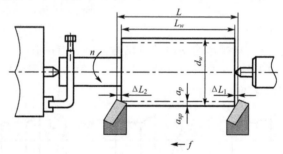

图 2-30　外圆纵车机动工时的计算

按同样方法可求得最小加工成本刀具使用寿命为

$$T_c = \frac{1-m}{m}\left(t_{ct} + \frac{C_t}{M}\right) \tag{2-23}$$

式中　C_t——磨刀费用(包括刀具成本及折旧费);

　　　M——工时费(包括操作工人的工资、开机费及均摊到机床上的管理费和其他杂费)。

图 2-31 所示为刀具使用寿命对生产效率和加工成本的影响。

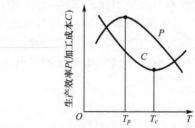

图 2-31　刀具使用寿命对生产效率和加工成本的影响

上述分析表明,在一定切削条件下,并不是刀具使用寿命越高越好。合理的刀具使用寿命数值的确定,要综合考虑各种因素的影响,不可一概而论。一般刀具使用寿命的选择可遵循以下原则:

(1)根据刀具的复杂程度、制造和磨刀成本的高低来选择。铣刀、齿轮刀具、拉刀等结构

复杂、制造、刃磨成本高，换刀时间长，刀具使用寿命可选得高些；反之，普通机床上使用的车刀、钻刀等简单刀具，因刃磨简单及成本低，刀具寿命可取得低些。如齿轮刀具一般为 $T=200\sim300$ min，硬质合金端铣刀一般为 $T=120\sim180$ min，可转位车刀则通常为 $T=15\sim30$ min。

(2)多刀机床上的车刀、组合机床上的钻头、丝锥、铣刀以及数控机床上的刀具，刀具使用寿命应选得高些。

(3)精加工大型工件时，为避免切削同表面时中途换刀，刀具使用寿命应规定至少能完成一次走刀。

2.7.4　切削用量的选择

正确地选择切削用量，对提高切削效率，保证必要的刀具使用寿命和经济性以及加工质量，都有重要的意义。

1.切削用量的选择原则

选择切削用量的原则一般是在保证加工质量的前提下，使 a_p、f、v_c 的乘积最大，即工序的切削时间最短。

但是，提高切削用量要受到工艺装备(机床、刀具)与技术要求(加工精度和表面质量)的限制。粗加工时，一般先按照刀具使用寿命的限制确定切削用量，之后再验算系统刚度、机床与刀具的强度等是否允许。精加工时则主要按表面粗糙度和加工精度要求确定切削用量。

根据切削用量和刀具使用寿命的关系(式(2-17))，在 a_p、f、v_c 三者中，a_p 对刀具使用寿命的影响最小，f 次之，v_c 的影响最大。因而，在确定切削用量时，应尽可能选择较大的 a_p，其次按工艺装备与技术条件的允许选择最大 f，最后再根据刀具使用寿命确定 v_c，这样可在保证定刀具使用寿命的前提下，使 a_p、f、v_c 的乘积最大。

2.切削用量的选择方法

粗加工时，应以提高生产率为主，同时还要保证规定的刀具寿命，因此，一般选取较大的切削深度和进给量，切削速度不能很高，即在机床功率足够时，应尽可能选取较大的切削深度，最好一次进给将该工序的加工余量切完，只有在余量太大、机床功率不足、刀具强度不够时，才分两次或多次进给将余量切完。切削表层有硬皮的铸、锻件或切削不锈钢等加工硬化较严重的材料时，应尽量使切削深度越过硬皮或硬化层深度；其次，根据工艺系统(机床、刀具、夹具、工件)的刚度，尽可能选择大的进给量；最后，根据工件的材料和刀具的材料确定切削速度。粗加工的切削速度一般选用中等或更低的数值。

精加工时，应以保证零件的加工精度和表面质量为主，同时也要考虑刀具寿命和获得较高的生产率。精加工往往采用逐渐减小切削深度的方法来逐步提高加工精度，进给量的大小主要依据表面粗糙度的要求来选取。选择切削速度要避开积屑瘤产生的切削速度区域，硬质合金刀具多采用较高的切削速度，高速钢刀具则采用较低的切削速度。一般情况下，精加工常选用较小的切削深度、进给量和较高的切削速度，这样既可保证加工质量，又可提高生产率。切削用量的选取有计算法和查表法两种，但在大多数情况下，切削用量是根据给定的条件按有关切削用量手册中推荐的数值选取的。

思考与练习

2-1 金属切削过程有何特征？切削过程的三个变形区各有何特点？它们之间有什么关联？

2-2 图 2-32 所示为车削工件端面简图,试标出车刀的各标注角度。

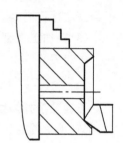

图 2-32 题 2-2 图

2-3 说明切削用量与切削层参数之间的关系。

2-4 刀具切削部分材料应具备哪些性能？为什么？

2-5 常用的刀具材料有哪几种？各应用于什么场合？

2-6 车刀的角度是如何定义的？标注角度与工作角度有何不同？

2-7 积屑瘤是如何产生的？积屑瘤对切削过程有何影响？

2-8 切屑形状分为几种？各在什么条件下产生？

2-9 切削力是如何产生的？三个切削分力是如何定义的？

2-10 影响切削力的因素有哪些？各因素对切削力的影响规律如何？

2-11 切削热的来源有哪些？切削热如何传出？

2-12 影响切削温度的因素有哪些？如何影响？

2-13 背吃刀量和进给量对切削力和切削温度的影响是否一样？为什么？如何运用这一规律指导生产实践？

2-14 增大前角可以使切削温度降低的原因是什么？是不是前角越大,切削温度越低？

2-15 刀具磨损的形式有哪些？如何进行度量？

2-16 刀具磨损过程有哪几个阶段？

2-17 造成刀具磨损的原因主要有哪些？

2-18 工件材料切削加工性的衡量指标有哪些？影响工件材料切削加工性的主要因素是什么？

2-19 如何改善工件材料的切削加工性？

2-20 刀具磨钝标准是什么意思？什么是刀具寿命？刀具寿命和磨钝标准有什么关系？

2-21 刀具前角、后角有什么功用？说明选择合理前角、后角的原则。

2-22 主偏角、副偏角有什么功用？说明选择合理主偏角、副偏角的原则。

2-23 刃倾角有什么功用？说明选择合理刃倾角的原则。

2-24 说明合理选择切削用量的原则,从刀具寿命出发时,按什么顺序选择切削用量？

2-25 切削用量对刀具磨损有何影响？

2-26 如果选定切削用量后,发现所需的功率超过机床功率时,应如何解决？

2-27 在 CA6140 车床上粗车、半精车一套筒的外圆,材料为 45 钢(调质),抗拉强度 $\sigma_b = 681.5$ MPa,硬度为 200～230HBW,毛坯尺寸 $d_w \times l_w = 80$ mm×350 mm,车削后的尺寸为 $d = 75_{-0.25}^{0}$ mm,$L = 340$ mm,表面粗糙度 Ra 值均为 3.2 μm。试选择刀具类型、材料、结构、几何参数及切削用量。

第3章

典型表面的机械加工方法与加工设备

工程案例

机器零件的结构形状虽然多种多样,但都是由一些最基本的几何表面(外圆、孔、平面等)组成的,如图 3-0 所示。机器零件的加工过程就是获得这些零件上基本几何表面的过程。同一种表面,可选用加工精度、生产率和加工成本各不相同的加工方法进行加工。如何为这些典型表面选择合理的加工方法、加工设备将是本章主要解决的问题。

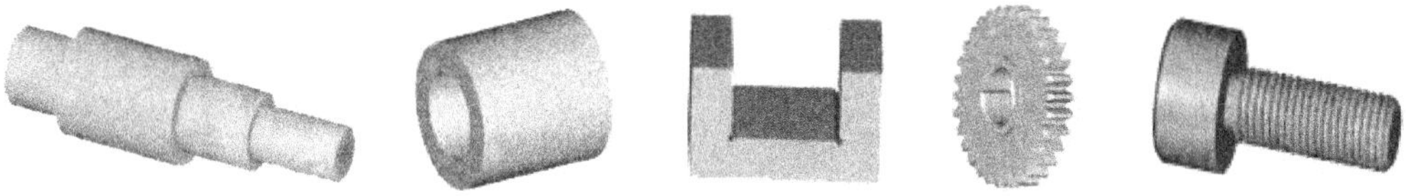

(a)阶梯轴　　　　　(b)套筒　　　　　(c)矩形座　　　(d)圆柱齿轮　　　(e)圆头螺钉

图 3-0　典型表面

【学习目标】

1. 了解典型表面的加工方法。
2. 能够分析、制订典型表面加工方案。
3. 能够正确选择典型表面的加工方法及加工设备。

微课

外圆表面
的加工方法

3.1　外圆表面

3.1.1　加工方法

外圆表面是轴、圆盘、套筒类零件的主要或辅助表面,在零件的切削加工中占有很大的比重。如图 3-1 所示的轴类零件,其主要加工表面是外圆表面。

对外圆表面提出的技术要求主要有:尺寸精度,包括外圆直径和长度的尺寸精度;形状精度,主要有直线度、平面度、圆度、圆柱度等;位置精度,如平行度、垂直度、同轴度、径向圆跳动等;表面质量,主要是指表面粗糙度,也包括有些零件要求的表面层硬度及残余应力的大小、方向和金相组织等。

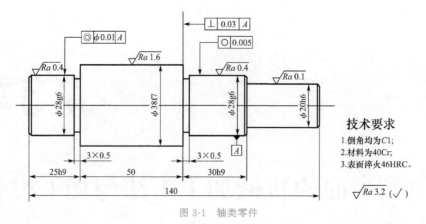

图 3-1 轴类零件

外圆表面的加工方法很多,如图 3-2 所示。一般情况下主要采用车削和磨削两种方法,所用设备是车床和磨床。当要求精度高、表面粗糙度值低时,还可能要用到精整和光整加工。

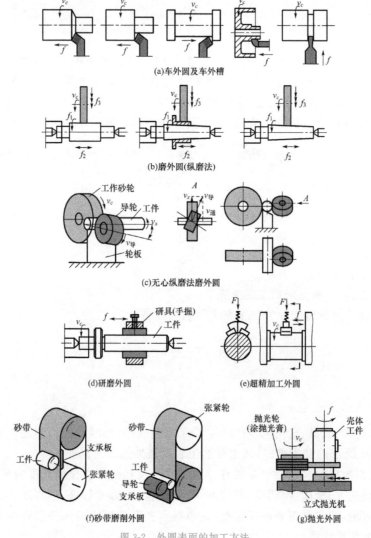

图 3-2 外圆表面的加工方法

1.外圆表面的车削加工

(1)粗车

粗车主要是迅速切除多余的金属,通常采用尽可能大的背吃刀量和进给量来提高生产率。但为了保证必要的刀具寿命,切削速度一般选择低速。粗车时,车刀应选取较大的主偏角,以减小背向力,防止工件的弯曲变形和振动;应选取较小的前角、后角和负的刃倾角,以增强车刀切削部分的强度。粗车所能达到的加工精度为 IT12~IT11 级,表面粗糙度为 Ra 50~Ra 12.5 μm。

(2)半精车

半精车一般作为精加工外圆的预加工。半精车的背吃刀量和进给量较粗车时小。半精车所能达到的加工精度为 IT10~IT9 级,表面粗糙度为 Ra 6.3~Ra 3.2 μm。

(3)精车

精车一般作为最终加工工序或作为精细加工的预加工工序。精车外圆表面一般采用较小的背吃刀量和进给量以及较高的切削速度进行加工。精车时车刀应选用较大的前角、后角和正的刃倾角,以提高加工表面质量。精车的加工精度可达 IT8~IT6 级,表面粗糙度可达 Ra 1.6~Ra 0.8 μm。

(4)精细车

精细车是用极小的背吃刀量(0.03~0.05 mm)和进给量(0.02~0.2 mm/r)、高的切削速度(150~2 000 m/min)对工件进行精细加工的方法。精细车一般采用立方氮化硼、金刚石等超硬材料刀具进行加工。精细车的加工精度可达 IT6~IT5 级,表面粗糙度可达 Ra 0.4~Ra 0.025 μm。多用于磨削加工性不好的有色金属工件(如铜、铝等)的精密加工。

2.外圆表面的磨削加工

外圆表面的磨削加工是用砂轮作为刀具磨削工件,以经济地获得高的加工精度和小的表面粗糙度值。加工精度通常可达 IT7~IT5 级,表面粗糙度可达 Ra 0.8~Ra 0.2 μm。高精度磨削的表面粗糙度可达 Ra 0.1~Ra 0.008 μm。它特别适合于各种高硬度和淬火后零件的精加工。

3.外圆表面的光整加工

外圆表面的光整加工是指在精加工后,从工件表面上不切除或切除极薄的金属层,用以提高加工表面的尺寸和形状精度、减小表面粗糙度或用以强化表面的加工方法,它适用于某些精度和表面质量要求很高的零件。常用的加工方法有研磨、抛光、超精加工(详见第 8 章),典型外圆表面的加工方案见表 3-1。

表 3-1　　　　　　　　　　　典型外圆表面的加工方案

序号	加工方案	经济精度/级	表面粗糙度 $Ra/\mu m$	适用范围
1	粗车	IT13~IT11	50~12.5	淬火钢以外的各种金属
2	粗车→半精车	IT10~IT8	6.3~3.2	
3	粗车→半精车→精车	IT8~IT7	1.6~0.8	
4	粗车→半精车→精车→滚压	IT8~IT7	0.2~0.025	
5	粗车→半精车→精磨	IT8~IT6	0.8~0.4	主要用于淬火钢,也可用于未淬火钢,不适用于有色金属
6	粗车→半精车→粗磨→精磨	IT7~IT6	0.4~0.1	
7	粗车→半精车→粗磨→精磨→超精加工	IT5	0.1~0.012	

（续表）

序号	加工方案	经济精度/级	表面粗糙度 $Ra/\mu m$	适用范围
8	粗车→半精车→精车→精细车	IT7～IT6	0.4～0.025	主要用于要求较高的有色金属
9	粗车→半精车→粗磨→精磨→超精磨	IT5 以上	0.025～0.006	高精度的外圆加工
10	粗车→半精车→粗磨→精磨→研磨	IT5 以上	0.1～0.012	高精度的外圆加工
11	粗车→半精车→粗磨→精磨→砂带磨削	IT6～IT5	0.4～0.1	特别适用于加工长径比很大的外圆
12	粗车→半精车→粗磨→精磨→抛光	IT5 以上	0.2～0.1	电镀前的预加工

3.1.2 车削加工设备

车削加工是指利用工件的旋转运动与刀具的进给运动相配合来改变毛坯的形状和尺寸，从而获得所需零件的切削加工方法。车削加工的刀具主要是车刀，设备是车床。

1.车削的工艺特点

（1）易于保证工件各加工面的位置精度。

（2）切削过程较平稳，有利于提高生产率。

（3）加工材料范围较广，适用于有色金属零件的精加工。

（4）刀具的制造、刃磨和安装均较方便，生产成本低。

（5）适应性好。

2.车削加工设备——车床

外圆表面的车削加工是在车床上使用不同的车刀或其他刀具加工各种回转表面，如内（外）圆柱面、内（外）圆锥面、螺纹、沟槽、端面和成形面等，如图 3-3 所示。

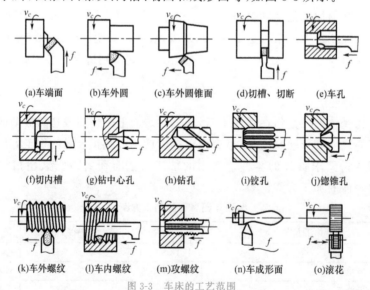

图 3-3　车床的工艺范围

车床的种类很多，按其结构和用途不同，主要可分为卧式车床及落地车床、立式车床、转塔车床、仪表车床、单轴半自动和自动车床、多轴半自动和自动车床、仿形车床及多刀车床。此外，还有各种专门化车床，例如凸轮轴车床、曲轴车床、铲齿车床、高精度丝杠车床、车轮车床等。在大批大量生产的工厂中还有各种专用车床。

（1）CA6140 普通卧式车床

CA6140 普通卧式车床是比较典型的普通卧式车床，如图 3-4 所示。其主要部件及功用如下：

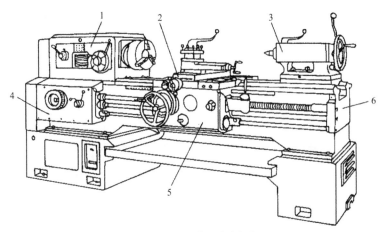

图 3-4　CA6140 普通卧式车床

1—主轴箱；2—刀架部件；3—尾架；4—进给箱；5—溜板箱；6—床身

①主轴箱（床头箱）　将电动机输出的回转运动传递给主轴，并通过装在主轴上的夹具带动工件回转，实现主运动。主轴箱内有变速机构。通过变换主轴外手柄，可以改变主轴的转速，以满足不同车削工作的需要。

②刀架部件　用来装夹车刀并使车刀做纵向、横向或斜向的运动。

③尾架（尾座）　顶尖支承工件。在尾架上还可以安装钻头等孔加工刀具，以进行孔加工。

④进给箱（走刀箱）　是进给运动传动链中的传动比变换装置（变速装置、变速机构），它的功用是改变被加工螺纹的螺距或机动进给的进给量。

⑤溜板箱　把进给箱传来的运动传递给刀架，使刀架实现纵向进给、横向进给、快速移动或车螺纹。在溜板箱上装有各种操纵手柄及按钮，工作时工人可以方便地操作机床。

⑥床身　车床的基本支承件，在床身上安装着车床的各个主要部件。床身的功用是支承各主要部件并使它们在工作时保持准确的相对位置。

（2）常用车刀

车刀按用途可为分外圆车刀、锁孔车刀、端面车刀、螺纹车刀、切断刀和成形车刀等。常用车刀的种类及用途见表 3-2。

表 3-2　　　　　　　　　　　　　　常用车刀的种类及用途

车刀种类	车刀外形	车削图示	用途
45°车刀（弯刀）		v_c　　f　　f	车削工件的外圆、端面和倒角

(续表)

车刀种类	车刀外形	车削图示	用途
75°车刀	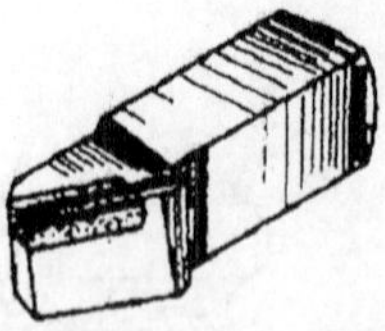	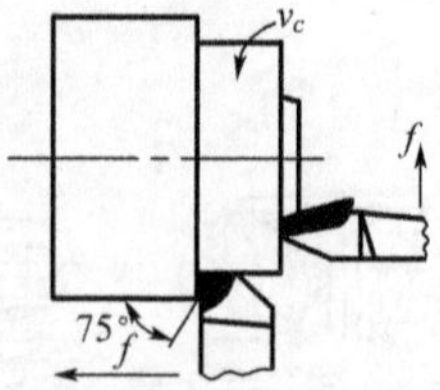	车削工件的外圆和端面
90°车刀	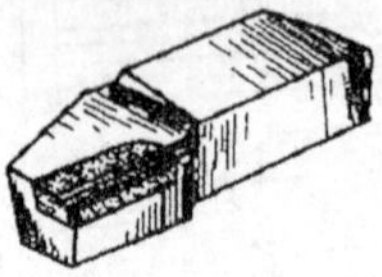	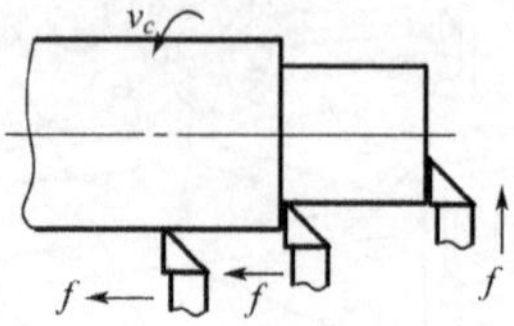	车削工件的外圆、台阶和端面
切断刀		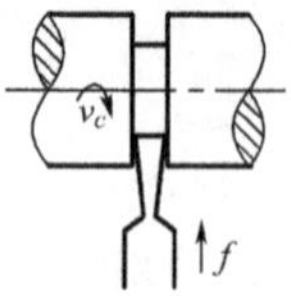	切断工件或在工件上车槽
内孔车刀		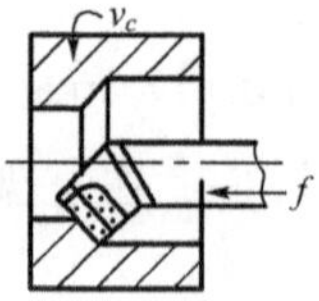	车削工件上的内孔
螺纹车刀	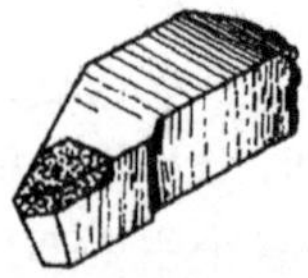	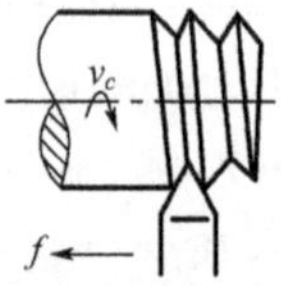	车削螺纹
圆头车刀		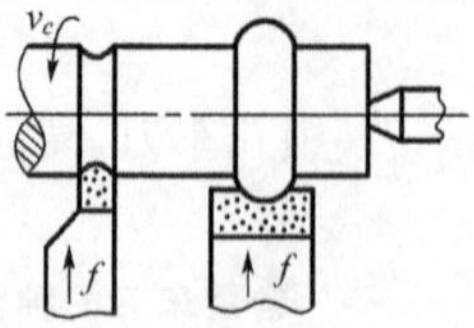	车削工件的圆弧面或成形面

3.1.3 磨削加工设备

1.磨削加工的工艺特点

磨削加工是指用带有磨粒的工具(砂轮、砂带、油石等)以给定的背吃刀量(或称切削深度),对工件进行加工的方法。常见磨削加工的种类如图 3-5 所示。

磨削加工具有以下特点:

(1)背吃刀量小、加工质量高。切削厚度可以小到数微米,有利于形成光洁的表面。

(2)砂轮有自锐作用。磨削过程中,磨钝了的磨粒会自动脱落而露出新鲜锐利的磨粒。

（3）磨削速度快、温度高，必须使用充足的切削液。磨削时的切削速度高，砂轮本身的传热性差，在磨削区易形成瞬时高温，切削液起冷却、润滑作用，还可以冲掉细碎的切屑和碎裂及脱落的磨粒，避免堵塞砂轮空隙，提高砂轮的寿命。

（4）磨削的背向力大（径向磨削分力大），使工件产生水平方向的弯曲变形，直接影响工件的加工精度。

磨削加工通常用来磨削外圆表面、内孔、平面及凸轮、螺纹、齿轮等成形面。

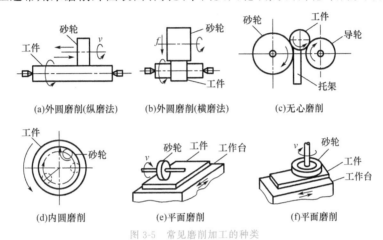

图 3-5　常见磨削加工的种类

2.磨削加工设备——磨床

磨床广泛用于零件的精加工，尤其是淬硬钢件、高硬度特殊材料及非金属材料（如陶瓷）的精加工，常见磨削的加工范围如图 3-6 所示。

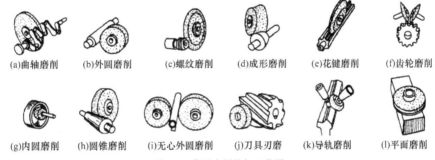

图 3-6　常见磨削的加工范围

（1）磨床的种类

①外圆磨床　主要用于外回转表面的磨削，包括普通外圆磨床、万能外圆磨床、半自动宽砂轮外圆磨床、端面外圆磨床和无心外圆磨床等。

②内圆磨床　主要用于内回转表面的磨削，包括内圆磨床、无心内圆磨床和行星内圆磨床等。

③平面磨床　用于各种平面的磨削，包括卧轴矩台平面磨床、立轴矩台平面磨床、卧轴圆台平面磨床和立轴圆台平面磨床等。

④工具磨床　用于各种工具的磨削，如样板、卡板等，包括工具曲线磨床和钻头沟槽磨床等。

⑤刀具和刃具磨床　用于各种刀具的刃磨，包括万能工具磨床（能刃磨各种常用刀具）、

拉刀刃磨床和滚刀刃磨床等。

⑥各种专门化磨床 专门用于磨削某一类零件的磨床,如曲轴磨床、凸轮磨床、花键轴磨床、齿轮磨床、螺纹磨床等。

此外,还有珩磨机、研磨机和超精加工机床等。

(2)外圆磨床

①外圆表面磨削方法 外圆表面磨削方法有中心磨削和无心磨削两种。

中心磨削利用工件的两个顶尖孔在磨床的前、后顶尖上定位进行磨削,可以修正位置误差。中心磨削有纵磨法和切入磨法,它们的主运动都是砂轮的旋转运动(n_1),只是进给运动方式有所不同。纵磨法如图 3-7(a)所示,砂轮在做旋转运动(n_1)的同时,做间歇横向进给运动(f_2),工件旋转并做纵向往复进给运动(f_1)。切入磨法如图 3-7(b)所示,砂轮旋转并连续横向进给,而工件只有回转运动,没有纵向往复运动。

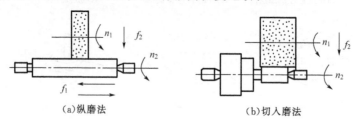

(a)纵磨法   (b)切入磨法

图 3-7 外圆磨削的方法

无心磨削时,将工件放置在托板上,导轮相对于砂轮的轴线倾斜一定角度,其线速度分解为水平和垂直方向两个分速度,带动工件做圆周进给运动和轴向进给运动,如图 3-8 所示。

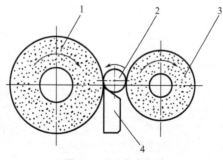

图 3-8 无心磨床磨削

1—磨削砂轮;2—工件;3—导轮;4—托板

②万能外圆磨床 M1432A 万能外圆磨床的主要组成部件及作用如图 3-9 所示。

● 床身 基础支承件,支承砂轮架、工作台、头架、尾架、床身垫板及滑鞍等部件,并使它们工作时保持准确的相对位置。

● 头架 用于安装及夹持工件,并带动工件转动。

● 尾架 与头架的前顶尖一起,用于支承工件。

● 砂轮架 用于支承并传动高速旋转的砂轮主轴。装在滑鞍上,当需磨削短圆锥面时,砂轮架可以调整至一定的角度位置。

● 内圆磨具 用于支承磨内孔的砂轮主轴。内圆磨具主轴由单独的内圆砂轮电动机驱动。

●工作台　由上工作台和下工作台组成。工作台台面上装有头架和尾架等部件,它们随着工作台一起,沿床身纵向导轨做纵向往复运动。

●滑鞍及横向进给机构　转动横向进给手轮,可以使横向进给机构带动滑鞍,沿床身垫板的导轨做横向移动。

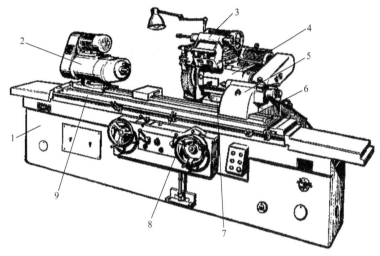

图 3-9　M1432A 万能外圆磨床

1—床身;2—头架;3—内圆磨具;4—砂轮架;5—尾架;6—床身垫板;7—滑鞍;8—手轮;9—工作台

③普通外圆磨床　普通外圆磨床主要用于磨削工件的外圆表面及锥度不大的圆锥表面。普通外圆磨床结构简单,刚度较好。尤其是头架主轴是固定不动的,工件支承在死顶尖上,提高了头架主轴部件的刚度和工件的旋转精度。

3.2　内圆表面

3.2.1　加工方法

内圆(孔)表面是箱体、支架、套筒、环、盘类零件上的重要表面,也是机械加工中经常遇到的表面,如图 3-10 所示。

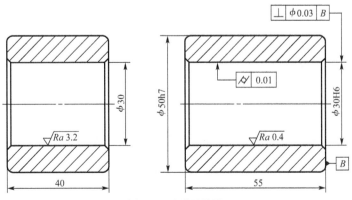

图 3-10　内孔零件图

与外圆表面相比,内圆(孔)表面加工难度大,在加工精度和表面粗糙度要求相同的情况下,加工内孔比加工外圆面困难,生产率低,成本高。

内孔加工的技术要求主要有以下几点:

(1)尺寸精度

孔径和长度的尺寸精度。

(2)形状精度

孔的圆度、圆柱度及轴线的直线度。

(3)位置精度

孔与孔或孔与外圆面的同轴度,孔与孔或孔与其他表面之间的尺寸精度、平行度、垂直度及角度等。

(4)表面质量

表面粗糙度、表层加工硬化和表层物理力学性能要求等。

内孔的切削加工方法有很多,如图 3-11 所示有钻孔、扩孔、铰孔、锪孔、车孔、镗孔、拉孔、磨孔、砂带磨孔、珩磨孔和研磨孔等。

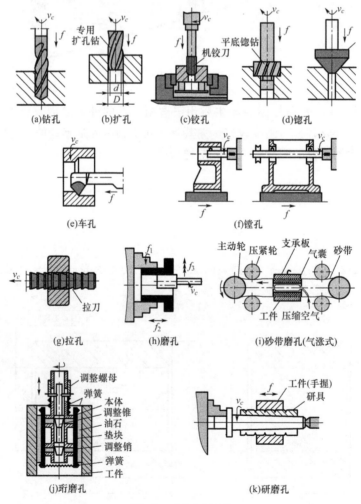

图 3-11　内孔加工方法

1.内孔的钻削加工

钻孔是指用钻头在工件的实体部位加工孔的工艺过程。它是最基本的孔加工方法。钻孔的精度较低,一般为 IT10 以下,表面粗糙度大,为 Ra 50～Ra 12.5 μm,所以只能用作粗加工。

扩孔采用扩孔钻对工件上已有孔进行扩大加工,并提高加工质量。扩孔后,精度可达 IT10～IT9,表面粗糙度可达 Ra 6.3～Ra 3.2 μm。

铰孔是用铰刀对已有孔进行精加工的过程。它用于中、小尺寸孔的半精加工和精加工。铰孔的精度可达 IT8～IT6,表面粗糙度可达 Ra 1.6～Ra 0.4 μm。

以上加工方法统称为钻削加工。钻削加工主要在钻床上进行,也可在车床、铣床或镗床上进行。

2.内孔的镗削加工

镗孔是利用镗刀对已有孔进行的加工。一般镗孔的精度可达 IT8～IT7,表面粗糙度为 Ra 1.6～Ra 0.8 μm;精细镗时,精度可达 IT7～IT6,表面粗糙度为 Ra 0.8～Ra 0.2 μm。镗孔加工根据工件不同,可以在镗床、车床、铣床、组合机床和数控机床上进行。内孔加工见表 3-3。

表 3-3　　　　　　　　　　　　　　内孔加工

序号	加工方案	经济精度	表面粗糙度 $Ra/\mu m$	适用范围
1	钻	IT12～IT11	50～12.5	低精度的螺栓孔等,或为扩孔、镗孔做准备
2	钻→扩	IT10～IT9	6.3～3.2	精度要求不高的未淬火孔
3	钻→扩→铰	IT9～IT8	3.2～1.6	主要用于直径小于 ϕ80 mm 的中小孔加工
4	钻→铰	IT9	3.2～1.6	孔径一般小于 ϕ20 mm
5	钻→铰→精铰	IT8～IT7	1.6～0.8	
6	钻→扩→粗铰→精铰	IT7	1.6～0.8	孔径较小,如直径小于 ϕ20 mm 的未淬火的孔
7	钻→扩→机铰→手铰	IT7～IT6	0.8～0.4	
8	钻→扩→拉	IT8～IT7	0.8～0.4	孔径大于 ϕ8 mm 未淬火孔,适用于成批大量生产(精度由拉刀精度决定)
9	粗镗(或扩孔)	IT12～IT11	12.5～6.3	除淬火钢外的各种材料,毛坯有铸出孔或锻出孔
10	粗镗(粗扩)→半精镗(精扩)	IT9～IT8	3.2～1.6	
11	粗镗(扩)→半精镗(精扩)→精镗(铰)	IT8～IT7	1.6～0.8	
12	精镗(扩)→半精镗(精扩)→精镗→浮动镗刀精镗	IT7～IT6	0.8～0.4	

序号	加工方案	经济精度	表面粗糙度 $Ra/\mu m$	适用范围
13	粗镗(扩)→半精镗→磨孔	IT8～IT7	0.8～0.2	主要用于淬火钢,也可用于未淬火钢,但不宜用于有色金属
14	粗镗(扩)→半精镗→粗磨→精磨	IT7～IT6	0.2～0.1	
15	粗镗→半精镗→精镗→金刚镗	IT7～IT6	0.4～0.05	主要用于精度要求高的有色金属加工
16	钻→(扩)→粗铰→精铰→珩磨; 钻→(扩)→拉→珩磨; 粗镗→半精镗→精镗→珩磨	IT6～IT5	0.2～0.025	高精度孔的加工
17	钻→(扩)→粗铰→精铰→研磨; 钻→(扩)→拉→研磨; 粗镗→半精镗→精镗→研磨	IT6～IT4	0.1～0.008	

3.内孔的拉削加工

拉孔是用拉刀在拉床上加工孔的过程。加工精度高,一般可达 IT8～IT7,表面粗糙度为 Ra 0.8～Ra 0.4 μm。

4.内孔的磨削加工

磨孔是孔的精加工方法之一,精度可达 IT8～IT6,表面粗糙度可达 Ra 1.6～Ra 0.4 μm,采用高精磨,表面粗糙度可达 Ra 0.1 μm。磨孔可以在内圆磨床或万能外圆磨床上进行。

5.内孔的光整加工

珩磨孔是对孔进行的较高效率的光整加工方法,需在磨削或精镗的基础上进行。珩磨后,孔的精度等级可达 IT6～IT5,表面粗糙度可达 Ra 0.2～Ra 0.025 μm,孔的形状精度也相应提高。

3.2.2 加工机床的选择

加工机床的选择受被加工零件的尺寸、加工要求、生产纲领、机床的类型、生产率、投资费用等因素的影响。如图 3-12 所示,对于不同内孔的加工,可参照以下条件选择加工机床:

(1)对于轴、盘、套轴线位置的孔,一般选用车床和磨床加工;在大批量生产中,盘、套轴线位置上的通直配合孔,多选用拉床加工。

(2)对于小型支架上的轴承孔,一般选用车床利用花盘-弯板装夹加工,或选用卧铣床加工。

(3)对于箱体和大、中型支架上的轴承孔,多选用镗床加工。

(4)对于各种零件上的销钉孔、穿螺钉孔和润滑油孔,一般在钻床上加工。

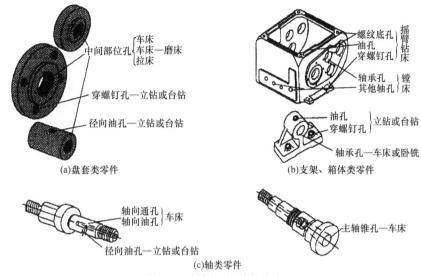

(a)盘套类零件

(b)支架、箱体类零件

(c)轴类零件

图 3-12　内孔加工机床的选择

3.2.3　钻削加工

内圆表面的钻削加工主要根据工件尺寸大小、精度要求不同,选用不同的钻床及刀具。

1.钻削加工机床

钻床是孔加工用机床,主要用来加工外形比较复杂、没有对称回转轴线的工件上的孔,如杠杆、盖板、箱体和机架等零件上的各种孔。在钻床上加工时,工件固定不动,刀具旋转做主运动,同时沿轴向移动做进给运动。钻床可完成钻孔、扩孔、铰孔、攻螺纹、锪埋头孔和锪端面等工作。钻床的加工范围及所需运动如图 3-13 所示。

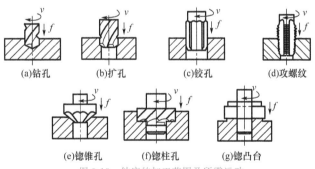

(a)钻孔　　(b)扩孔　　(c)铰孔　　(d)攻螺纹

(e)锪锥孔　　(f)锪柱孔　　(g)锪凸台

图 3-13　钻床的加工范围及所需运动

（1）立式钻床

立式钻床一般用来钻中、小型工件上的孔(直径小于 $\phi50$ mm),其规格用最大钻孔直径表示,结构外形如图 3-14 所示。主轴变速箱内装变速机构和操纵机构,进给箱内有主轴进给变速机构和进给操纵机构。主运动为主轴带动钻头的旋转运动,主轴自动做轴向进给运动,进给运动也可通过进给手柄手动实现。

（2）摇臂钻床

摇臂钻床加工范围较广,可用来加工各种批量的大、中型工件和多孔工件及大而重的工件。摇臂钻床的外形如图 3-15 所示。

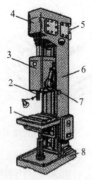

图 3-14　立式钻床

1—工作台；2—主轴；3—进给箱；4—主轴变速箱；
5—电动机；6—立柱；7—进给手柄；8—底座

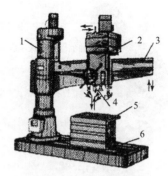

图 3-15　摇臂钻床

1—立柱；2—主轴箱；3—摇臂；
4—主轴；5—工作台；6—底座

（3）深孔钻床

深孔钻床是专门用于加工孔径比（D/L）为 1/6 以上的深孔的专门化钻床，例如加工枪管、炮管和机床主轴零件的深孔。加工时通常由工件旋转来实现主运动，深孔钻头并不旋转，而只做直线进给运动。为了便于排屑及避免机床过于高大，深孔钻床通常为卧式布局。深孔钻床的钻头中心有孔，从中打入高压切削液，强制冷却及周期退刀排屑。深孔钻削加工如图 3-16 所示。

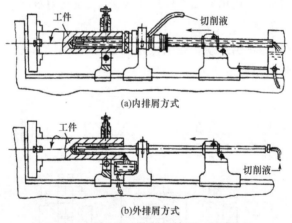

(a)内排屑方式

(b)外排屑方式

图 3-16　深孔钻削加工

2.钻削常用刀具

常用的钻削加工刀具有麻花钻（图 3-17）、扩孔钻（图 3-18）和铰刀（图 3-19）等。

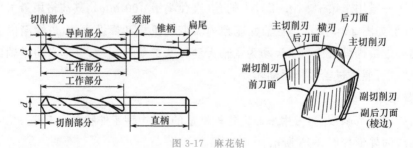

图 3-17　麻花钻

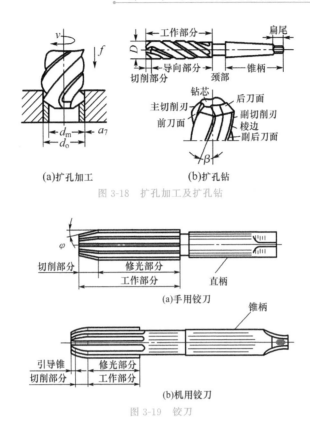

(a)扩孔加工   (b)扩孔钻

图 3-18 扩孔加工及扩孔钻

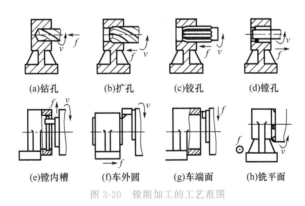

(a)手用铰刀

(b)机用铰刀

图 3-19 铰刀

3.2.4 镗削加工

镗削加工的工艺范围较广,主要完成精度高、孔径大或孔系的加工,此外,还可铣平面、沟槽、钻孔、扩孔、铰孔和车端面、外圆、内(外)环形槽及车螺纹等,如图 3-20 所示。镗削加工主要用于批量生产及精加工机座、支架和箱体类零件上直径较大的孔或有位置精度要求的孔系。

(a)钻孔   (b)扩孔   (c)铰孔   (d)镗孔

(e)镗内槽   (f)车外圆   (g)车端面   (h)铣平面

图 3-20 镗削加工的工艺范围

卧式铣镗床的主要加工方法如图 3-21 所示。

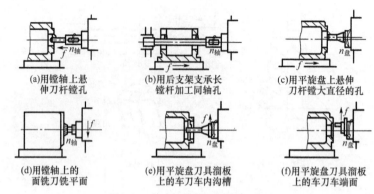

(a)用镗轴上悬伸刀杆镗孔　(b)用后支架支承长镗杆加工同轴孔　(c)用平旋盘上悬伸刀杆镗大直径的孔

(d)用镗轴上的面铣刀铣平面　(e)用平旋盘刀具溜板上的车刀车内沟槽　(f)用平旋盘刀具溜板上的车刀车端面

图 3-21　卧式铣镗床的主要加工方法

卧式镗床的布局及组成如图 3-22 所示,其主要组成部件有主轴箱 1、前立柱 2、工作台 5、后立柱 8 和床身导轨 10 等。

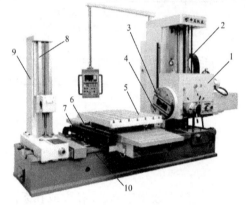

图 3-22　卧式镗床

1—主轴箱;2—前立柱;3—立轴;4—平旋盘;5—工作台;
6—上滑座;7—下滑座;8—后立柱;9—后支架;10—床身导轨

坐标镗床是一种高精度机床,其主要特点是具有测量坐标位置的精密测量装置,可实现工件和刀具的精确定位。其主要零部件的制造和装配精度很高,并有良好的刚性和抗震性。它主要用来铣削精密孔(IT5 或更高)和位置精度要求很高的孔系(定位精度可达 0.01～0.002 mm)。卧式坐标镗床如图 3-23 所示。

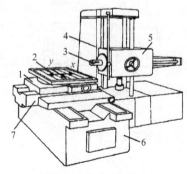

图 3-23　卧式坐标镗床

1—上滑座;2—回转工作台;3—主轴;4—立柱;5—主轴箱;6—床身;7—下滑座

3.2.5　拉削加工

拉孔是在拉床上用一个工步完成工件已有孔的粗、精加工的方法。拉削可看成是多把刨刀排列成队的多刃刨削。拉削时工件不动,拉刀相对于工件做直线运动,拉刀以切削速度 v_c 做主运动,进给运动是由后一个刀齿高出前一个刀齿的齿升量 f 来完成的,从而在一次行程中一层一层地从工件上切去多余的金属层,获得所要求的表面,如图 3-24 所示。常用圆孔拉刀的结构如图 3-25 所示。

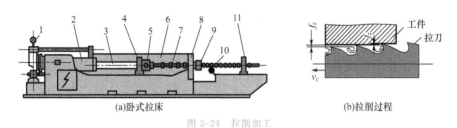

(a)卧式拉床　　　　　　　　　　　　(b)拉削过程

图 3-24　拉削加工

1—压力表;2—油缸;3—活塞拉杆;4—随动支架;5—刀夹;6—床身;

7—拉刀;8—支承;9—工件;10—渡轮;11—随动支架

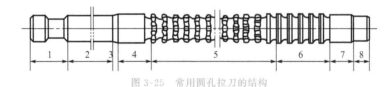

图 3-25　常用圆孔拉刀的结构

1—头部;2—颈部;3—过渡锥;4—前导部;5—切削部;6—校准部;7—后导部;8—尾部

拉削可以加工圆形与形状复杂的通孔、平面及其他没有障碍的外表面,但不能加工台阶孔、不通孔和薄壁孔,如图 3-26 所示。

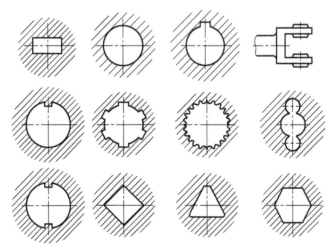

图 3-26　拉削加工工艺范围

3.2.6　磨削加工

内孔(圆)的磨削可以在普通内圆磨床、无心内圆磨床、行星内圆磨床上进行,也可以在万能外圆磨床上进行。如图 3-27 所示。

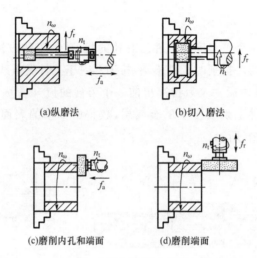

(a)纵磨法 　　　　　(b)切入磨法

(c)磨削内孔和端面 　　(d)磨削端面

图 3-27　普通内圆磨床的磨削加工

3.3　平　面

3.3.1　加工方法

平面是机械零件如箱体类、连杆类、盘类零件的主要表面之一,如图 3-28 所示。平面加工时,主要的技术要求有以下三个方面:

(1)平面的几何精度,如平面度、直线度。

(2)各表面间的位置精度,如平行度、垂直度。

(3)加工表面质量,如表面粗糙度、表面加工硬化、残余应力及金相组织。

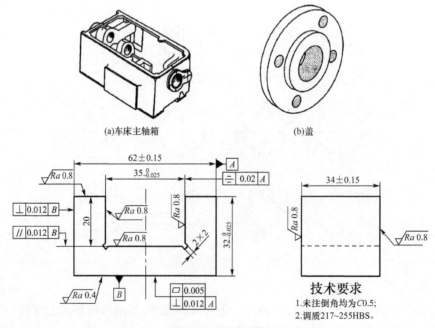

(a)车床主轴箱 　　　　　(b)盖

图 3-28　平面类零件

平面加工的方法有很多,常用的有车端面、铣平面、刨平面、拉平面、磨平面等,如图 3-29 所示。一般情况下,刨削和铣削常用作平面的粗加工和半精加工,而磨削则用作平面的精加工。此外,还有刮研、研磨、超精加工、抛光等光整加工方法。

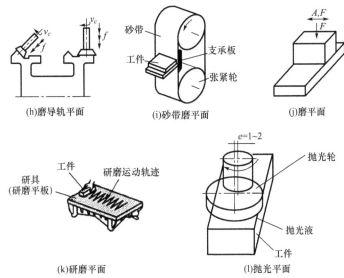

(h)磨导轨平面　　(i)砂带磨平面　　(j)磨平面

(k)研磨平面　　(l)抛光平面

图 3-29　平面加工方法

平面的加工方法的选择应根据工件的技术要求、材料、毛坯及生产规模进行工艺分析,合理选用,以保证平面加工质量。表 3-4 列出了常用的平面加工。

表 3-4　　　　　　　　　　　常用的平面加工

序号	加工方案	经济精度	表面粗糙度 $Ra/\mu m$	适用范围
1	粗车→半精车	IT9	6.3～3.2	回转体零件的端面
2	粗车→半精车→精车	IT8～IT7	1.6～0.8	
3	粗车→半精车→磨削	IT8～IT6	0.8～0.2	
4	粗刨(或粗铣)→精刨(或精铣)	IT10～IT8	6.3～1.6	精度要求不太高的不淬硬平面
5	粗刨(粗铣)→精刨(或精铣)→刮研	IT7～IT6	0.8～0.1	精度要求较高的不淬硬平面
6	粗刨(或粗铣)→精刨(或精铣)→磨削	IT7	0.8～0.2	精度要求较高的淬硬或不淬硬平面
7	粗刨(或粗铣)→精刨(或精铣)→粗磨→精磨	IT7～IT6	0.4～0.02	
8	粗铣→拉	IT9～IT7	0.8～0.2	大量生产,较小平面(精度与拉刀精度有关)
9	粗铣→精铣→精磨→研磨	IT5 以上	0.1～0.06	高精度平面

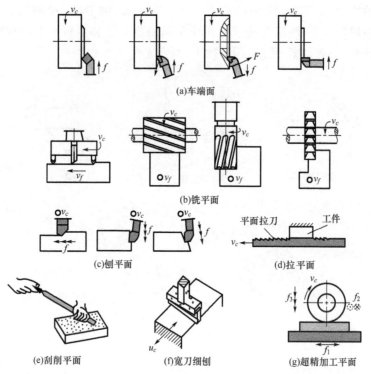

(a)车端面

(b)铣平面

(c)刨平面　　　　　　　　(d)拉平面

(e)刮削平面　　　　(f)宽刀细刨　　　　(g)超精加工平面

3.3.2　铣削加工及设备

1.铣削加工

铣削加工以铣刀旋转为主运动,工件做切削进给运动,从而不断从工件表面切除多余的材料形成加工表面。铣削加工的主要特点是用多刃铣刀进行切削,可采用较大的切削用量,故生产率较高。如图 3-30 所示,铣床主要铣削加工平面(水平面、垂直面)、沟槽(键槽、T 形槽、燕尾槽等)、分齿零件(齿轮、花键轴、链轮)、螺旋形表面(螺纹、螺旋槽)及各种曲面等比较复杂的形面,在机械制造和修理部门得到广泛应用。

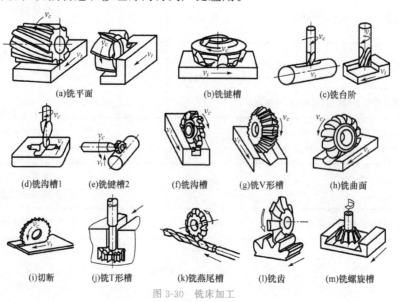

(a)铣平面　　　　　　(b)铣键槽　　　　　(c)铣台阶

(d)铣沟槽1　(e)铣键槽2　(f)铣沟槽　(g)铣V形槽　(h)铣曲面

(i)切断　　(j)铣T形槽　(k)铣燕尾槽　(l)铣齿　(m)铣螺旋槽

图 3-30　铣床加工

一般情况下,铣削主要用于粗加工和半精加工。铣削加工的精度等级为 IT11~IT8,表面粗糙度为 $Ra\ 6.3 \sim Ra\ 1.6\ \mu m$。

2.铣床

如图 3-31 所示,铣床的种类很多,一般常用的有以下几种:

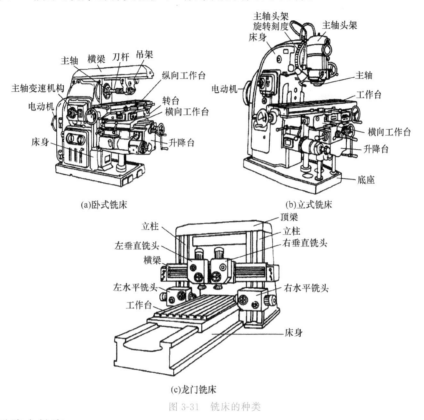

图 3-31　铣床的种类

(1)升降台铣床

有万能式、卧式和立式等,主要用于加工中小型零件,应用最广。

(2)龙门铣床和双柱铣床

用于加工大型零件。

(3)工作台不升降铣床

有矩形工作台式和圆工作台式两种,是介于升降台铣床和龙门铣床之间的一种中等规格的铣床,其垂直方向的运动由铣头在立柱上升降来完成。

(4)摇臂铣床和悬臂式铣床

摇臂铣床的立铣头可沿悬臂导轨水平移动,悬臂也可沿立柱导轨调整高度和旋转。悬臂铣床是铣头装在悬臂上的铣床,其床身水平布置,悬臂通常可沿床身一侧立柱导轨垂直移动,铣头沿悬臂导轨移动,适于加工大型零件。

立式与卧式铣床都是通用机床,通常用于单件及成批生产中。立式铣床在加工不通的沟槽和台阶面时比卧式铣床方便。立式升降台铣床主要用于使用端铣刀加工平面,铣床的头架还可以在垂直面内旋转一定的角度,以便铣削斜面,也可以加工键槽、T 形槽、燕尾槽等。

3.铣刀

铣刀按用途不同可分为平面用铣刀(图 3-32)、沟槽用铣刀(图 3-33)以及成形面用铣刀(图 3-34)三大类。

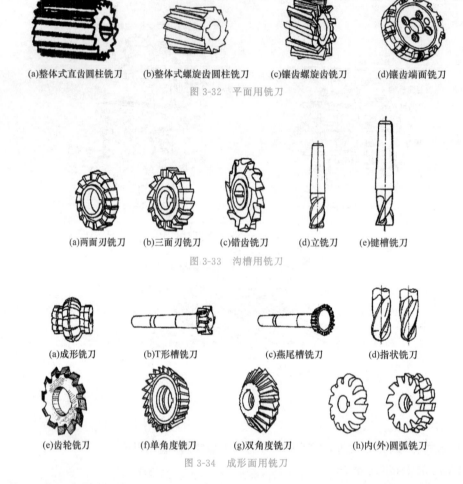

(a)整体式直齿圆柱铣刀 (b)整体式螺旋齿圆柱铣刀 (c)镶齿螺旋齿铣刀 (d)镶齿端面铣刀

图 3-32 平面用铣刀

(a)两面刃铣刀 (b)三面刃铣刀 (c)错齿铣刀 (d)立铣刀 (e)键槽铣刀

图 3-33 沟槽用铣刀

(a)成形铣刀 (b)T形槽铣刀 (c)燕尾槽铣刀 (d)指状铣刀

(e)齿轮铣刀 (f)单角度铣刀 (g)双角度铣刀 (h)内(外)圆弧铣刀

图 3-34 成形面用铣刀

3.3.3 刨削加工及设备

1.刨削加工

刨削加工是在刨床上利用刨刀或工件的直线往复运动进行切削加工的方法。刨刀一般是单刃切削,结构简单,刃磨方便,主要用来加工平面(水平面、垂直面、斜面)、沟槽(T 形槽、V 形槽、键槽)以及成形面,刨床的加工范围如图 3-35 所示。

刨削的主运动是变速往复直线运动。在变速时存在惯性,限制了切削速度的提高;刨刀在切入、切出时产生较大的振动,因而限制了切削用量的提高,且刨刀在回程时不切削,所以刨削加工生产率低,工件和机床振动较大,一般加工精度可达 IT9~IT8,表面粗糙度值可达 $Ra\ 1.6$~$Ra\ 6.3\ \mu m$。主要用于单件小批生产,特别是加工狭长平面时被广泛应用。

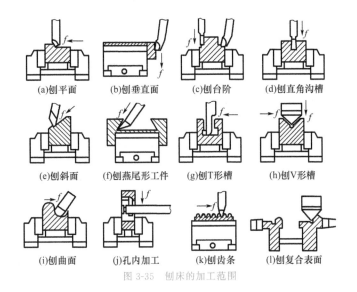

(a)刨平面　(b)刨垂直面　(c)刨台阶　(d)刨直角沟槽

(e)刨斜面　(f)刨燕尾形工件　(g)刨T形槽　(h)刨V形槽

(i)刨曲面　(j)孔内加工　(k)刨齿条　(l)刨复合表面

图 3-35　刨床的加工范围

2.刨床

刨床根据构造特点分为两大类:普通刨床,如牛头刨床、龙门刨床和单臂刨床等;专用刨床,如曲面刨床等。如图 3-36 所示为 B6065 牛头刨床的外形。

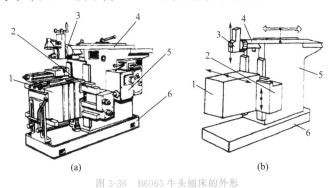

(a)　　　　　　(b)

图 3-36　B6065 牛头刨床的外形

1—工作台;2—横梁;3—滑枕;4—床身;5—变速箱;6—底座

3.刨刀

常用刨刀如图 3-37 所示,可按加工方法和用途不同分类。平面刨刀用来加工水平表面,偏刀用来加工垂直面或斜面,角度偏刀用来加工互呈一定角度的内斜面,切刀用来加工直角槽或切断工件,弯切刀主要用来加工 T 形槽和侧面沉割槽。

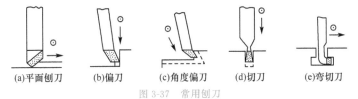

(a)平面刨刀　(b)偏刀　(c)角度偏刀　(d)切刀　(e)弯切刀

图 3-37　常用刨刀

3.3.4　磨削加工及设备

1.磨削加工

磨削加工常作为刨削或铣削后的精加工,特别是用于磨削淬硬工件以及具有平行表面的零件(如滚动轴承环、活塞环)。磨削两平面间的尺寸精度可达 IT6~IT5,表面粗糙度为

$Ra\ 0.8 \sim Ra\ 0.2\ \mu m$。

平面磨削可分为圆周磨削和端面磨削两种方式。如图 3-38(a)和图 3-38(c)所示为卧轴磨床用砂轮的周边磨削,如图 3-38(b)和图 3-38(d)所示为立轴磨床用砂轮的端面磨削。

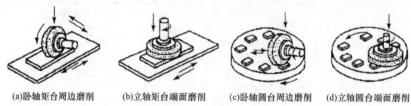

(a)卧轴矩台周边磨削　(b)立轴矩台端面磨削　(c)卧轴圆台周边磨削　(d)立轴圆台端面磨削

图 3-38　平面磨床的常用方式

圆周磨削时,砂轮与工件的接触面积小,磨削力小,排屑及冷却条件好,工件受热变形小,且砂轮磨损均匀,所以加工精度较高;但砂轮主轴承刚性较差,只能采用较小的磨削用量,生产率较低,故常用于精密加工和磨削较薄的工件,在单件小批生产中应用较广。

端面磨削时,砂轮与工件的接触面积大,同时参加磨削的磨粒多,另外磨床工作时主轴受压力,刚性较好,允许采用较大的磨削用量,故生产率高;但是在磨削过程中,磨削力大,发热量大,冷却条件差,排屑不畅,造成工件的热变形较大,且砂轮端面沿径向各点的线速度不等,使砂轮磨损不均匀,所以这种磨削方法的加工精度不高,多用于粗磨。

2.平面磨床

平面磨床的加工精度可达 IT6~IT5,两平面平行度误差小于 0.01 mm,表面粗糙度一般可达 $Ra\ 0.4 \sim Ra\ 0.2\ \mu m$。

常用的平面磨床按其砂轮轴线的位置和工作台的结构特点,可分为卧轴矩台平面磨床、卧轴圆台平面磨床、立轴矩台平面磨床、立轴圆台平面磨床等类型。如图 3-39 所示为 M7130A 平面磨床的外形。

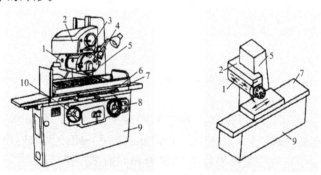

图 3-39　M7130A 平面磨床

1—磨头;2—床鞍;3—横向进给手柄;4—砂轮修正器;5—立柱;
6—挡块;7—工作台;8、10—手轮;9—床身

3.4　齿　形

齿轮传动是目前机械传动中应用最广泛、最常见的一种传动形式,如图 3-40 所示为圆柱齿轮零件图。

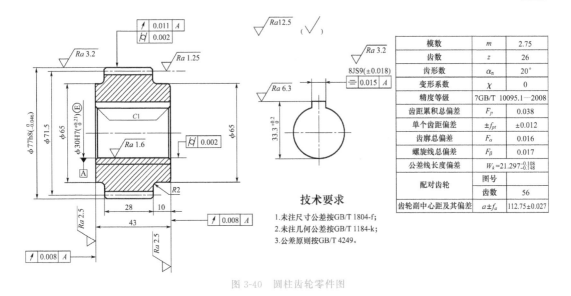

模数	m	2.75
齿数	z	26
齿形数	α_n	20°
变形系数	χ	0
精度等级		7GB/T 10095.1—2008
齿距累积总偏差	F_p	0.038
单个齿距偏差	$\pm f_{pt}$	±0.012
齿廓总偏差	F_α	0.016
螺旋线总偏差	F_β	0.017
公差线长度偏差	$W_k = 21.297_{-0.148}^{-0.108}$	
配对齿轮	图号	
	齿数	56
齿轮副中心距及其偏差	$a \pm f_a$	112.75±0.027

技术要求

1.未注尺寸公差按GB/T 1804-f;
2.未注几何公差按GB/T 1184-k;
3.公差原则按GB/T 4249。

图 3-40　圆柱齿轮零件图

3.4.1 加工方法

　　齿轮的加工方法主要有铣齿、插齿、滚齿、剃齿、珩齿和磨齿,如图 3-41 所示。其他加工方法还有刨齿、梳齿、挤齿和研齿等。

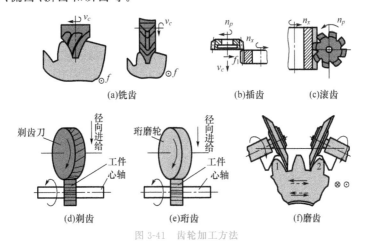

图 3-41　齿轮加工方法

3.4.2 加工设备

　　根据所用刀具和加工方法的不同,齿轮的加工设备主要有滚齿机、插齿机、铣齿机等。精加工机床中包括剃齿机、珩齿机及各种圆柱齿轮磨齿机等。其中:滚齿机主要用于加工直齿、斜齿圆柱齿轮和蜗轮;插齿机主要用于加工单联及多联的内、外直齿圆柱齿轮;剃齿机主要用于淬火前的直齿和斜齿圆柱齿轮的齿廓精加工;珩齿机主要用于对热处理后的直齿和斜齿圆柱齿轮的齿廓精加工,珩齿对齿形精度改善不大,主要是降低齿面的表面粗糙度;磨齿机主要用于淬火后的圆柱齿轮的齿廓精加工。

　　此外,还有花键轴铣床、齿轮倒角机、齿轮噪声检查机等。

1.铣削加工

　　铣齿属于成形法加工齿轮,是用成形铣刀在万能卧式铣床上进行的,刀具的截形与被加工齿轮的齿槽形状相同。刀具沿齿轮的齿槽方向进给,一个齿槽铣完,被加工齿轮分度后,再铣第二个齿槽,直至加工出整个齿轮。

如图 3-42 所示,铣刀旋转做主运动,工件紧固在心轴上以顶尖定位,随工作台做直线进给运动。每铣完一个齿槽,铣刀沿齿槽方向退回,用分度头对工件进行分度,然后再铣下一个齿槽,直至加工出整个齿轮。

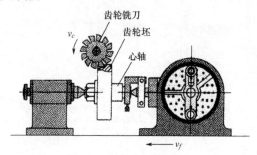

图 3-42 铣削直齿圆柱齿轮

铣齿的工艺特点:成本较低,生产率低,加工精度低。

铣齿的应用:铣齿不但可以加工直齿、斜齿和人字齿圆柱齿轮,还可以加工齿条、锥齿轮及蜗轮等。铣齿一般用于单件小批生产和维修工作中加工 9 级精度以下、齿面粗糙度为 Ra 6.3~Ra 3.2 μm 的齿轮。

2.滚齿加工

(1)滚齿加工的特点

适应性好,生产率高,齿轮齿距误差小,齿轮齿廓表面粗糙度较差。滚齿加工主要用于直齿圆柱齿轮、斜齿圆柱齿轮、蜗轮和花键轴。

(2)滚齿机

Y3150E 滚齿机主要用于滚切直齿圆柱齿轮和斜齿圆柱齿轮。此外,使用蜗轮滚刀时,还可以用手动径向进给法滚切蜗轮。也可用于加工花键轴。图 3-43 所示为该机床的外形。

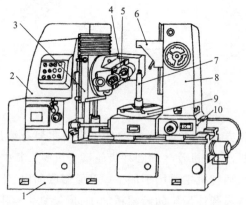

图 3-43 Y3150E 滚齿机的外形

1—底座;2—工作台;3—立柱;4—滚刀主轴;5—刀架;6—支架;7—工件心轴;8—后立柱;9—工作台;10—床鞍

(3)滚刀

在蜗杆圆周上等分地开出沟槽(垂直于蜗杆螺旋线方同或平行于滚刀轴线方向),经过齿形铲背,使刀齿具有正确的齿形和后角,再加以淬火和刃磨前面,就成了一把齿轮滚刀,如图 3-44 所示。

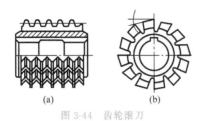

图 3-44 齿轮滚刀

3. 插齿加工

插齿机主要用于加工直齿圆柱齿轮,尤其适于加工滚齿难以加工的内齿轮、多联齿轮、带台阶齿轮、扇形齿轮、齿条及人字齿轮、端面齿盘等,但不能加工蜗轮。

(1)齿面的插削

如图 3-45 所示,插齿属于展成法加工,被加工齿轮的导线和母线是在插齿刀沿工件轴线往复直线运动,插齿刀和工件保持一定的展成运动关系中形成的。加工过程中,刀具每往复一次,仅切出工件齿槽的一小部分,齿轮轮齿的渐开线齿形就是插齿刀依次切削加工中各瞬时位置的包络线。

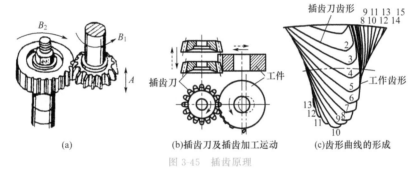

图 3-45 插齿原理

(2)插齿刀

按加工模数范围、齿轮形状不同分为盘形、碗形、锥柄等直齿插齿刀,它们的主要类型及应用范围如图 3-46 所示。

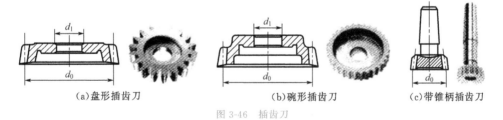

图 3-46 插齿刀

4. 齿轮的精加工

常用的齿面精加工方法有剃齿、珩齿和磨齿等,详见第 8 章。

3.5 螺 纹

螺纹也是零件上常见的表面之一,如图 3-47 所示,在各种机械产品中,由于螺纹既可用于零件之间的连接、紧固又可用于传递动力,改变运动形式又可用作测量件来测量工件,因此应用非常广泛。

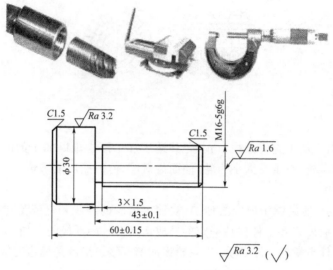

图 3-47 螺纹的应用及圆头螺钉零件图

螺纹的加工方法很多，主要有攻螺纹、套螺纹、车螺纹、铣螺纹、磨螺纹、搓螺纹和滚螺纹等。如图 3-48 所示。具体的加工方法应根据工件形状、螺纹牙型、螺纹的尺寸和精度、工件材料、热处理以及生产类型等条件进行选择。

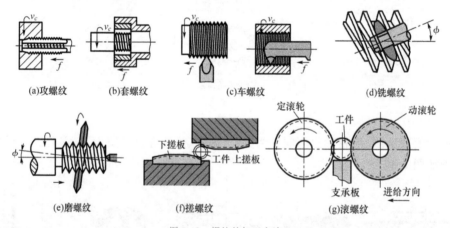

图 3-48 螺纹的加工方法

螺纹的各种加工方法及其所能达到的经济加工精度、表面粗糙度及适用范围见表 3-5。

表 3-5 螺纹加工

加工方法		经济加工精度	表面粗糙度 Ra/μm	适用范围
攻螺纹		7～6	6.3～1.6	各种批量
套螺纹		9～8	6.3～1.6	各种批量
车螺纹		8～4	3.2～0.4	单件或批量生产直径较大的螺纹
铣螺纹		9～6	6.3～3.2	成批或大批量
滚螺纹	搓丝	8～5	1.6～0.8	大批量生产小螺纹
	滚丝	7～3	0.8～0.2	大批量
磨螺纹		6～3	0.4～0.08	各种批量，内螺纹需 25 mm 以上

注：经济加工精度指螺纹中径的精度等级。

各种螺纹车削的基本过程都是相同的,三角螺纹的加工一般选用高速钢、硬质合金螺纹车刀,螺纹车刀如图 3-49 所示。螺纹牙型角要靠螺纹车刀的正确形状来保证,因此三角螺纹车刀刀尖及刀刃的夹角应为 60°,精车时车刀的前角应为 0。

三角螺纹有如图 3-50 所示的右旋(正扣)和左旋(反扣)两种,即当主轴正转时,由尾座向卡盘方向车削,加工出来的螺纹为右旋(正扣);在主轴还是正转的情况下,由卡盘向尾座方向车削,加工出来的螺纹为左旋(反扣)。

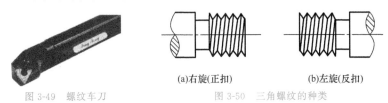

(a)右旋(正扣)　　　　(b)左旋(反扣)

图 3-49　螺纹车刀　　　　　图 3-50　三角螺纹的种类

思考与练习

3-1　常用外圆表面的加工方法有哪些?

3-2　卧式车床主要用来加工哪些表面?

3-3　常用车刀的种类及用途有哪些?

3-4　外圆磨削主要有哪几种方式?

3-5　常用外圆表面的光整加工方法有哪些?

3-6　内孔表面常见加工方法有哪些?

3-7　钻削加工范围有哪些?

3-8　钻削加工的常用刀具有哪些?

3-9　拉削加工有哪些特点?

3-10　内孔磨削方法有哪些? 各适用于何种加工?

3-11　常见的内孔光整加工方法有哪些? 各有何特点?

3-12　常用的平面加工方法有哪些?

3-13　简述卧式铣床的加工范围。

3-14　常用铣刀有哪些? 各适用于什么场合?

3-15　刨床有哪些基本工作内容?

3-16　平面磨床有哪几种类型?

3-17　齿轮的切削加工方法主要有哪些?

3-18　按切削原理分类,齿轮的切削加工方法有哪几种? 各有什么特点?

3-19　铣齿的工艺特点有哪些?

3-20　滚齿加工有哪几种运动?

3-21　齿轮的精加工方法有哪些?

3-22　常用螺纹加工方法有哪些?

第4章

机床夹具原理与设计

工程案例

现用摇臂钻床加工如图 4-0 所示轴套零件,在其上钻 $\phi6H7$ 孔并保证轴向尺寸 37.5 ± 0.02 mm。要求设计一套钻削夹具方案,通过合理装夹,满足该孔位置加工要求。

为了达到工件被加工表面的技术要求,必须保证工件加工过程中工件与机床、刀具具有正确位置,并在加工过程中保持不变,这就需要进行机床夹具设计。本章研究夹具设计的基本原理,主要包括:机床夹具的功用、分类及组成;工件在夹具中的定位及夹紧;专用夹具的设计方法;典型夹具的设计等内容。机床夹具的设计是本课程的核心内容之一。

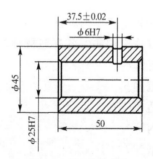

图 4-0 轴套钻径向孔

【学习目标】

1.了解机床夹具设计要求。

2.掌握典型定位方式、定位元件及装置设计。

3.掌握定位误差的分析与计算。

4.了解夹紧机构设计要求。

5.掌握典型机床夹具结构。

4.1　夹具的组成

4.1.1　机床夹具的功用

1.保证工件加工精度

机床夹具的首要任务是保证加工精度,使工件相对于刀具及机床的位置精度得到稳定保证,不依赖于工人的技术水平。

2.减少辅助工时,提高生产率

使用夹具后可缩短划线、找正等辅助时间;易实现多工件、多工位加工;可采用高效机动夹紧机构,提高劳动效率。

3.扩大机床工艺范围

根据加工机床的成形运动,辅以不同类型的夹具,可扩大机床的工艺范围。如在车床或钻床上使用镗模,可以代替镗床镗孔。

4.1.2　机床夹具的分类

机床夹具可以有多种分类方法,通常按机床夹具的使用范围分为五种类型。

1.通用夹具

通用夹具一般已标准化,作为机床附件由专业工厂制造供应,只需选购即可。该类夹具具有较大的通用性,如车床的自定心卡盘、单动卡盘、顶尖,铣床上常用的机用平口钳、分度头、回转工作台等均属此类夹具(图 4-1)。

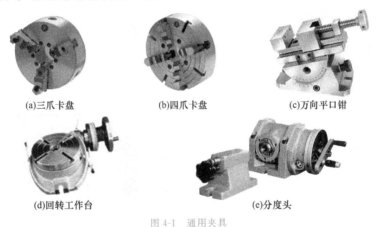

(a)三爪卡盘　　　　(b)四爪卡盘　　　　(c)万向平口钳

(d)回转工作台　　　　(e)分度头

图 4-1　通用夹具

2.专用夹具

专为某一工件的某一工序设计制造的夹具,称为专用夹具(图 4-3)。专用夹具广泛应用在批量生产中,专用夹具的设计是本课程的重点内容。

3.可调夹具及成组夹具

可调夹具的特点是夹具的部分元件可以更换,部分装置可以调整以适应不同加工需要。用于相似零件成组加工的夹具,通常称为成组夹具。与成组夹具相比,可调夹具的加工范围更广一些。

4.组合夹具

组合夹具采用一套标准化的夹具元件,根据零件的加工要求拼装而成(图 4-2)。就像搭积木一样,不同元件的不同组合和连接可构成不同结构和用途的夹具,夹具元件可拆卸和重复使用。这类夹具适用于新产品试制及小批量生产。

(a)　　　　　　　　　　　　　(b)

图 4-2　组合夹具实例

5.随行夹具

随行夹具是自动生产线或柔性制造系统使用的夹具。工件安装在随行夹具上,与夹具成为一体,从一个工位移到下一个工位,完成不同工序的加工。

机床夹具也可按照在什么机床上使用分类,如车床夹具、铣床夹具、钻床夹具、镗床夹具、齿轮机床夹具、磨床夹具和数控机床夹具等。机床夹具还可按其夹紧装置的动力源分类,如手动夹具、气动夹具、液动夹具、电磁夹具和真空夹具等。

4.1.3　机床夹具的组成

如图 4-3 所示,工件以 ϕ25H7 孔及端面为定位基准,通过夹具上定位销 6 及端面即可确定工件在夹具中的正确位置。拧紧螺母 5,通过开口垫圈 4 将工件夹紧,钻头由快换钻套 1 引导对工件加工,以保证加工孔到端面的距离。

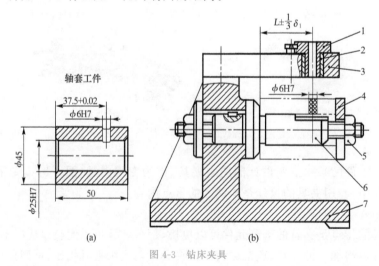

图 4-3　钻床夹具

1—快换钻套;2—导向套;3—钻模板;4—开口垫圈;5—螺母;6—定位销;7—夹具体

通过对该夹具的介绍,把夹具归纳为以下部分:

1.定位元件及定位装置

定位装置用以确定工件在夹具中的正确位置,如图 4-3 中的定位销 6。

2.夹紧元件及夹紧装置

夹紧装置用于将工件压紧夹牢,保证工件加工过程中在外力(切削力等)作用下保持正确位置不变。如图 4-3 中的螺母 5 和开口垫圈 4。

3.对刀及导向元件

用来确定刀具位置或引导刀具方向的元件。图 4-3 中的快换钻套 1 与钻模板 3 就是为了引导钻头而设置的导向元件。

4.夹具体

夹具体是夹具的基础件,如图 4-3 中的夹具体 7,通过它将夹具的所有部分连接成一个整体并将夹具安装在机床上。

5.其他装置或元件

夹具除上述四部分外,还有一些根据需要设置的其他装置或元件,如分度装置、夹具与机床之间的连接元件等。

4.2　工件的基准与定位

4.2.1　基　准

基准是指用来确定工件几何要素间的几何关系所依据的点、线、面。它是几何要素之间位置尺寸标注、计算和测量的起点。根据基准的用途不同,可分为设计基准和工艺基准两大类。

1.设计基准

设计图样上所采用的基准称为设计基准。图 4-4(a)中,中心线是 $\phi30H7$ 内孔、$\phi48$ mm 齿轮分度圆和 $\phi50h8$ 齿顶圆的设计基准。图 4-4(b)中,平面 1 是平面 2 与孔 3 的设计基准,孔 3 是孔 4 和孔 5 的设计基准。

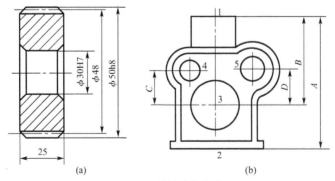

图 4-4　设计基准示例

2.工艺基准

工艺过程中所采用的基准称为工艺基准。工艺基准按照用途不同分为工序基准、定位基准、测量基准和装配基准。

（1）工序基准

在工序图上用来标注被加工表面尺寸和相互位置的基准称为工序基准。图 4-5 所示的工件，加工表面为 ϕD 孔，要求中心线与 A 面垂直，并与 C 面和 B 面保持距离尺寸 L_1 和 L_2，则 A 面、B 面、C 面均为本工序的工序基准。

（2）定位基准

加工过程中用来确定工件在机床或夹具中正确位置的基准称为定位基准。定位基准分为粗基准和精基准。

以定位支座零件加以说明，定位支座零件如图 4-6 所示。

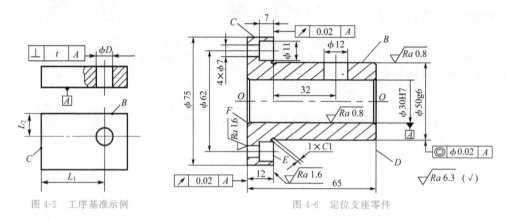

图 4-5 工序基准示例   图 4-6 定位支座零件

粗基准：以未加工过的表面进行定位的定位基准称为粗基准。图 4-7 中安装 Ⅰ 以工件毛坯（棒料）外圆表面 C 为粗基准。

精基准：以已加工过的面进行定位的定位基准称为精基准。图 4-7 中安装 Ⅱ 中所使用的定位基准 B、E 都是精基准。

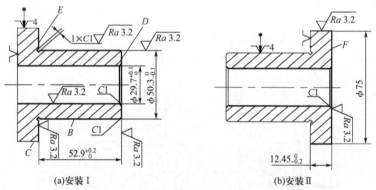

(a)安装Ⅰ   (b)安装Ⅱ

图 4-7 支座零件第 1 工序简图（车削）

（3）测量基准

加工中或加工后，用以测量工件形状、位置和尺寸误差所采用的基准，称为测量基准。图 4-7 中的安装 Ⅰ，E 面的测量基准是 D 面。

（4）装配基准

装配时用以确定零件或部件在产品上的相对位置所采用的基准称为装配基准。装配基准通常与设计基准是一致的。

各基准之间的关系如图 4-8 所示。

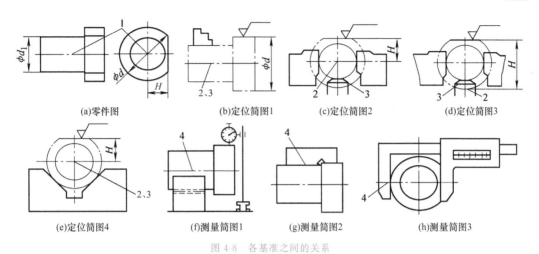

(a)零件图　　(b)定位简图1　　(c)定位简图2　　(d)定位简图3

(e)定位简图4　　(f)测量简图1　　(g)测量简图2　　(h)测量简图3

图 4-8　各基准之间的关系

1—设计基准；2—工序基准；3—定位基准；4—测量基准

4.2.2　工件的装夹

图 4-9 中用调整法加工工件上直槽，同时保证槽宽 b、距底面 K_1 及侧面 K_2 的距离。在零件加工时，应考虑如何将工件正确地装夹在机床上或夹具中。

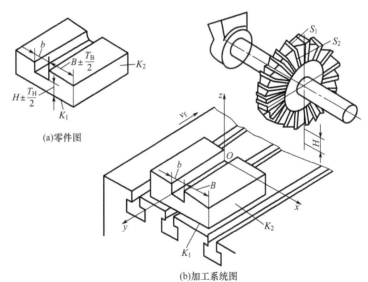

(a)零件图

(b)加工系统图

图 4-9　工件加工时的正确定位

装夹包含定位和夹紧两个方面。

定位是指确定工件在机床(工作台)上或夹具中占有正确位置的过程，通常可以理解为工件相对于切削刀具或磨具的一定位置，以保持加工尺寸、形状和位置要求。

夹紧是指工件在定位后将其固定，使其在加工过程中能承受重力、切削力等而保持定位后的位置不变。

工件在机床或夹具中的装夹主要有三种方法。

1.直接找正装夹

对于形状简单的工件，定位时可由操作工人利用百分表、划针等量具(量仪)或目测在机床上直接找正工件上某些有相互位置要求的表面,使工件处于正确的位置,然后夹紧,如图 4-10 所示。直接找正装夹方法生产率低,加工精度取决于工人的操作技术水平和所使用量具的精确度,一般用于单件小批生产中。

2.划线找正装夹

对于形状复杂的工件,可在工件表面上按图纸要求划出中心线、对称线和各待加工表面的加工位置线,然后在机床上按划好的线找正工件的位置并将工件夹紧,如图 4-11 所示。该方法生产率低,装夹精度也不高,多用于生产批量较小、毛坯精度较低以及大型零件的粗加工中。

3.夹具装夹法

夹具装夹法是指用夹具上的定位元件使工件获得正确位置的一种装夹方法,如图 4-12 所示。采用这种方法时,工件定位迅速方便,定位精度高,但需设计、制造专用夹具。夹具装夹法广泛用于大批大量生产中。

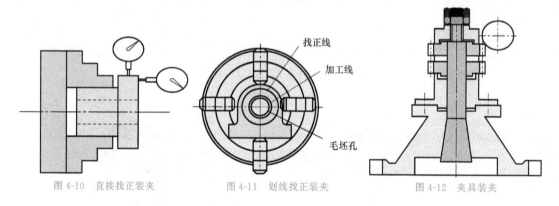

图 4-10 直接找正装夹   图 4-11 划线找正装夹   图 4-12 夹具装夹

4.2.3 定位原理

1.六点定位原理

如图 4-13 所示,任何一个自由刚体在空间均有六个自由度(自由度是指完全确定物体在空间的几何位置所需要的独立坐标数目),即沿空间坐标轴 x、y、z 三个方向的移动和绕此三个坐标轴的转动,分别用 $\vec{x}$、$\vec{y}$、$\vec{z}$ 和 $\hat{x}$、$\hat{y}$、$\hat{z}$ 表示。

图 4-14 所示为长方体工件在空间的定位情况。在 xOy 平面上设置三个支承(不在一条直线上),工件放在三个支承上,限制了工件的 $\hat{x}$、$\hat{y}$、$\vec{z}$ 三个自由度;在 xOz 平面上设置两个支承(两点连线不平行于 z 轴),把工件靠在这两个支承上,就限制工件的 $\vec{y}$、$\hat{z}$ 两个自由度;在 yOz 平面上设置一个

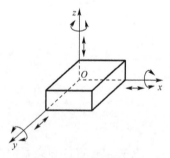

图 4-13 工件的六个自由度

支承,使工件靠在这个支承上,就限制了工件 $\vec{x}$ 自由度。这样,工件的六个自由度就都被限制了,工件的空间位置就完全确定了,这就是六点定位原理。工件定位的实质就是限制工件的自由度,使工件在夹具中占有正确的加工位置。

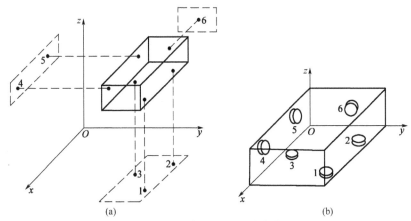

图 4-14　工件在空间的六点定位

在应用六点定位原理时,应注意以下问题:

(1)定位支承点是定位元件抽象出来的

夹具中的定位支承点由定位元件来体现,即支承点可以是点、线或面。在实际应用中可以用销的顶端代替点,也可用窄长的平面代替线,或用较小的平面代替点。表 4-1 列出了常见典型定位方式及定位元件转化的支撑点数目和所限制的自由度数。

(2)正确定位

正确定位是指以工件定位面与夹具定位元件的定位面相接触或配合来限制工件的自由度,二者一旦脱离接触或配合,定位元件就丧失了限制工件自由度的作用。

(3)定位与夹紧

在分析工件在夹具中的定位时,容易产生错误的理解:工件在夹具中被夹紧了,就没有自由度了,因此工件也就定位了。将定位和夹紧混为一谈,是概念上的错误。工件的定位是指一批加工工件在夹紧前要在夹具中根据加工要求占有一致的正确位置(不考虑定位误差的影响),而夹紧是在任何位置均可夹紧,各个工件在夹具中被夹紧,不能说所有自由度都被限制了,因为没有保证一批工件的一致位置。

表 4-1　　　常见典型定位方式及定位元件转化的支撑点数目和所限制的自由度数

工件的定位面			夹具的定位元件		
平面	支承钉	定位情况	1 个支承钉	2 个支承钉	3 个支承钉
		图示			
		限制自由度	$\vec{x}$	$\vec{y}$、$\hat{z}$	$\vec{z}$、$\hat{x}$、$\hat{y}$

（续表）

工件的定位面		定位情况	夹具的定位元件		
平面	支承板	定位情况	1块条形支承板	2块条形支承板	1块矩形支承板
		图示	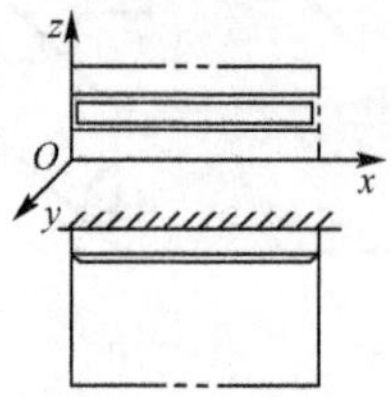	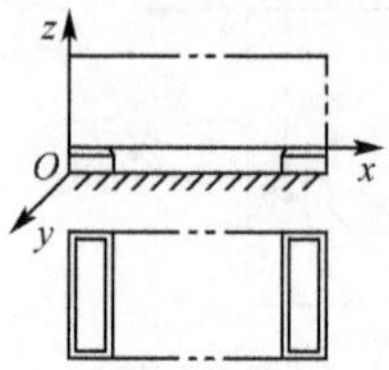	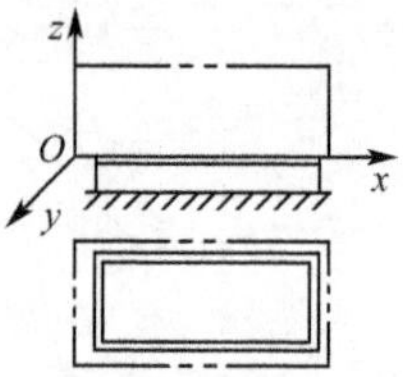
		限制自由度	$\vec{y}$、$\vec{z}$	$\vec{z}$、$\hat{x}$、$\hat{y}$	$\vec{z}$、$\hat{x}$、$\hat{y}$
外圆柱面	V形块	定位情况	1块短V形块	2块短V形块	1块长V形块
		图示	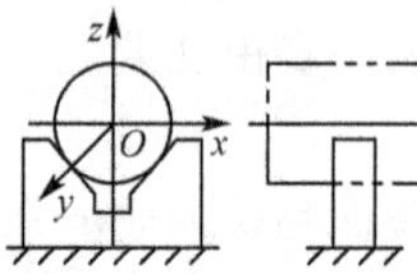	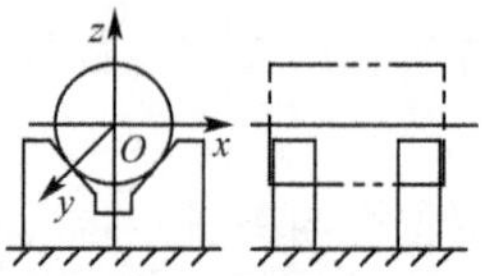	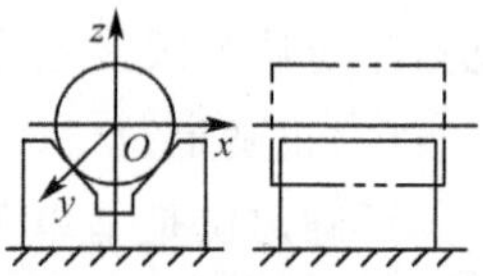
		限制自由度	$\vec{x}$、$\vec{z}$	$\vec{x}$、$\vec{z}$、$\hat{x}$、$\hat{z}$	$\vec{x}$、$\vec{z}$、$\hat{x}$、$\hat{z}$
	定位套	定位情况	1块短定位套	2块短V形定位套	1块长定位套
		图示	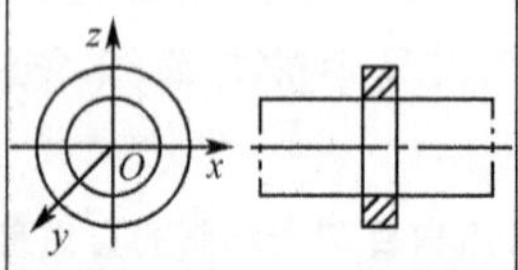	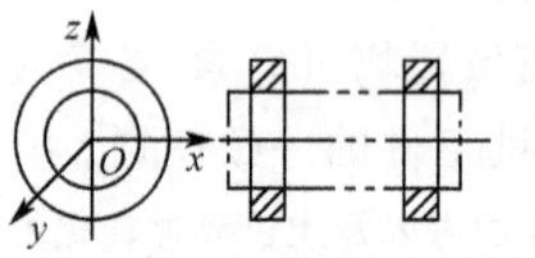	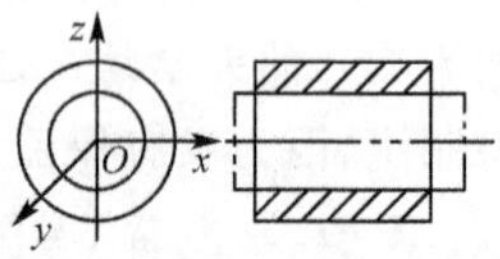
		限制自由度	$\vec{x}$、$\vec{z}$	$\vec{x}$、$\vec{z}$、$\hat{x}$、$\hat{z}$	$\vec{x}$、$\vec{z}$、$\hat{x}$、$\hat{z}$
圆孔	圆柱销	定位情况	短圆柱销	长圆柱销	2个短圆柱销
		图示	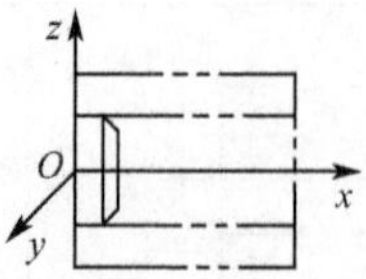	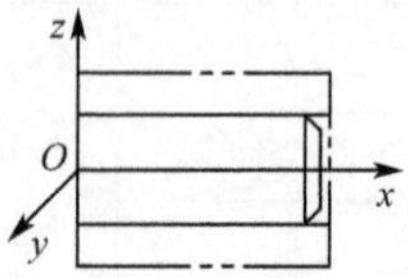	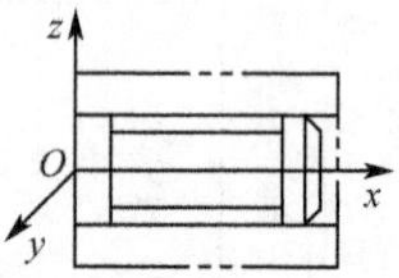
		限制自由度	$\vec{y}$、$\vec{z}$	$\vec{y}$、$\vec{z}$、$\hat{y}$、$\hat{z}$	$\vec{y}$、$\vec{z}$、$\hat{y}$、$\hat{z}$

（续表）

工件的定位面		夹具的定位元件		
圆孔	圆柱销	**定位情况**		
		菱形销	长销与小平面组合	短销与大平面组合
		图示 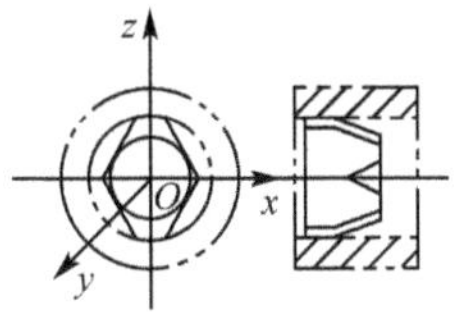 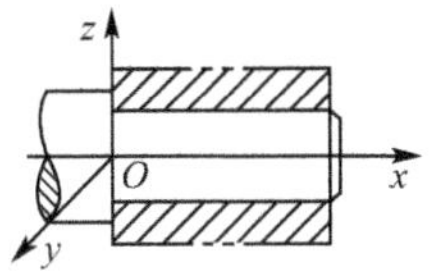 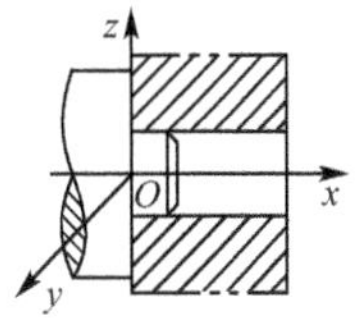		
		限制自由度		
		$\vec{z}$	$\vec{x}、\vec{y}、\vec{z}、\hat{y}、\hat{z}$	$\vec{x}、\vec{y}、\vec{z}、\hat{y}、\hat{z}$
	圆锥销	**定位情况**		
		固定圆锥销	浮动圆锥销	固定圆锥销与浮动圆锥销组合
		图示 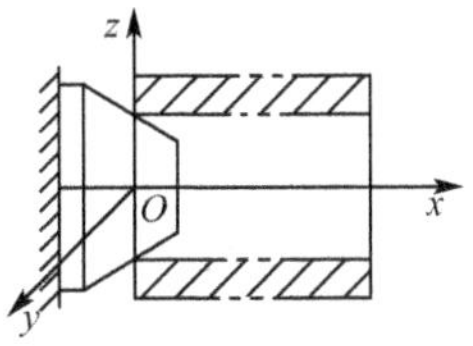 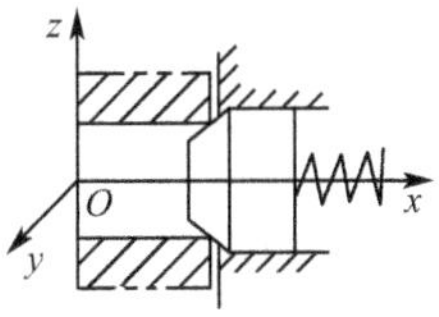 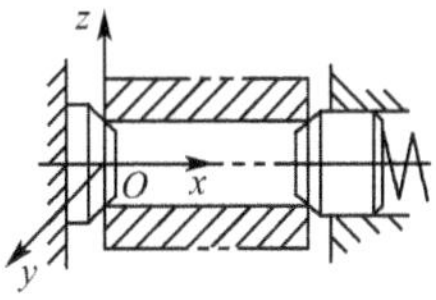		
		限制自由度		
		$\vec{x}、\vec{z}、\vec{y}$	$\vec{y}、\vec{z}$	$\vec{x}、\vec{y}、\vec{z}、\hat{y}、\hat{z}$
	心轴	**定位情况**		
		长圆柱心轴	短圆柱心轴	小锥度心轴
		图示 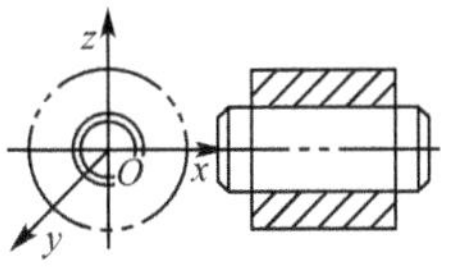 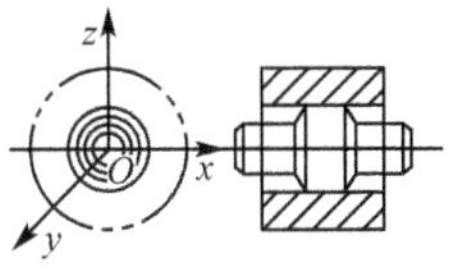 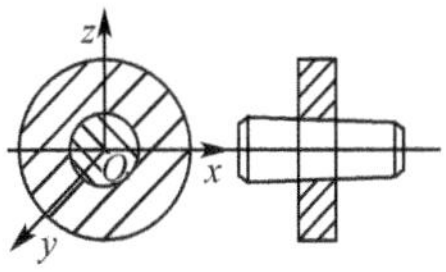		
		限制自由度		
		$\vec{x}、\vec{z}、\hat{x}、\hat{z}$	$\vec{x}、\vec{z}$	$\vec{x}、\vec{z}、\hat{x}、\hat{z}$
圆锥面	顶尖及锥度心轴	**定位情况**		
		固定顶尖	浮动顶尖	锥度心轴
		图示 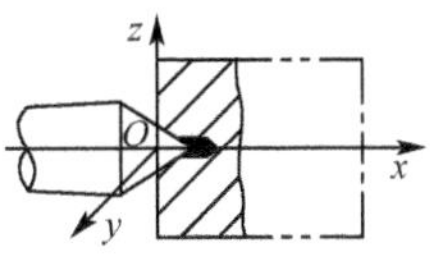 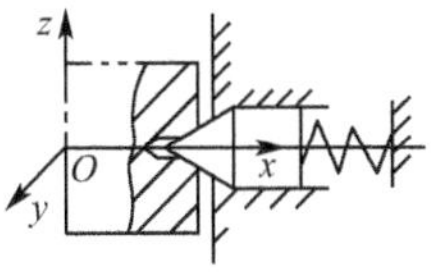 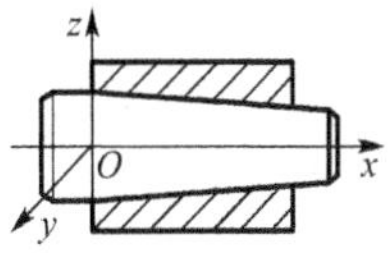		
		限制自由度		
		$\vec{x}、\vec{y}、\vec{z}$	$\vec{y}、\vec{z}$	$\vec{x}、\vec{y}、\vec{z}、\hat{y}、\hat{z}$

2.工件定位中的约束分析

按照限制工件自由度数目的不同,工件定位方式可分为完全定位、不完全定位、欠定位和过定位。

(1)完全定位

工件的六个自由度全被限制的定位状态,如图 4-14 所示。一般工件在三个方向上都有尺寸要求时,要用此方式定位。

(2)不完全定位

工件被限制的自由度数目少于六个,但能保证加工要求时的定位状态,如图 4-15 所示。

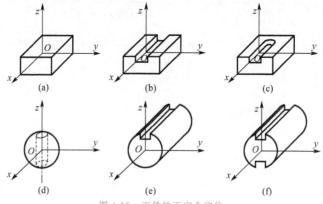

图 4-15　工件的不完全定位

(3)欠定位

工件实际定位所限制的自由度少于按其加工要求所必须限制的自由度时的定位状态。由于应限制的自由度未被限制,所以无法保证工序所规定的加工要求,因此欠定位在生产中是不允许的,如图 4-16 所示。

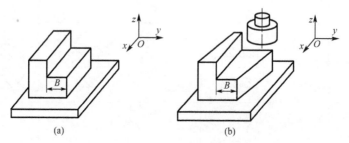

图 4-16　工件的欠定位

(4)过定位

工件的同一自由度被两个以上不同的定位元件重复限制的定位状态,又称为重复定位。过定位可能会破坏定位,因此一般不允许。但如果工件定位表面的尺寸、形状和位置精度高,表面粗糙度值小,而夹具的定位元件制造精度又高,则这时不但不会影响定位,而且还会提高加工时工件的刚度,这种情况下过定位是允许的。

如图 4-17 所示为连杆加工小头孔时工件在夹具中的定位情况,连杆的定位基准为端面、大头孔及一侧面,夹具上的定位元件为支承板、长销及挡销。根据定位原理,支承板与连杆端面接触相当于三个支承点,限制 $\vec{z}$、$\hat{x}$、$\hat{y}$ 三个自由度;长销与连杆大头孔配合相当于四点定位,限制 $\vec{x}$、$\vec{y}$、$\hat{x}$、$\hat{y}$ 四个自由度;挡销与连杆侧面接触,限制一个自由度 $\vec{z}$。这样,三个定位元件相当于八个支承点,共限制六个自由度,其中,$\hat{x}$ 及 $\hat{y}$ 被重复限制,属于过定位。若工件小头孔与端面有较大的垂直度误差,且长销与工件小头孔的配合间隙很小,则会产生连杆小头孔套入长销后,连杆端面与支承板不完全接触的情况(图 4-17(c))。当施加夹紧力强迫它们接触后,会造成长销或连杆弯曲变形,加工完毕松开后,工件变形恢复,形成加工表面的位置或形状误差。

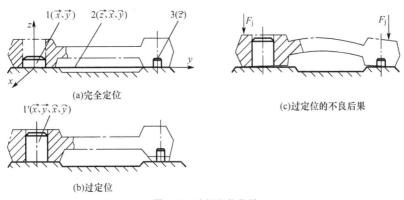

图 4-17　连杆定位分析

1—短圆柱销;1'—长圆柱销;2—平面支承;3—挡销

4.2.4　常见定位方式及定位元件

1.工件以平面定位

平面定位的主要形式是支承定位。常用的支承元件有以下几种:

(1)固定支承

固定支承有支承钉和支承板,支承高度不能调整。

图 4-18(a)所示为 A 型平头支承钉,常用于精基准面的定位;图 4-18(b)所示为 B 型(球头)支承钉,常用于粗基准定位。由于毛坯表面质量不稳定,故采用球面接触支承,但负荷较大时,产生较大的接触应力,容易压溃工件表面,尽量不用于负荷较大的场合。图 4-18(c)所示为 C 型(网纹头)支承钉,多用于要求较大摩擦力的零件侧面或倾斜状态下定位。上述三种支承钉在夹具体上采用固定安装,与夹具体孔的配合根据负荷情况选用 H7/r6 或 H7/n6,考虑到元件磨损后需更换,夹具体上安装孔应做成通孔。

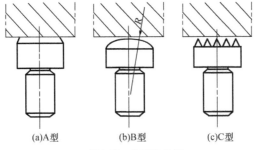

图 4-18　常用支承钉

支承板有两种形式,如图 4-19 所示,一般用于较大的精基准平面定位。图 4-19(a)所示为平板式支承板,结构简单,但不易清除落入沉头螺孔中的切屑,一般用于侧面定位。图 4-19(b)所示为斜槽式支承板,清屑容易,适用于底面定位。

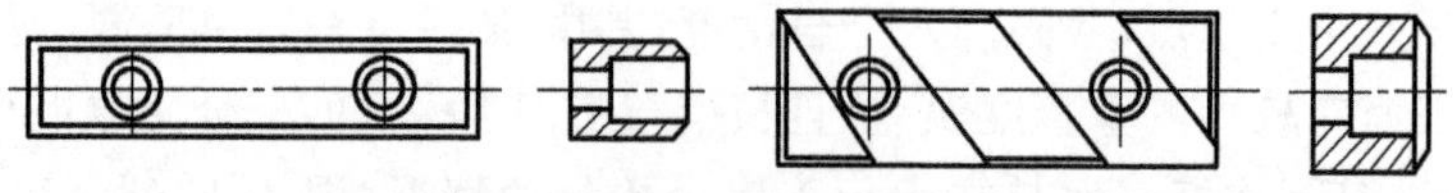

图 4-19 支承板

一个支承钉、一个支承板只能限制一个自由度，一个长支承板可限制两个自由度。支承钉、支承板的结构、尺寸均已标准化，材料一般用 20 钢，渗碳深度为 0.8～1.2 mm，淬火硬度为 60～64 HRC。

（2）可调支承

支承点的位置可以调整的支承称为可调支承。图 4-20 所示为常见可调支承。用于工件定位表面不规则或工件各批次毛坯尺寸变化较大时的定位，也可作为成组夹具的调整元件。

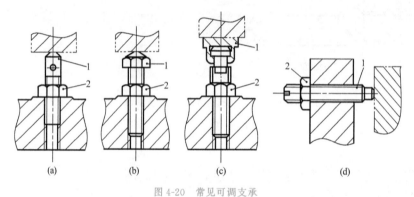

图 4-20 常见可调支承

1—可调支承螺钉；2—螺母

如图 4-21 所示为在销轴端部铣台肩，台肩尺寸相同，但销轴长度不同，可通过 V 形块和可调支承定位，在同一夹具上加工。

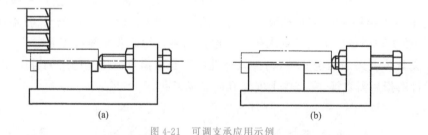

图 4-21 可调支承应用示例

（3）自位支承

自位支承又称浮动支承，在定位过程中，支承点可自动调整其位置以适应工件表面的变化。图 4-22 所示为常见自位支承。尽管每个自位支承与工件间可能有两三个支承点接触，但实质上仍然只起一个定位支承点的作用，只限制工件的一个自由度，常用于毛坯表面、断（续表）面、阶梯表面定位。

（4）辅助支承

辅助支承是在工件实现定位后才参与支承的定位元件，不起定位作用，它只能提高工件加工时的刚度或起辅助定位作用。图 4-23 所示为常见辅助支承。其中，图 4-23(a)、图 4-23(b)所示为螺旋式辅助支承，用于小批量生产；图 4-23(c)所示为推力式辅助支承，用于大批量生产。

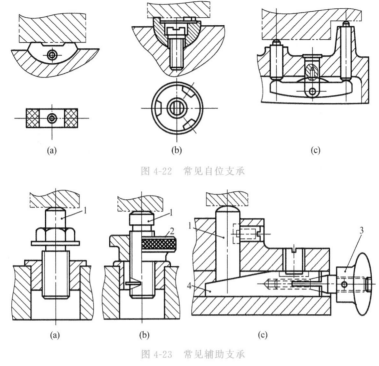

图 4-22　常见自位支承

图 4-23　常见辅助支承

1—支承；2—螺母；3—手轮；4—楔块

图 4-24 所示为辅助支承应用实例。图 4-24(a) 所示结构起着预定位作用，工件在夹紧前由于重心主要支承所形成的稳定区域，可先用辅助支承预定位，然后在夹紧力作用下再实现与主要定位元件全部接触的准确定位。图 4-24(b) 所示结构的定位基准面与定位元件接触面积小，在加工时工件右端定位不够稳定且易受力变形，采用辅助支承可提高稳定性和刚度。

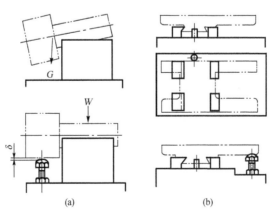

图 4-24　辅助支承在工件中的应用

2.工件以圆柱孔定位

工件以圆柱孔定位通常属于定心定位（定位基准为孔的轴线）。定位元件有定位销和心轴。

(1)定位销

图 4-25 所示为国家标准规定的圆柱定位销,固定式定位销一般与夹具体的连接采用过盈配合,如图 4-25(a)~图 4-25(c)所示,其工作部分直径 d 通常按 g5、g4、f6 或 f7 制造。图 4-25(d)所示为带衬套的可换式圆柱销结构,定位销与衬套采用间隙配合,一般用于大批量生产。为便于拆卸,定位销的头部应有 15°倒角。

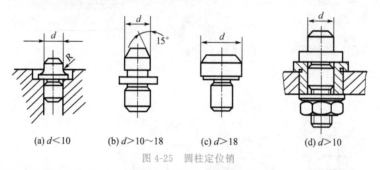

(a) $d<10$　　(b) $d>10$~18　　(c) $d>18$　　(d) $d>10$

图 4-25　圆柱定位销

通常短圆柱销限制两个自由度,长圆柱销限制四个自由度。当要求孔、销配合,只在一个方向上限制工件自由度时,可采用菱形销,如图 4-26(a)所示。当加工套筒、空心轴等类工件时常采用圆锥销,如图 4-26(b)、图 4-26(c)所示。图 4-26(b)常用于粗基准,图 4-26(c)用于精基准。圆锥销限制三个自由度。

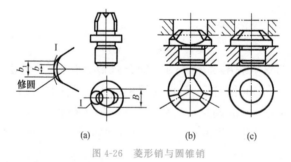

(a)　　　　(b)　　　　(c)

图 4-26　菱形销与圆锥销

(2)定位心轴

定位心轴主要用于套筒类和空心盘类工件的车、铣、刨、磨及齿轮加工。常见的有圆柱心轴和圆锥心轴等。

图 4-27(a)所示为圆锥心轴,可限制除绕其轴线转动的自由度之外的其他五个自由度。图 4-27(b)所示为无轴肩过盈配合的心轴。上述心轴定位精度高,但装卸工件麻烦。图 4-27(c)所示为带轴肩并与圆孔间隙配合的心轴,用螺母夹紧,也可设计成带莫氏锥柄的,使用时直接插入车床主轴的前锥孔内。工件在心轴上定位通常限制了除绕工件自身轴线转动和沿工件自身轴线移动以外的四个自由度。

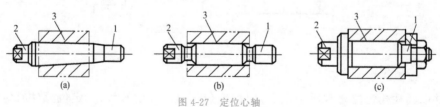

(a)　　　　　　(b)　　　　　　(c)

图 4-27　定位心轴

1—导向部分;2—定位部分;3—传动部分

3.工件以外圆柱面定位

工件以外圆柱面定位有两种形式:定心定位和支承定位。主要定位元件有定位套、支承板和 V 形块。各种定位套对工件外圆表面主要实现定心定位,支承板实现对外圆柱面的支承定位,V 形块则实现对外圆柱面的定心对中定位。

V 形块两斜面之间的夹角 α 通常为 60°、90°和 120°,其中 90°应用较多,其典型结构已标准化。V 形块定位对中性好,还可用于非完全外圆柱面。图 4-28(a)所示 V 形块适用于较长已加工圆柱面定位;图 4-28(b)所示长 V 形块适用于较长粗糙圆柱面定位;图 4-28(c)所示 V 形块适用于尺寸较大圆柱面定位,这种 V 形块底座采用铸件,V 形面采用淬火钢件,V 形块是由两者镶合而成的。活动 V 形块还有夹紧作用。

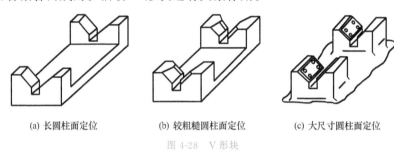

(a) 长圆柱面定位　　　　(b) 较粗糙圆柱面定位　　　　(c) 大尺寸圆柱面定位

图 4-28　V 形块

4.工件以组合表面定位

(1)组合定位分析要点

在实际生产中往往不是单一表面定位,需要几个定位表面的组合。常见的组合表面有平面与平面组合、平面与孔组合、平面与外圆柱面组合、平面与其他表面组合等。

在多个表面同时参与定位情况下,分清主、次定位面是很有必要的。首先确定限制自由度数最多的定位面,即第一定位基准面或支承面,其次分析定位点数次多的第二基准面或导向面,最后分析定位点数是一的定位表面,即第三基准面或止动面。

(2)组合定位分析实例

①平面与长销定位　图 4-29(a)所示工件以内孔和一端面在夹具中定位,定位元件为环形平面 1 和长圆柱销 2 组合定位,其中环形平面 1 限制 $\vec{x}$、$\hat{y}$、$\hat{z}$ 三个自由度,长圆柱销 2 可以限制 $\vec{y}$、$\vec{z}$、$\hat{y}$、$\hat{z}$ 四个自由度,定位分析发现 $\hat{y}$、$\hat{z}$ 两个自由度被平面和长圆柱销 2 重复限制了。

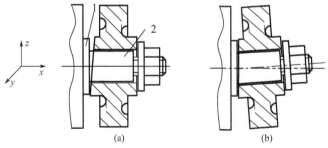

(a)　　　　　　　(b)

图 4-29　平面与长销过定位引起夹紧变形

1—环形平面;2—圆柱销

重复定位产生的不良后果为产生工件加工误差。重复定位往往会引起定位元件的夹紧变形。工件左端面垂直度误差使左端面与夹具定位面成一点接触,当心轴刚度较强时,其自身弯曲变形量很小,则工件左端面与夹具的环形表面形成虚接触,这将会严重影响夹紧效果。两接触面接触程度取决于工件端面垂直度误差的大小、内孔配合间隙的大小以及夹紧力作用下心轴的微小弹性变形量的大小。若心轴刚度不足,则在较大轴向夹紧力作用下,工件左端面与环形定位面形成实接触,此时定位心轴必然会发生如图4-29(b)所示的夹紧变形,破坏原有定位状态。

重复定位的改进方法:当工件以端面为第一定位基准时,可把长销改为短销,如图4-30所示,这时工件 $\hat{y}$、$\hat{z}$ 转动的自由度由定位平面来限制,短圆柱销只限制两个方向的移动,解决了过定位问题。

当工件以内孔为第一定位基准时,可采用自位支承结构,如图4-30(a)所示,在夹具左端面采用球面垫圈副组成的球面浮动自位支承结构,该结构定位端面不在对工件 $\hat{y}$、$\hat{z}$ 转动的自由度起到约束作用,但对于垂直度误差左端面在轴向夹紧作用下可浮动调整,起止推定位基准作用。

成批生产时,左端面与内孔加工一次性完成,可简化夹具结构,采用较窄环形面和长销定位,如图4-30(b)所示左端面为止推面。

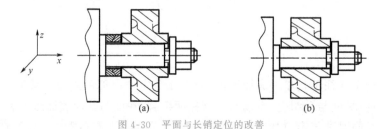

图4-30　平面与长销定位的改善

②一面两销定位　如图4-31所示为一面两销定位。两孔直径分别为 $D_1{}^{+T_1}_{\ 0}$、$D_2{}^{+T_2}_{\ 0}$,两孔中心距为 $L\pm T_L$,两销中心距为 $l\pm T_l$。由于定位平面限制 $\hat{x}$、$\vec{y}$、$\vec{z}$ 三个自由度,第一个定位销限制 $\vec{x}$、$\vec{y}$ 两个自由度,第二个定位销限制 $\vec{x}$、$\hat{z}$ 两个自由度,因此 $\vec{x}$ 过定位,其制造误差可能造成工件两孔无法套在两定位销上,如图4-31(a)所示。

改进方法:由于 $\vec{x}$ 被重复限制,第三定位基准只需一点限制 $\hat{z}$ 自由度即可,把第二个销设计成菱形销,解除对 $\vec{x}$ 自由度的限制,只对 $\vec{y}$ 自由的起约束作用(图4-31(b)),对整个工件而言起到消除 $\hat{x}$ 自由度的作用。这样,原来的一面销定位结构被改成一面、一短销和一菱形销结构,有效避免了装夹困难问题。

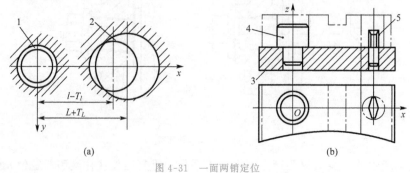

图 4-31　一面两销定位

1、2—孔;3—平面;4—短圆柱销;5—短菱形销

4.2.5 定位误差分析及计算

夹具设计及确定工件定位方案时必须对定位方案能否满足加工精度要求做出判断。为此,需要对可能产生的定位误差进行分析及计算。

工件是否能满足加工精度要求取决于刀具与工件之间正确的相互位置,而影响这个正确位置关系的因素可分为三大部分:夹具在机床上的装夹误差;工件在夹具中的定位及夹紧误差;工件加工过程中所造成的误差,包括机床调整误差、工艺系统的弹性变形及热变形、机床和刀具的制造及磨损误差等。为保证加工精度,必须保证上述三项误差之和 Δ 不大于本工序公差 T,即

$$\Delta \leqslant T \tag{4-1}$$

本章只讨论定位误差对加工精度的影响,一般定位误差按不大于本工序公差的 1/3 来考虑。

1.定位误差及其产生原因

所谓定位误差,是指由工件定位造成的加工表面相对于工序基准的位置误差。对一批工件而言,刀具调整后位置是不动的,即被加工表面的位置相对于定位基准是不变的,所以定位误差就是工序基准在加工尺寸方向上的最大变动量。

造成定位误差的原因如下:

(1)基准不重合误差

由工件工序基准与定位基准不重合而引起的误差,称为基准不重合误差,即定位基准在加工方向上的最大变动量,以 Δ_B 表示。

(2)基准位置误差

由工件定位表面或夹具的定位元件制作不准确引起的定位误差,称为基准位置误差,即定位基准的相对位置在加工尺寸方向上的最大变动量,以 Δ_Y 表示。

2.典型表面定位误差分析与计算

定位误差是由基准不重合误差和基准位置误差共同作用的结果,即

$$\Delta_D = \Delta_Y \pm \Delta_B \tag{4-2}$$

(1)工件以平面定位

图 4-32(a)所示铣工件上的台阶面,要求保证尺寸 20 ± 0.15 mm,分析定位方案是否合理并说明如何改进。

加工尺寸 20 ± 0.15 mm 的工序基准是 A 面,而定位基准是 B 面,定位基准与工序基准不重合,存在基准不重合误差。定位尺寸 40 ± 0.14 mm 与加工尺寸方向一致,所以基准不重合误差的大小就是定位尺寸公差,即 $\Delta_B=0.28$ mm。若定位基准面 B 加工比较平整光滑,则同批工件的定位基准不变,不会产生基准位移误差,即 $\Delta_Y=0$。则

$$\Delta_D = \Delta_Y + \Delta_B = \Delta_B = 0.28 \text{ mm}$$

加工尺寸 20 ± 0.15 mm 公差为 0.30 mm,$\Delta_D=0.28$ mm$>T/3$。因此,此定位方案不合理。若改为图 4-32(b)所示定位方案,定位基准与工序基准重合,定位误差为零。但工件需从下向上夹紧,且夹具结构复杂。

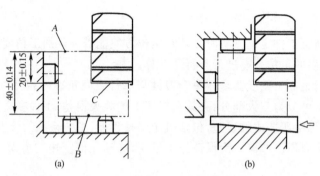

图 4-32　铣台阶面的定位方案

（2）工件以外圆柱面定位

以 V 形块定位时，不考虑 V 形块制造误差，两个侧母线同时接触，属于定心定位，故定位基准为工件外圆轴线，因此工件轴线在水平方向上的位移为零，但在垂直方向上，因为工件外圆柱面存在制造误差而产生基准位移，如图 4-33(a)所示，其值为

$$\Delta_Y = O_2O_1 = \frac{O_1M}{\sin\frac{\alpha}{2}} - \frac{O_2N}{\sin\frac{\alpha}{2}} = \frac{\frac{1}{2}d}{\sin\frac{\alpha}{2}} - \frac{\frac{1}{2}(d-T_d)}{\sin\frac{\alpha}{2}} = \frac{T_d}{2\sin\frac{\alpha}{2}} \tag{4-3}$$

工件直径为 $d_{-T_d}^{\ 0}$，如图 4-33(b)～图 4-33(d)所示，加工同一键槽保证三种不同工序尺寸的定位误差分析计算如下：

图 4-33(b)所示工序基准与定位基准重合，此时，$\Delta_B = 0$，只有基准位置误差影响，则工序尺寸 H 定位误差为

$$\Delta_D = \Delta_Y = \frac{T_d}{2\sin\frac{\alpha}{2}} \tag{4-4}$$

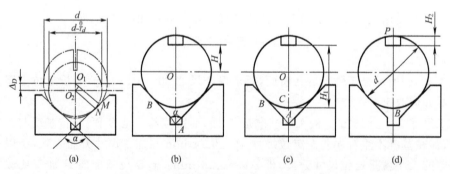

图 4-33　工件在 V 形块上定位时定位误差分析

图 4-33(c)所示工序基准为工件下母线 C，工序尺寸为 H_1，此时工序基准与定位基准不重合，其误差 $\Delta_B = T_d/2$，基准位置误差 ΔY 同上。当定位外圆直径由小变大时，定位基准上移，ΔY 使工序尺寸 H_1 减小；与此同时，假定定位基准不动，定位外圆直径仍由小变大时，ΔB 使工序尺寸 H_1 增大。因 ΔY、ΔB 引起工序尺寸 H_1 作反方向变化，故取"－"号。定位误差为

$$\Delta_D = \Delta_Y - \Delta_B = \frac{T_d}{2\sin\frac{\alpha}{2}} - \frac{T_d}{2} = \frac{T_d}{2}\left(\frac{1}{2\sin\frac{\alpha}{2}} - 1\right) \tag{4-5}$$

图 4-33(d)所示工序基准为工件上母线 P,工序尺寸为 H_2,工序基准与定位基准不重合,其误差 $\Delta_B = T_d/2$。当定位外圆直径由小变大时,定位基准上移,从而使工序基准上移,即 ΔY 使工序尺寸 H_2 增大;与此同时,假定定位基准不动,定位外圆直径仍由小变大时,工序基准上移,即 ΔB 使工序尺寸 H_2 增大。因 ΔY、ΔB 引起工序尺寸 H_2 作同向变化,故取"+"号。定位误差为

$$\Delta_D = \Delta_Y + \Delta_B = \frac{T_d}{2\sin\frac{\alpha}{2}} + \frac{T_d}{2} = \frac{T_d}{2}\left(\frac{1}{2\sin\frac{\alpha}{2}} + 1\right) \tag{4-6}$$

可以看出,当 α 相同、工件以下母线为定位基准时,定位误差最小。随着 α 的增大,定位误差减小,但 α 过大时,将引起工件定位不稳定,故一般采用 90° 的 V 形块。

(3)工件以外圆柱孔定位

如前所述,工件以圆柱孔定位属定心定位,常用定位元件为销和心轴。定位误差计算有以下情况:

①工件孔与定位心轴或定位销为过盈配合 如图 4-34(a)所示,在套类工件上铣平面,要求保证与内孔轴线 O 的距离尺寸 H_1 或与外圆侧母线距离尺寸 H_2,工件外圆直径 $D_0^{+T_D}$,定位销直径 $d_{-T_d}^0$。当定位元件与工件孔无间隙时,定位基准的位移量为零,所以 $\Delta_Y = 0$。

对于 H_1 尺寸,工序基准与定位基准重合,其定位误差为

$$\Delta_D = \Delta_Y + \Delta_B = 0 \tag{4-7}$$

对于 H_2 尺寸,如图 4-34(b)所示,工序基准为定位孔下母线,与定位基准不重合,其定位误差为

$$\Delta_D = \Delta_Y + \Delta_B = \Delta_B = \frac{T_d}{2} \tag{4-8}$$

对于 H_3 尺寸,如图 4-34(c)所示,工序基准为外圆下母线,与定位基准不重合,其定位误差为

$$\Delta_D = \Delta_Y + \Delta_B = \Delta_B = \frac{T_D}{2} \tag{4-9}$$

采用此种方案定位,定位误差仅与工件有关表面加工精度有关,与定位元件的精度无关。

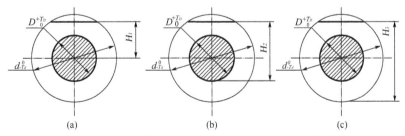

图 4-34 工件以圆柱孔在过盈配合心轴上定位时的定位误差分析

②工件孔与定位心轴或定位销为间隙配合 如图 4-35(a)所示为在套类零件铣一键槽,要求保证工序尺寸 H。分以下两种情况分析:

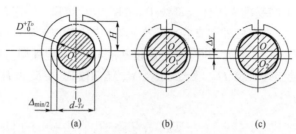

图 4-35　工件孔与定位心轴间隙配合水平放置时的定位误差分析

● 定位销与孔间隙配合并保持固定边接触　由于定位销与工件有配合间隙,工件在重力作用下,内孔上母线与定位销(或心轴)单边接触,此时,对刀元件相对于定位销中心线的位置已经确定,由定位副(工件内孔及定位销)制造误差产生的定位基准位移误差使孔中心线在铅垂方向上的最大变动量为

$$\Delta_D = O_1 O_2 = OO_2 - OO_1 = \frac{D_{\max} - d_{\min}}{2} = \frac{T_D}{2} \qquad (4\text{-}10)$$

即孔径公差的一半,这种情况下,孔在销上的定位已由定心定位转化为支承定位,定位基准变成孔的一条母线,此时的定位误差是由定位基准与工序基准不重合造成的,属于基准不重合误差,与销的直径公差无关。

● 定位销与孔间隙配合并在任意方向接触　如图 4-36 所示,定位销(或定位心轴)与工件内孔可能在任一边接触,当工件孔径最大、定位销直径最小时,孔心在任意方向上的最大变动量均为孔和销的最大间隙,孔销间隙配合的定位误差为

$$\Delta_D = D_{\max} - d_{\min} \qquad (4\text{-}11)$$

式中　Δ_D——定位误差;

$\quad\quad D_{\max}$——工件上定位孔的最大直径;

$\quad\quad d_{\min}$——夹具上定位销的最小直径。

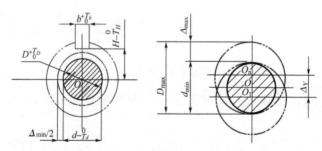

图 4-36　工件孔与定位心轴间隙配合垂直放置时的定位误差分析

(4)工件以一面两孔定位

图 4-37 所示为工件以一面两孔定位情况。

"1"孔中心线在 x、y 方向的最大位移为

$$\Delta_{D(1x)} = \Delta_{D(1y)} = T_{D1} + T_{d1} + \Delta_{1\min} = \Delta_{1\max} \qquad (4\text{-}12)$$

"2"孔中心线在 x、y 方向的最大位移为

$$\Delta_{D(2x)} = \Delta_{D(1x)} + 2T_{LD} \qquad (4\text{-}13)$$

$$\Delta_{D(1y)} = T_{D2} + T_{d2} + \Delta_{2\min} = \Delta_{2\max} \qquad (4\text{-}14)$$

两孔中心连线对两销中心连线的最大转角误差为

$$\Delta_{D(\alpha)} = 2\alpha = 2\cot^{-1}\left(\frac{\Delta_{1\max} + \Delta_{2\max}}{2}\right) \tag{4-15}$$

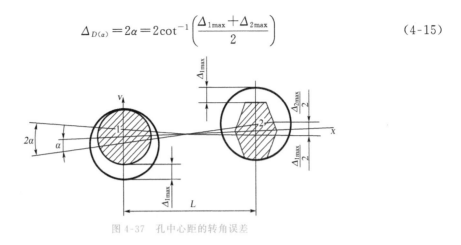

图 4-37　孔中心距的转角误差

4.3　工件在夹具中的夹紧

4.3.1　夹紧装置的组成及设计要求

1.夹紧装置的组成

在机械加工过程中,为保持工件所确定的正确加工位置,防止工件在切削力、惯性力、离心力及重力作用下发生位移和振动,一般机床夹具都应有一个夹紧装置将工件夹紧。

图 4-38 所示夹紧装置由动力源和夹紧元件组成。动力源分为手动和机动夹紧装置。通常机动夹紧装置有气压装置、液压装置、电动装置、磁力装置、真空装置等。图 4-38 中活塞杆 4、活塞 5 和汽缸 6 组成了一种气压夹紧装置。

夹紧元件接受和传递夹紧力,并执行夹紧任务的元件。包括中间传力元件和夹紧元件。图 4-38 中压板 2 与工件接触完成夹紧工作,是夹紧元件;中间传力机构在传递夹紧力过程中改变力的方向和大小,并根据需要也可具有自锁功能,图 4-38 中铰链杆 3 为中间传力机构。

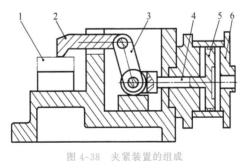

图 4-38　夹紧装置的组成

1—工件;2—压板;3—铰链杆;4—活塞杆;5—活塞;6—汽缸

2.夹紧装置的设计要求

(1)工件在夹紧过程中不能破坏定位时所获得的正确位置。

(2)夹紧力大小应可靠、适当。既要保证工件在加工中不产生移动,又要防止不恰当的夹紧力使工件变形或表面损伤。

(3)夹紧动作要准确迅速,提高生产率。

(4)夹紧机构应紧凑、省力、安全,以减轻劳动强度。

4.3.2 夹紧力的确定

为满足夹紧结构设计要求,应准确确定夹紧力。主要从夹紧力的大小、方向和作用点三个方面来考虑。

1.夹紧力的大小

夹紧力的大小必须适当。夹紧力过小,工件在加工过程中可能移动破坏定位;夹紧力过大,工件及夹具会产生变形,影响加工质量,而且造成人力、物力的浪费。

在实际设计中,确定夹紧力的方法有经验类比法和分析计算法。

经验类比法根据切削用量、切削负荷、刀具及装夹条件等参照现有相类似切削条件的夹紧装置大致确定夹紧装置的规格,如螺纹直径、杠杆比例与长度以及汽缸、液压缸缸径等参数,不需要繁琐计算。

分析计算法是将夹具和工件看作刚性系统,以切削力的作用点、方向、大小处于最不利于夹紧时的状况为工件受力情况,计算理论夹紧力,再乘以安全系数,作为实际所需夹紧力,即

$$F_W = KF_W' \tag{4-16}$$

式中　F_W——实际夹紧力;

　　　F_W'——理论夹紧力;

　　　K——安全系数,$K=2\sim3$,或 $K=K_1K_2K_3K_4$(K_1 为一般安全系数、根据材料性质取为 $1.5\sim2$;K_2 为加工性质系数,粗加工取为 1.2,精加工取为 1;K_3 为刀具钝化系数,取为 $1.1\sim1.3$;K_4 为断续切削系数,连续时取为 1,断续时取为1.2)。

2.夹紧力的方向

(1)夹紧力应垂直于主要定位基准面

一般工件的主要定位基准面面积大,限制自由度多,夹紧力垂直于此面有利于并保证定位元件与定位基准接触可靠。图 4-39 中当 A、B 平面存在垂直度误差时,夹紧力会造成镗孔轴线与 A 面不垂直,夹紧力垂直于主定位面,有利于保证镗孔轴线与 A 面垂直。

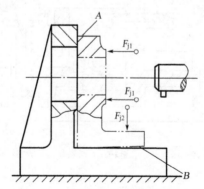

图 4-39　夹紧力应指向主要定位基准面

(2)夹紧力方向应尽量与切削力、重力方向一致(减小夹紧力)

图 4-40(a)所示夹紧力与切削力同向,夹紧力较小;图 4-40(b)所示夹紧力需要克服切削力,故夹紧力大。实际生产中满足夹紧力与切削力、重力同向的夹紧结构并不是很多,需

要考虑各种因素恰当处理。图 4-41 所示夹紧力与重力、切削力方向不一致，F_W 比 $(F+G)$ 大很多，但由于工件小，重量轻，钻小孔时切削力也小，因而此种结构很实用。

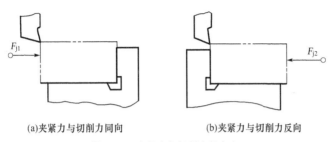

(a)夹紧力与切削力同向　　　　(b)夹紧力与切削力反向

图 4-40　夹紧力与切削力的方向

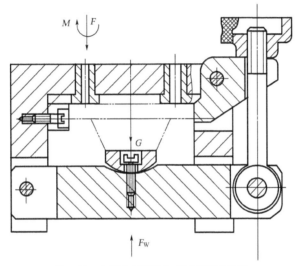

图 4-41　夹紧力与切削力、重力反向的钻模

（3）夹紧力方向应与工件刚性高的方向一致（减少变形）

图 4-42 所示薄壁件的径向刚度差而轴向刚度好，采用图 4-42(b)所示方案，可避免工件发生严重的变形。

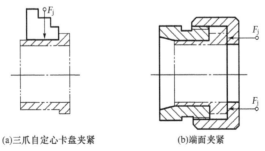

(a)三爪自定心卡盘夹紧　　　　(b)端面夹紧

图 4-42　薄壁套筒的夹紧

3.夹紧力的作用点

夹紧力的作用点依据下列原则确定：

（1）与支承点"点对点"对应，落在定位元件的支承范围内

图 4-43(a)、图 4-43(c)所示夹紧力作用在支承点上，定位稳定合理；图 4-43(b)、图 4-43(d)所示夹紧力的作用点与支承点不对应，使工件倾斜或移动。

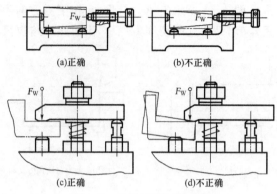

图 4-43 夹紧力作用点的位置

(2)作用在工件刚度高的部位

对于箱体、壳体及薄壁类工件,夹紧力的作用点应选择刚度高的位置。图 4-44(b)中将作用点由中间改为两端,用球面支承代替固定支承,减小了夹紧变形。

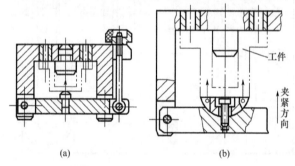

图 4-44 夹紧力作用在工件刚度高的部位

(3)尽量靠近切削部位,以提高工件切削部位的刚度和抗振性

作用点靠近加工表面,可减小切削力对该点的力矩,必要时应在工件刚性差的部位增加辅助支承并施加附加夹紧力,以免振动和变形。如图 4-45 所示,辅助支承 a 尽量靠近加工表面,同时施加附加夹紧力 F_j,这样翻转力矩减小,且增加了工件刚度。

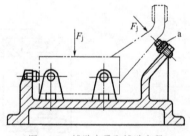

图 4-45 辅助支承和辅助夹紧

4.4 常用夹紧机构

常用夹紧机构有斜楔、螺旋及偏心等,都是根据斜面夹紧原理来实现工件夹紧的。

4.4.1 斜楔夹紧机构

图 4-46 所示为手动斜楔夹紧机构,工件 4 装入夹具体内,向右推进斜楔 1,使滑柱 2 下降,

滑柱上的摆动压板 3 同时压紧工件,工件夹紧完毕。向左推进斜楔,斜楔退出并松开工件。

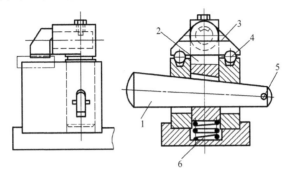

图 4-46　手动斜楔夹紧机构

1—斜楔;2—滑柱;3—摆动压板;4—工件;5—挡销;6—弹簧

完成上述夹紧任务要求工件与斜楔间应有良好的自锁性,当工件被楔紧、主动力撤出后,楔块应能挤在夹具中不会松开。

1.夹紧力计算

斜楔夹紧受力分析如图 4-47 所示,P 为原动力,Q、R 分别为夹具体、滑柱对斜楔的作用力,φ_1、φ_2 为摩擦角,α 为斜楔的楔角。

若斜楔在 P、Q 和 R 作用下处于静力平衡状态,则有

$$Q\tan\varphi_2 + Q\tan(\alpha+\varphi_1) = P \tag{4-17}$$

$$Q = \frac{P}{\tan\varphi_2 + \tan(\alpha+\varphi_1)} \tag{4-18}$$

由于 φ_1、φ_2 均很小,设 $\varphi_2 = \varphi_1 = \varphi$,则

$$Q = \frac{P}{\tan(\alpha+2\varphi)} \tag{4-19}$$

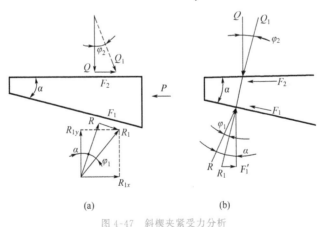

图 4-47　斜楔夹紧受力分析

2.自锁条件

满足自锁条件,$\alpha \leqslant 2\varphi$,一般 $\alpha = 6° \sim 8°$。

$$\tan\alpha = \tan 6° \approx 0.1$$

所以,工程上的自锁性斜面和锥面的斜度常取 1:10。

3.特点及应用场合

斜楔机构是最原始、简单的夹紧机构,它利用斜面原理,通过斜楔对工件实施夹紧。这

种夹紧机构结构简单、维修方便,是螺旋夹紧、偏心夹紧等夹紧机构的雏形。斜楔夹紧机构的优点是有一定的扩力作用,可以方便地使力的方向改变 90°;缺点是 α 较小,行程较长。由于效率低,所以常用在工件尺寸公差较小的机动夹紧机构。

4.4.2 螺旋夹紧机构

螺旋夹紧机构是从斜楔夹紧机构转化而来的,相当于将斜楔斜面绕在圆柱体上,转动螺旋时夹紧工件。图 4-48 所示为手动螺旋夹紧机构,其主要元件是螺钉与螺母。转动手柄向下移动,通过压块将工件夹紧。浮动压块既可增大夹紧接触面,又能防止压紧螺钉旋转时带动工件偏转,破坏定位及损伤工件表面。

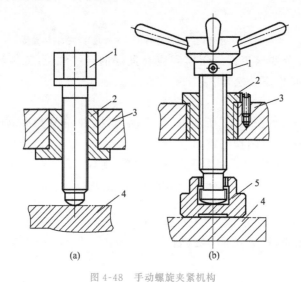

图 4-48 手动螺旋夹紧机构

1—螺钉;2—螺母;3—夹具体;4—工件;5—压块

1.夹紧力计算

螺旋夹紧机构能否产生有效夹紧力? 其自锁性如何? 需要对夹紧机构进行受力分析。图 4-49 所示为螺杆和螺母的受力状态,螺母固定不动,主动力 P 施加在螺杆手柄上,形成主动力矩 PL,F_1 为螺杆转动摩擦阻力,分布在整个螺纹副的螺旋面上,形成摩擦阻力矩,即

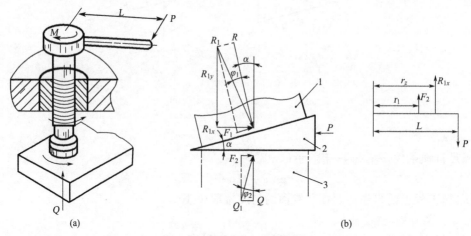

图 4-49 螺旋夹紧机构受力分析

1—螺母；2—螺杆；3—工件

$$F_1 r_z = Q \tan(\alpha + \varphi_1) r_z \qquad (4\text{-}20)$$

工件表面对螺杆的摩擦阻力矩为

$$F_2 r_1 = Q \tan \varphi_2 r_1 \qquad (4\text{-}21)$$

根据力矩平衡原理，有 $QL = F_1 r_z + F_2 r_1$，故有

$$Q = \frac{PL}{r_z \tan(\alpha + \varphi_1) + r_1 \tan \varphi_2} \qquad (4\text{-}22)$$

式中　P——原动力，N；

　　　L——手柄长度，mm；

　　　r_z——螺旋中径的一半，mm；

　　　r_1——螺杆端部与工件当量摩擦半径，mm；

　　　φ_1——螺母与螺杆间的摩擦角，(°)；

　　　φ_2——工件与螺杆间的摩擦角，(°)；

　　　α——螺旋升角，(°)。

当螺杆端部采用图 4-48 所示球端压块（$r_1 = 0$）时，式(4-22)简化为

$$Q = \frac{PL}{r_z \tan(\alpha + \varphi_1)} \qquad (4\text{-}23)$$

2.自锁性

对于普通螺纹，α 一般为 2°～4°，故自锁性能好。

若取 $\alpha = 3°$，$L = 14 d_0$，$\varphi_1 = \varphi_2 = 6°$，则 $Q = 177P$。可见，螺旋夹紧的增力效果非常显著，再加上螺纹夹紧具有良好的自锁性，使之成为最广泛应用的夹紧机构。

3.特点及应用场合

螺旋夹紧机构结构简单，制造容易，自锁性能好，扩力比大，尤其适用于手动夹紧机构。如图 4-50 所示。

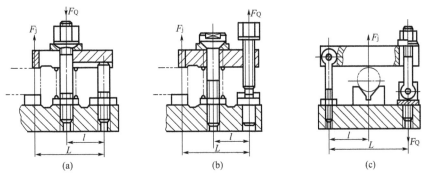

图 4-50　螺旋压板组合夹紧机构

4.4.3　偏心夹紧机构

偏心夹紧机构是靠偏心件回转时半径逐渐增大而产生夹紧力来夹紧工件的。图 4-51(a)、图 4-51(b)所示结构采用的是偏心轮，图 4-51(c)所示结构采用的是偏心轴，图 4-51(d)所示结构采用的是偏心叉。偏心夹紧机构的原理与斜楔夹紧机构相似，只是斜楔夹紧的楔角不变，而偏心夹紧的楔角是变化的。图 4-52(a)所示偏心轮展开后如图 4-52(b)所示。

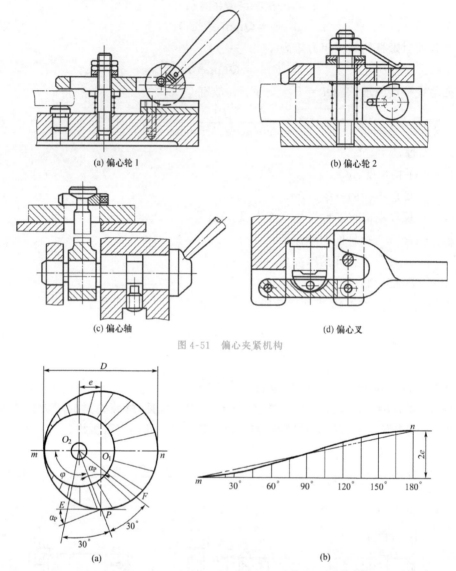

(a) 偏心轮 1

(b) 偏心轮 2

(c) 偏心轴

(d) 偏心叉

图 4-51 偏心夹紧机构

图 4-52 圆偏心轮夹紧原理及其夹紧特性

1. 夹紧力计算

如图 4-52 所示为偏心轮在 P 点处夹紧时的受力情况。此时,可以将偏心轮看作一个楔角为 α 的斜楔,该斜楔处于偏心轮回转轴和工件夹紧面之间,可得圆偏心的夹紧力 Q 为

$$Q = \frac{PL}{\rho\left[\tan\varphi_2 + \tan(\alpha + \varphi_1)\right]} \tag{4-24}$$

式中　P——螺旋所受的原动力,N;

　　　L——手柄长度,mm;

　　　ρ——偏心轮回转轴半径到夹紧点 P 的距离,mm;

　　　φ_1、φ_2——偏心轮转轴处于作用点处的摩擦角,(°)。

一般取偏心夹紧力 $Q = 10P$,偏心夹紧机构扩力比远小于螺旋夹紧机构,但大于斜楔夹紧机构。

2.自锁条件

根据斜楔自锁条件:$\alpha \leqslant \varphi_1 + \varphi_2$,并考虑最不利情况,可得偏心轮自锁条件为

$$\frac{e}{R} \leqslant \tan \varphi_1 = \mu_1 \tag{4-25}$$

式中　e——偏心轮的偏心距,mm;

　　　R——偏心轮的半径,mm;

　　　μ_1——偏心轮作用点处的摩擦系数。

取 $\mu_1 = 0.1 \sim 0.15$,则偏心夹紧的自锁条件为

$$\frac{R}{e} \geqslant 7 \sim 10 \tag{4-26}$$

3.特点及应用场合

偏心夹紧机构的优点是操作方便,夹紧迅速,结构紧凑;缺点是夹紧行程小,夹紧力小,自锁性差,因此常应用于切削力不大、夹紧行程较小、振动较小的场合。

4.4.4　其他夹紧机构

1.定心夹紧机构

定心夹紧机构能够在实现定心作用的同时,起着将工件夹紧的作用。定心夹紧机构中与工件定位基面相接触的元件,既是定位元件,又是夹紧元件。定心夹紧机构可利用斜楔、螺旋、偏心、齿轮和齿条等刚性传动件,使定位夹紧元件做等速位移实现定心夹紧作用,或以均匀弹性变形原理实现定心夹紧。图 4-53(a)所示为斜楔式定心夹紧机构,拧紧螺母时,由于斜楔 2 的作用使三个卡爪同时与工件接触,使工件得到定心夹紧。图 4-53(b)所示为锥面定心夹紧机构。

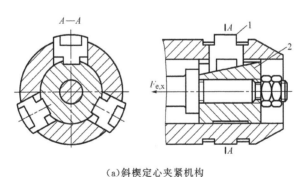

(a)斜楔定心夹紧机构

(b)锥面定心夹紧机构

图 4-53　定心夹紧机构

1—卡爪;2—斜楔;3—滑块;4—螺母

2.铰链夹紧机构

如图 4-54 所示,铰链夹紧机构是一种增力装置,它具有增力倍数较大、摩擦损失较小、动作迅速等优点,缺点是自锁能力差,它广泛应用于气动、液动夹具中。

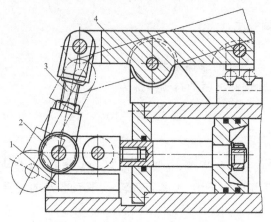

图 4-54 单作用铰链杠杆夹紧机构

1—垫块;2—滚子;3—杠杆;4—压板

3.联动夹紧机构

联动夹紧机构是一种高效夹紧机构,它可通过一个操作手柄或一个动力装置,对一个工件的多个夹紧点实施夹紧,或同时夹紧若干工件。图 4-55（a）、图 4-55（b）所示为多点联动夹紧机构,图 4-55(c)所示为多件联动夹紧机构。

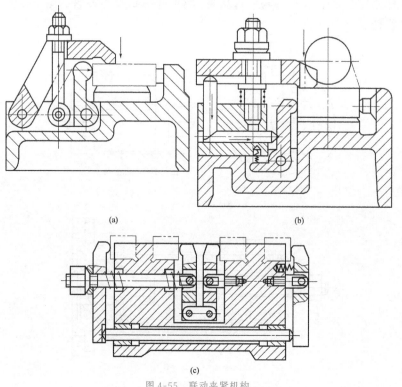

(a)   (b)

(c)

图 4-55 联动夹紧机构

设计联动夹紧机构应注意如下事项：

(1)仔细进行运动分析和受力分析,确保设计意图能够实现。

(2)保证各处夹紧均衡,运动不干涉。

(3)各压板能很好地松夹,以便装卸工作。

(4)注意整个机构和传动受力环节的强度和刚度。

(5)提高可靠性,降低制造成本。

4.5　典型机床夹具

4.5.1　钻床夹具

钻床夹具一般都有导向装置,即钻套,并安装在钻模板上,故习惯上称为钻模。

1.钻模

钻模按结构形式可分为固定式、回转式、翻转式、盖板式和滑柱式。

(1)固定式钻模

固定式钻模板在机床上的位置一般固定不动,加工精度较高,主要用于在立式钻床上加工较大的单孔或在摇臂钻床上加工平行孔系。

如图 4-56 所示是用来加工工件上 ϕ12H8 孔的钻模;图 4-56(b)为零件工序图。从图中可知,ϕ12H8 设计基准是端面 B 及内孔 ϕ68H7,因此选择端面 B 及内孔为基准符合基准重合原则,工件以定位法兰 4 的 ϕ68h6 短外圆柱面及其肩部端面 B' 定位,限制五个自由度,快换钻套 5 起导向作用,搬动手柄 8,在偏心轮 9 作用下,拉杆 3 及开口垫圈 2 将工件夹紧,反向搬动手柄,拉杆在弹簧 10 作用下松开工件,即可拆卸工件。图 4-57 所示为钻连杆螺纹底孔固定式钻模实物。

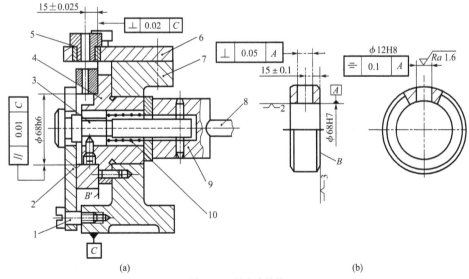

(a)　　　　　　　　　　　　　　(b)

图 4-56　固定式钻模

1—螺钉;2—开口垫圈;3—拉杆;4—定位法兰;5—快换钻套;6—钻模板;7—夹具体;8—手柄;9—偏心轮;10—弹簧

（2）回转式钻模

带有分度、回转装置的钻模,回转式钻模可绕一固定轴线(水平、垂直或倾斜)回转,某些分度装置已标准化(如立式或卧式回转工作台),主要用于加工以某一轴线为中心分布的轴向或径向孔系。图4-58所示为回转式钻模用来加工圆柱面上三个径向均布孔。由图4-59可见工件在定位销6上定位,拧紧螺母5,通过开口垫圈4将工件夹紧。转动锁紧手柄11将分度盘9松开,此时用拔销手柄12将拔销1从分度盘的定位套2中拔出,使分度盘连同工件一起回转一个分度数,将拔销重新插入定位套即实现分度。再将锁紧手柄转回,锁紧分度盘,即可进行加工。

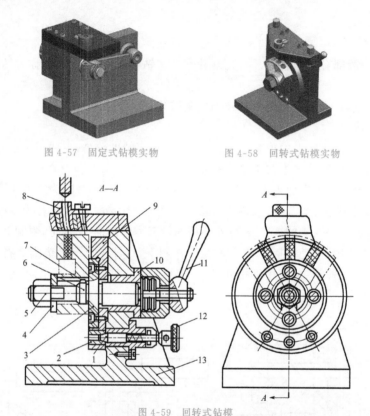

图4-57 固定式钻模实物   图4-58 回转式钻模实物

图4-59 回转式钻模

1—拔销;2—定位套;3—圆支承板;4—开口垫圈;5—螺母;6—定位销;7—键;
8—钻套;9—分度盘;10—套筒;11—锁紧手柄;12—拔销手柄;13—夹具体

（3）翻转式钻模

翻转式钻模板主要用于加工工件同一表面或不同表面上的孔,结构上比回转式钻模简单,适用于中小批量工件的加工。加工时,整个钻模(含工件)一般手动进行翻转。

图4-60所示为加工套类零件上12个螺纹底孔的翻转式钻模,工件以端面 M 和内孔 ϕ30H8在定位元件2上定位,以开口垫圈3、螺杆4和手轮5压紧工件,翻转6次加工工件上6个径向孔,然后将钻模板轴线竖直向上,即可加工端面上的6个孔。图4-61所示为翻转式钻模实物。

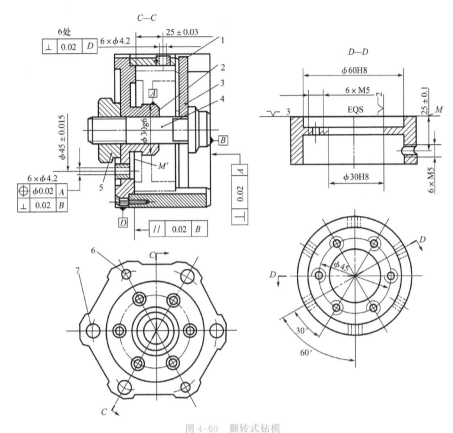

图 4-60　翻转式钻模

1—夹具体；2—定位件；3—开口垫圈；4—螺杆；5—手轮；6—销；7—沉头螺钉

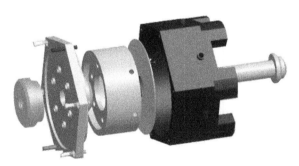

图 4-61　翻转式钻模实物

（4）盖板式钻模

盖板式钻模的特点是没有夹具体，结构简单，多用于加工大型工件上的小孔。图 4-62 所示为加工溜板箱上多个小孔的盖板式钻模，工件以圆柱销 2、菱形销 3 实现两孔定位，并通过 4 个支承钉安装在工件上。

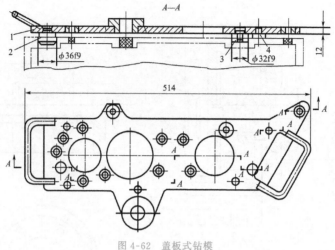

图 4-62　盖板式钻模

1—钻模板；2—圆柱销；3—菱形销；4—支承钉

(5)滑柱式钻模

滑柱式钻模是带升降模板的通用可调整钻模。一般由夹具体、滑柱、升降模板和锁紧机构组成，这些结构已经标准化，使用时根据形状、尺寸和定位夹紧要求设计与之相配的专用定位、夹紧装置和钻套，并安装在夹具体上即可。图 4-63 所示为加工杠杆零件大端孔的手动滑柱式钻模。用上、下锥形定位套 3 和 5 定位并夹紧大端面外圆，保证孔壁厚均匀。小端柄部嵌入挡块 4 的凹槽，以防止钻孔时工件转动。操纵手柄 6 使钻模板下降，上、下锥形定位套 3 和 5 一起实现定心夹紧工件。手动滑柱式钻模板利用钻模板的升降实现工件的夹紧和放松，因此必须有相应的自锁机构使其有良好的自锁性。

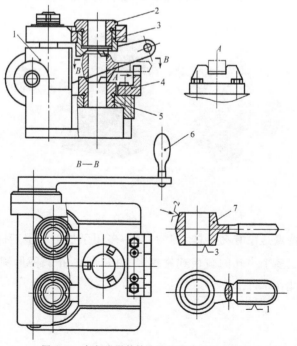

图 4-63　杠杆类零件钻孔用的手动滑柱式钻模

1—底座；2—钻套；3—上锥形定位套；4—挡块；5—下锥形定位套；6—手柄；7—工件

滑柱式钻模板的特点:可调,操作方便,夹紧迅速,适用于中等精度的孔及孔系加工。

2.钻床夹具的设计

(1)钻套的选择和设计

钻套是引导刀具的元件,以保证被加工孔的位置,并防止加工过程中刀具的偏斜。按照钻套的结构及使用情况可分为以下类型:

①固定钻套(图 4-64(a))　固定钻套直接压入钻模板或夹具体的孔中,位置精度高,其配合为 H7/n6 或 H7/r6;但磨损后不易拆卸,故多用于中小批量生产。

②可换钻套(图 4-64(b))　可换钻套以间隙配合安装在衬套中,其配合为 F7/m6 或 F7/k6;而衬套则压入钻模板中,其配合为 H7/n6,并用螺钉固定。可换钻套磨损后可以更换,故多用在大批量生产中。

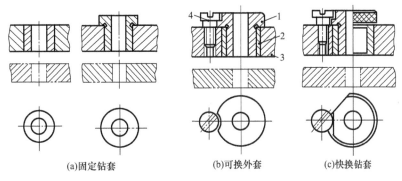

(a)固定钻套　　　　(b)可换外套　　　　(c)快换钻套

图 4-64　钻套的结构形式

1—钻套;2—衬套;3—钻模板;4—螺钉

③快换钻套(图 4-64(c))　快换钻套具有可快速更换的特点,更换时不需要拧动螺钉,只要将钻套逆时针转动一个角度,使螺钉头对准钻套缺口即可取出更换。快换钻套适用于同一道工序中需要依次对同一孔进行钻、扩、铰或攻螺纹时,能快速更换不同孔径的钻套。

④特殊钻套(图 4-65)　特殊钻套用于特殊加工场合,如在斜面上钻孔,在工件凹陷处钻孔,钻多个小孔等。图 4-65(a)所示为小孔距钻套。图 4-65(b)所示为在凹形表面上钻孔的加长钻套。图 4-65(c)所示为在斜面或圆弧面上钻孔的钻套,可避免钻头引偏或折断。

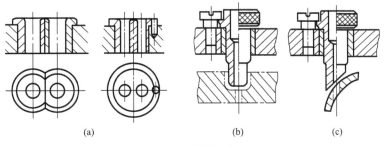

(a)　　　　　　　(b)　　　　　　　(c)

图 4-65　特殊钻套

钻套设计时,其公称尺寸取刀具的上偏差。钻套高度 $H=(1.5\sim2)d$,孔距精度要求高时,$H=(2.5\sim3.5)d$。钻套与工件距离一般取 $h=(0.3\sim1.2)d$,钻削较难排屑的钢件时,常取 $h=(0.7\sim1.5)d$,工件精度要求高时,取 $h=0$,使切屑全部由钻套排出。

（2）钻模板设计

钻模板用于安装钻套,并安装在夹具体或支架上,常用钻模板有以下几种:

①固定式钻模板　固定式钻模板直接固定在夹具体上,结构简单,精度高,应用广泛,但装配工件时不方便。图 4-66(a)所示为销钉定位、螺钉紧固结构,图 4-66(b)所示为焊接结构,可根据具体情况选用。

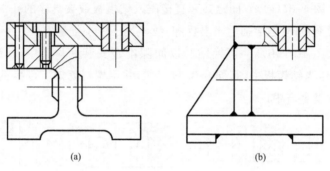

(a)　　　　　　　　　　　(b)

图 4-66　固定式钻模板

②铰链式钻模板　当钻模板妨碍工件装拆时,可用铰链式钻模板。图 4-67 所示,铰链销 1 与钻模板 5 的销孔采用 G7/h6 配合。钻模板与铰链座 3 之间采用 H8/g7 配合。加工时,钻模板由螺母 6 锁紧。由于铰链销、孔之间存在间隙,所以工件加工精度不高。

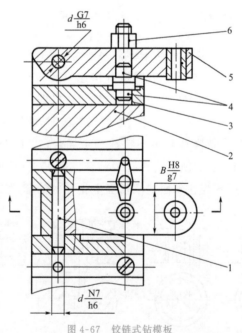

图 4-67　铰链式钻模板

1—铰链销;2—夹具体;3—铰链座;4—支承钉;5—钻模板;6—螺母

③可拆卸钻模板　可拆卸钻模板工件每装卸一次,钻模板也要装卸一次。与铰链式模板相类似,可拆卸钻模板为了装卸工件方便而设计,但精度高于铰链式钻模板。图 4-68 所示为可拆卸钻模板应用实例。

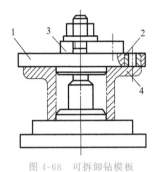

图 4-68　可拆卸钻模板

1—钻模板；2—钻套；3—压板；4—工件

4.5.2 镗床夹具

镗床夹具又称为镗模，主要用于加工箱体、支架类零件上的孔或孔系。

1.镗床夹具的典型结构形式

镗模结构与钻模相似，一般用镗套作为导向元件引导镗刀或镗杆进行镗孔。按照导向支架在镗模上的布置形式不同，镗模可分为双支承镗模、单支承镗模和无支承镗模三类。

（1）双支承镗模

双支承镗模有两个引导镗杆，镗杆与机床主轴采用浮动连接，镗孔位置精度由镗模保证，消除了机床主轴回转误差对镗孔精度的影响。图 4-69 所示为镗削车床尾座孔的双支承镗模，镗模两支承分别设置在刀具的前方和后方，镗杆 9 和主轴之间通过浮动接头 10 连接。工件以底面、槽和侧面在定位板 3、4 及可调支承钉 7 上定位，限制 6 个自由度。采用联动夹紧机构，拧紧夹紧螺钉 6，压板 5、8 同时将工件夹紧。镗模支架 1 上装有滚动回转镗套 2，用以支承和引导镗杆。镗模以底面 A 作为安装基面安装在机床工作台上，其侧面设置找正基面 B，因此可不设定位键。

前、后双支承镗模一般用于镗削孔径较大、孔的长径比 $L/D>1.5$ 的通孔或孔系，其加工精度较高，但更换刀具不方便。

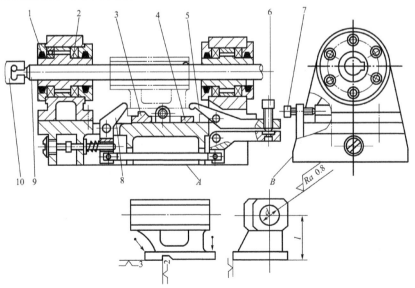

图 4-69　镗削车床尾座孔镗模

1—支架；2—镗套；3、4—定位板；5、8—压板；6—夹紧螺钉；7—可调支承钉；9—镗杆；10—浮动接头

（2）单支承镗模

镗杆在镗模中只有一个镗套引导，镗杆与机床主轴刚性连接，镗杆插入机床主轴锥孔中，与机床主轴轴线重合，主轴回转精度将影响镗孔精度。根据支承相对于镗刀的位置，单支承镗模又可分为前单支承镗模和后单支承镗模，如图 4-70 所示。

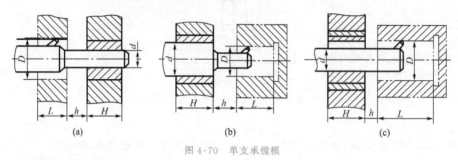

图 4-70　单支承镗模

（3）无支承镗模

工件在刚度好、精度高的金刚镗床、坐标镗床或数控机床、加工中心上镗孔时，夹具上不设镗模支承，加工孔的尺寸和位置精度由镗床保证。无支承镗模只需设计定位、夹紧装置和夹具体即可。

2.镗床夹具设计

镗套的结构形式和精度直接影响孔的加工精度。常用的镗套有固定式和回转式。

（1）固定式镗套

图 4-71 所示为标准固定式镗套，与快换钻套结构相似，加工时镗套不随镗杆转动。A 型不带油杯和油槽，靠镗杆上开的油槽润滑；B 型则带油杯和油槽，使镗杆和镗套之间能充分地润滑。固定式镗套结构简单、精度高，但镗杆在镗套内做回转运动的同时还轴向移动，镗套容易磨损，因此适用于低速镗孔，一般摩擦面的线速度 $v<0.3$ m/s。

固定式镗套的导向长度 $L=(1.5\sim 2)d$。

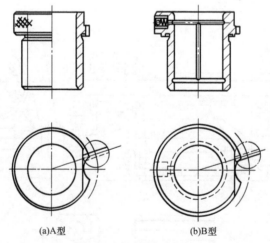

(a)A型　　　　　　　(b)B型

图 4-71　标准固定式镗套

（2）回转式镗套

回转式镗套随镗杆一起转动，镗杆与镗套之间只有相对移动，没有相对转动，这样可减少磨损和发热，因此这类镗套适用于高速镗孔。回转式镗套可分为滑动式和滚动式两种。

图 4-72(a)所示为滑动式回转镗套，镗套 1 可在滑动轴承 2 内回转，镗模支架 3 上设置

油杯,经油孔将润滑油送到回转副,使其充分润滑。镗套中间开有键槽,镗杆上的键通过键槽带动镗套回转。这种结构径向尺寸较小,适用于孔心距较小的孔系加工,且回转精度高,减振性好,承载力也较大,常用于精加工。但需要充分润滑,摩擦面线速度 $v \leqslant 0.4 \ \mathrm{m/s}$。

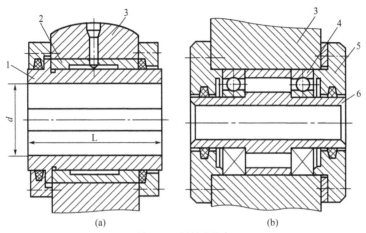

图 4-72　回转式镗套

1、6—镗套;2—滑动轴承;3—镗模支架;4—滚动轴承;5—轴承端盖

图 4-72(b)所示为滚动式回转镗套,镗套 6 支承在两个滚动轴承 4 上,轴承安装在镗模支架 3 的轴承孔中,轴承孔两端分别用轴承端盖 5 封住。这种镗套对润滑要求较低,镗杆转速可大大提高,一般摩擦面线速度 $v > 0.4 \ \mathrm{m/s}$。但径向尺寸较大,回转精度受轴承精度影响。可采用滚针轴承以减小径向尺寸,采用高精度轴承以提高回转精度。

滚动式回转镗套一般用于镗削孔距较大的孔系,当被加工孔径大于镗套孔径时,需在镗套上开引刀槽。

3.镗杆的结构设计

图 4-73 所示为固定式镗套镗杆导向部分的结构。当镗杆导向部分直径 $d < 50 \ \mathrm{mm}$ 时,一般采用整体式结构。图 4-73(a)所示为开油槽的镗杆,镗杆和镗套的接触面积大,磨损大。若切屑从油槽进入镗套,则会出现"卡死"现象,但刚度和强度较好。图 4-73(b)与图 4-73(c)所示为有较深直槽和螺旋槽的镗杆,这种结构减小了镗杆和镗套的接触面积,沟槽内有存屑能力,可减轻"卡死"现象,但其刚度较低。当 $d > 50 \ \mathrm{mm}$ 时,常采用图 4-73(d)的镶条式结构。镶条应采用摩擦系数较小的耐磨材料,如铜或钢。镶条磨损后,可在底部加垫片,重新修磨使用。这种结构的摩擦面积小,容屑量大,不易卡死。

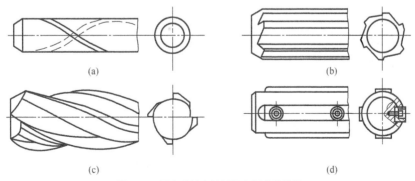

图 4-73　固定式镗套镗杆导向部分的结构

图 4-74 所示为用于回转式镗套的镗杆引进结构。图 4-74(a)所示结构在镗杆前端设置

平键,适用于开有键槽的镗套,无论镗杆从何位置进入镗套,平键均能自动进入键槽,带动镗套回转。图 4-74(b)所示结构的镗杆头部做成小于 45°的螺旋引导结构。

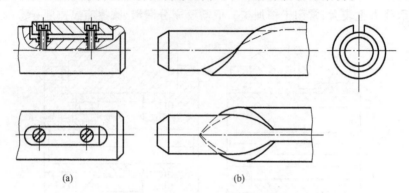

(a)   (b)

图 4-74   回转式镗套的镗杆引进结构

4.引导支架的布置形式及其选择

依据镗孔的长径比 L/D,一般可选取以下引导支架布置形式:

(1)单面前导向

单个导向支架布置在刀具的前方,如图 4-75 所示。这种形式适用于加工工件孔径 $D>60$ mm、$L<D$ 的通孔。在多工步加工时,可不更换镗套,又便于在加工过程中进行观察和测量,特别适用于锪平面或攻螺纹的工序。一般情况下,$h=(0.5\sim1)D$,但 h 不应小于 20 mm,镗套长度一般取 $H=(1.5\sim3)d$。

(2)单面后导向

单个导向支架布置在刀具的后方,如图 4-76 所示。这种形式适用于加工不通孔或 $D<60$ mm 的通孔,装卸工件和更换刀具方便。当 $L<D$ 时,则可采用图 4-76(a)所示结构,刀具导向部分的直径 d 可大于所加工孔径 D,刀具刚度好,加工精度高,装卸工件和换刀方便,在多工步加工时可不更换镗套。

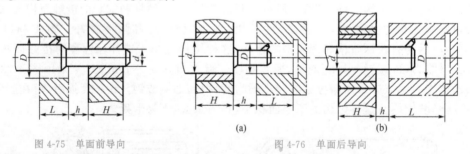

(a)   (b)

图 4-75   单面前导向   图 4-76   单面后导向

当 $L>D$ 时,采用图 4-76(b)所示结构。刀具导向部分的直径 d 应小于所加工孔径 D,镗杆能进入孔内,可减小镗杆的悬伸量,有利于缩短镗杆的长度。

镗套长度一般取 $H=(1.5\sim3)d$。

h 值的大小取决于换刀、装卸和测量工件及排屑是否方便。一般地,在卧式镗床上镗孔时,取 $h=20\sim80$ mm;在立式镗床上镗孔时,参照钻模设计中 h 的取值。

(3)单面双导向

在刀具后方装有两个导向镗套,镗杆与机床主轴浮动连接,如图 4-77 所示,为保证镗杆刚度,镗杆的悬伸量 $L_1<5d$,两个支架的导向长度 $L>(1.25\sim1.5)l_1$。单面双导向镗模便于装卸工件和刀具,便于在加工中进行观察和测量。

（4）双面单导向

导向支架分别装在工件两侧，镗杆与机床主轴浮动连接，如图 4-78 所示。它适用于加工孔径较大、工件孔的长径比大于 1.5 的通孔，或同轴线的几个短孔以及有较高同轴度和中心距要求的孔系。

双面单导向结构镗杆长，刚性较差，刀具装卸不便。当镗套间距 $L > 10d$ 时，应增加中间导向支承。在采用单刃镗刀镗削同一轴线上的几个等径孔时，应设计让刀机构。镗套长度一般取：固定式镗套，$H_1 = H_2 = (1.5 \sim 2)d$；滑动式镗套，$H_1 = H_2 = (1.5 \sim 3)d$；滚动式镗套，$H_1 = H_2 = 0.75d$。

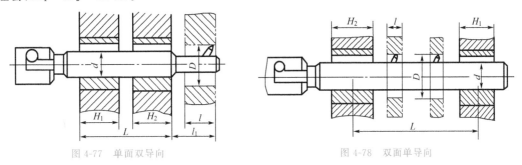

图 4-77 单面双导向   图 4-78 双面单导向

4.5.3 铣床夹具设计

铣床夹具主要用于加工零件上的平面、凹槽、花键及各种成形面，是最常用的夹具之一。一般由定位元件、夹紧机构、对刀装置（对刀块与塞尺）等组成。铣削加工时切削用量大，且为断续切削，故切削力较大，冲击和振动也较严重，因此设计铣床夹具时应注意装夹刚性和夹具在工作台上安装的平稳性。

按照加工工件的进给方式，铣床夹具的主要类型有直线进给式、圆周进给式和靠模进给式。

1. 铣床夹具的典型结构形式

（1）直线进给式铣床夹具

这类夹具安装在铣床工作台上，加工中随工作台按直线进给方式运动。图 4-79 所示为连杆上直角凹槽加工工序图及加工该直角凹槽的直线进给式夹具。工件以一面两孔在支承板 8、菱形销 7 和圆柱销 9 上定位。拧紧螺母 6，通过螺栓 5 带动浮动杠杆 3，使两副压板 10 同时均匀地夹紧两个工件。该夹具可同时加工 6 个工件，生产率高。

（2）圆周进给式铣床夹具

圆周进给式铣床夹具多数安装在有回转工作台或回转鼓轮的铣床上，加工过程中随回转盘旋转做连续的圆周进给运动，并可在不停车的情况下装卸工件，生产率高，适用于大批量生产。

图 4-80 所示为铣削拨叉的圆周进给式铣床夹具。工件以内孔、端面及侧面在定位销 2 和挡销 4 上定位，并由液压缸 6 驱动拉杆 1，通过开口垫圈 3 将工件夹紧。工作台由电动机通过蜗杆蜗轮机构带动回转，从而将工件依次送入切削区 A、B。当工件离开切削区被加工好后，在非切削区 C、D 将工件卸下，并装上待加工工件，使辅助时间与铣削时间相重合，提高了机床利用率。

（3）靠模铣床夹具

带有靠模装置的铣床夹具称为靠模铣床夹具，用于专用或通用铣床上加工各种成形面。

靠模夹具的作用是使主进给运动和由靠模获得的辅助运动合成加工所需的仿形运动。按照主进给运动的运动方式，靠模铣床夹具可分为直线进给式和圆周进给式两种。

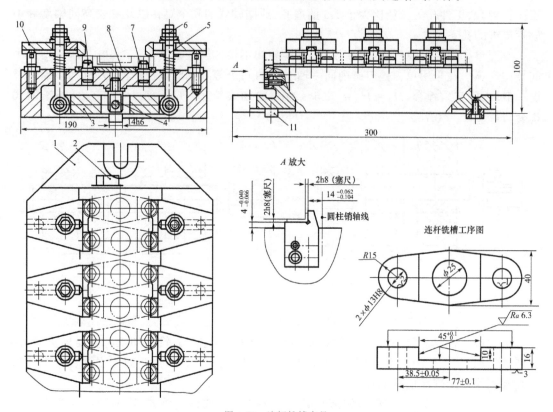

图 4-79　连杆铣槽夹具

1—夹具体；2—对刀块；3—浮动杠杆；4—铰链螺钉；5—螺栓；6—螺母；
7—菱形销；8—支承板；9—圆柱销；10—压板；11—定位键

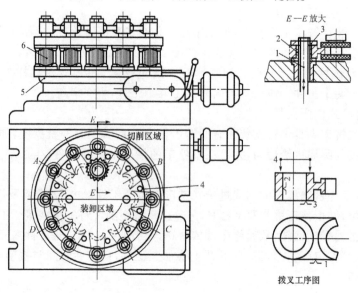

图 4-80　圆周进给式铣床夹具

1—拉杆；2—定位销；3—开口垫圈；4—挡销；5—转台；6—液压缸

　　图 4-81 所示为直线进给式靠模夹具。靠模 3 与工件 1 分别装在夹具上,夹具安装在铣床工作台上,滚子滑座 5 和铣刀滑座 6 两者连为一体,且保持两者轴向间距不变。在重锤或弹簧拉力 F 的作用下,使滚子压紧在靠模上,铣刀 2 则保持与工件接触。当工作台纵向直线进给时,滑座获得一横向辅助运动,使铣刀仿照靠模的轮廓在工件上铣出所需形状。这种加工一般在靠模铣床上进行。

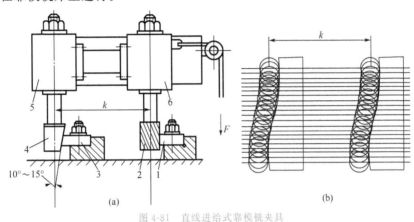

图 4-81　直线进给式靠模铣夹具

1—工件;2—铣刀;3—靠模;4—滚子;5—滚子滑座;6—铣刀滑座

2.铣床夹具设计

(1)定位键

　　铣床夹具通过定位键与铣床工作台 T 形槽配合,使夹具上定位元件的工作表面相对于铣床工作台的进给方向具有正确的位置关系。两个定位键相距越远,定位精度越高。除定位外,定位键还能承受部分切削扭矩,减轻夹具固定螺栓的负荷,提高夹具的稳定性。

　　定位键有矩形和圆柱两种。常用的是矩形定位键,结构尺寸已标准化。矩形定位键有 A 型(图 4-82(a))和 B 型(图 4-82(b)、图 4-82(c))。A 型定位键的宽度按统一尺寸 B(h6 或 h8)制作,适用于夹具的定向精度要求不高的场合。B 型定位键的侧面开有沟槽,沟槽的上部与夹具体的键槽配合。因为 T 形槽公差为 H8 或 H7,故 B_1 一般按 h8 或 h6 制造。为了提高夹具的定位精度,在制造定位键时,B_1 应留有磨量 0.5 mm,以便与工作台 T 形槽相配。

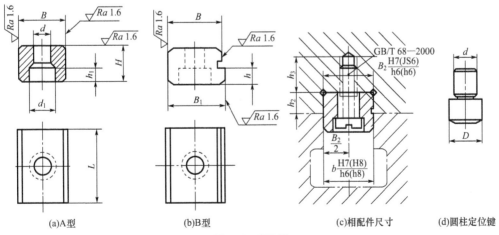

(a)A型　　　　　(b)B型　　　　　(c)相配件尺寸　　　　　(d)圆柱定位键

图 4-82　定位键

（2）对刀装置

对刀装置由对刀块和塞尺组成。其形式根据加工表面的情况而定。常见的对刀块如图4-83所示。图4-83（a）所示为圆形对刀块，用于铣单一平面时对刀；直角对刀块如图4-83（b）所示，用于铣槽或台阶面时对刀；图4-83（c）、图4-83（d）所示为用于铣成形面的特殊对刀块。

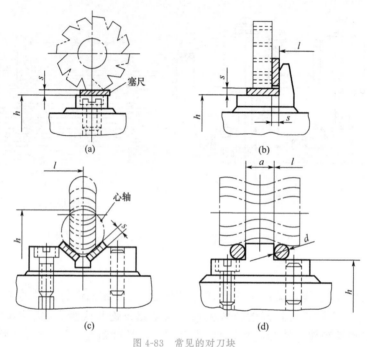

图 4-83　常见的对刀块

对刀时，铣刀不能与对刀块的工作表面直接接触，而应通过塞尺来校准它们间的相对位置，以免损坏切削刃或造成对刀块过早磨损

（3）夹具体

由于铣削时切削力和振动很大，因此，夹具体要有足够的刚度和强度，高度和宽度之比也应恰当，一般 H/B 为 $1 \sim 1.25$，使工件加工面尽量靠近工作台台面，提高加工时夹具的稳定性。夹具体要有足够的排屑空间，切屑和切削液能顺利排出，必要时可设计排屑槽、排屑面。对于小型夹具体，可设置耳座，以便于在工作台上固定；对于大型夹具体，两端应设置吊装孔或吊环。

4.5.4　车床夹具

车床夹具用于加工工件的内（外）圆柱面、圆锥面、回转成形面、螺旋面及端面等，车床夹具一般都安装在车床主轴上，少数安装在车床床鞍或床身上。普通车床的夹具类型有：自动定心卡盘类、顶尖类、拨盘类、中心架及跟刀架类、心轴类、非自动定心卡盘类、角铁式。其中定心卡盘、顶尖、拨盘、中心架等已经标准化并作为附件，只有上述通用夹具不满足要求时才设计专用夹具。

角铁式车床夹具具有类似角铁的夹具体，其结构不对称。一般用于加工壳体、支座、接头等零件上的圆柱面及端面。图4-84所示为加工图4-85所示开口螺母上 $\phi40^{+0.027}_{0}$ mm 孔的专用夹具。工件燕尾面和两个 $\phi12^{+0.019}_{0}$ mm 孔已经加工，本道工序精镗 $\phi40^{+0.027}_{0}$ 孔及车端面。要求保证尺寸（45±0.05）mm、（8±0.05）mm 及 $\phi40^{+0.027}_{0}$ mm 孔轴线与 C 面的平行度 0.05 mm。按照基准重合原则,工件用燕尾面 B 和 C 在固定支承板 8 及活动支承板 10 上定位(两板高度相等),限制 5 个自由度;以 $\phi12^{+0.019}_{0}$ mm 孔与活动菱形销 9 配合,限制 1 个自由度;工件装卸时,可从上方推开活动支承板将工件插入,靠弹簧力使工件靠紧固定支承板,并略推移工件使活动菱形销弹入定位孔 $\phi12^{+0.019}_{0}$ mm 内。采用摆动 V 形块的回转式螺旋压板夹紧机构,用平衡块 6 来保持夹具平衡。

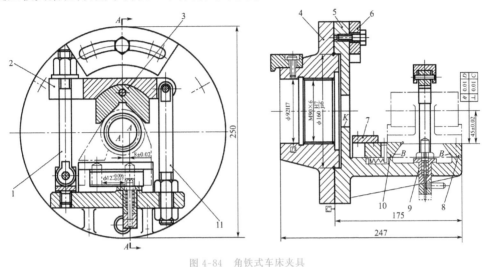

图 4-84　角铁式车床夹具

1、11—螺框;2—压板;3—摆动 V 形块;4—过渡盘;5—夹具体;6—平衡块;

7—盖板;8—固定支承板;9—活动菱形销;10—活动支承板

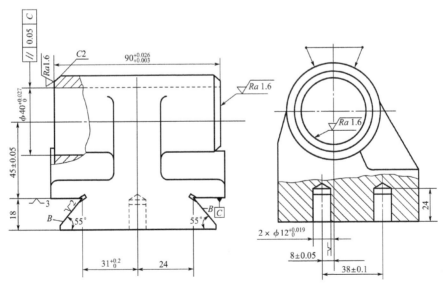

图 4-85　开口螺母车削工序

车床夹具设计要点如下:

(1)夹具与机床主轴的连接

车床夹具与车床主轴的连接必须保证夹具轴线与主轴回转轴线有较高的同轴度。

心轴类车床夹具以莫氏锥柄与机床主轴锥孔配合连接,用螺杆拉紧,如图 4-86(a)所示。有的心轴则以中心孔与车床前、后顶尖安装使用。

对于径向尺寸 $D<140$ mm 或 $D<3d$ 的小型夹具，一般用锥柄安装在车床主轴的锥孔中，这种连接方式定心精度较高。

对于径向尺寸较大的夹具，多用过渡盘与车床主轴轴径连接，如图 4-86（b）、图 4-86(c)所示。过渡盘与主轴连接的结构设计取决于主轴前端结构。

图 4-86(b)所示为 C620 车床主轴与过渡盘的连接结构，这种安装方式的安装精度受配合精度影响。

图 4-86(c)所示为 CA6140 车床主轴与过渡盘的连接结构，这种安装方式定心准确，刚性好，但加工精度要求高。

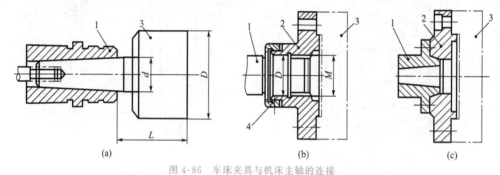

(a)　　　　　　　　　　　　(b)　　　　　　　　　　　　(c)

图 4-86　车床夹具与机床主轴的连接

1—车床主轴；2—过渡盘；3—专用夹具；4—压块

（2）夹具的平衡

对于角铁类等结构不对称的车床夹具，设计时应采取平衡措施，使夹具的重心落在主轴的回转轴线上，以减少轴承磨损，避免因离心力产生的振动影响加工质量及刀具寿命。

（3）车床夹具总体设计要求

①结构紧凑，悬伸短。悬伸长度过大，会加速轴承磨损，引起振动。因此夹具悬伸长度 L 与轮廓直径 D 之比应加以控制。

②夹具的结构应便于工件在夹具上的安装和测量，切屑能顺利排出或清理。

③夹具上包括工件在内的各元件不应超过夹具体的轮廓，应尽可能避免有尖角或凸起部分，必要时回转部分外面可加防护罩。夹紧力要足够大，自锁可靠。

4.5.5　其他机床夹具

1.可调夹具

可调夹具指夹具上的个别定位元件、夹具元件或导向元件是可以更换或调整的。对于同一类型的零件可以在可调夹具上加工，因此可使多种零件的单件小批生产转变为一组零件在同一夹具上的"成批生产"。可调夹具具有较强的适应性和良好的继承性，使用可调夹具可以大量减少专用夹具的数量，缩短生产准备周期，是适应多品种、中小批量生产的一种先进夹具。

图 4-87 所示为在轴类零件上钻径向孔的通用可调夹具。该夹具可加工一定尺寸范围内的各种轴类工件上的 1～2 个径向孔，加工零件如图 4-88 所示。图 4-87 中夹具体 2 的上、下两面均设有 V 形槽，适用于不同直径工件的定位。支承钉板 KT_1 上的可调支承钉用作工件的端面定位。夹具体的两个侧面都开有 T 形槽，通过 T 形螺栓 3、十字滑块 4，使可调钻模板 KT_2、KT_3 及压板座 KT_4 做上、下、左、右调节。压板座上安装杠杆压板 1，用以夹紧工件。

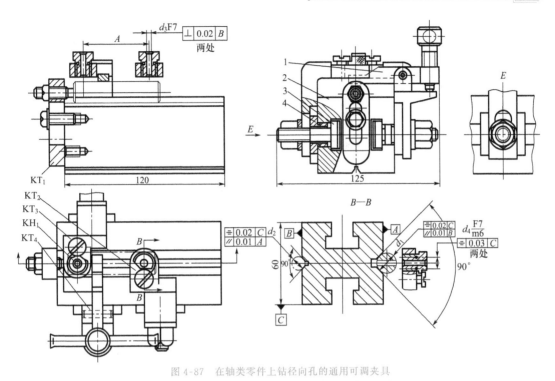

图 4-87　在轴类零件上钻径向孔的通用可调夹具

1—杠杆压板;2—夹具体;3—T 形螺栓;4—十字滑块;

KH₁—快换钻套;KT₁—支承钉板;KT₂、KT₃—可调钻模板;KT₄—压板座

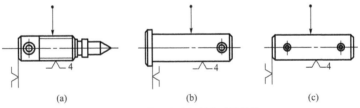

(a)　　　　　　　　　(b)　　　　　　　　　(c)

图 4-88　钻径向孔的轴类零件简图

2.组合夹具

(1)组合夹具结构

　　组合夹具是根据被加工工件的要求,由各种预先制造好的标准定位、夹紧、支承、导向元件及各类合件,根据不同的加工要求进行相应的临时组装而形成的组合性夹具。组合夹具可组装成某一专用夹具,也可组装成具有一定柔性的可调夹具,灵活多变,功能性强,大大减少了夹具的设计和制造工作量。特别适用于单件小批生产以及新产品试制。其缺点是一次投入大,夹具体往往体积较大、笨重。

　　组合夹具可分为两种基本类型,即槽系组合夹具和孔系组合夹具。槽系组合夹具是各元件间依靠孔、销配合来定位,由螺钉来固定的。图 4-89 所示为一套组装好的槽系组合钻模及其元件分解,图中标号表示了组合夹具的八大类元件。组合件是由若干元件组成的独立部件,完成一定的功能要求,组装时不能拆散。

(2)组合夹具的组装

　　组合夹具的组装过程类似于夹具的总体设计过程。确定组合夹具的总体结构时首先需要由工件的加工精度、工件定位、夹紧要求,确定夹具的定位、夹紧方案,并根据加工工艺方法、加工机床的类型,决定夹具基础件的结构类型;由工件的尺寸决定基础件的规格、尺寸,最后确定各定位元件、夹紧元件及其他辅助元件通过各种支承件、连接件,将它们与基础件之间的空间填满,形成组合夹具的基本形状。接下来还要具体确定各支承件相对于基础件的定位、连接方法、调整方法、具体组成,最后是夹具试装和正式连接。

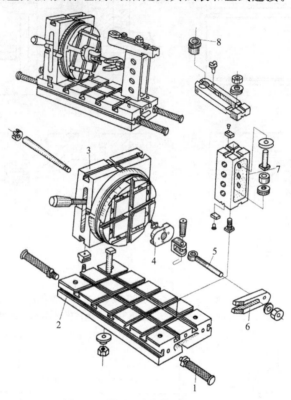

图 4-89　槽系组合钻模及其元件分解

1—其他件;2—基础件;3—合件;4—定位件;5—紧固件;6—压紧件;7—支承件;8—导向件

3.随行夹具

随行夹具是在自动化生产线上使用的一种移动式夹具,由运输装置带动,并运送到各台机床上,它不但担负着一般夹具安装工具的任务,还担负着沿生产线输送工件的任务。即先将工件定位夹紧在随行夹具上,再将随行夹具安装在各机床夹具上。

图 4-90 所示为随行夹具在自动线机床夹具上的安装。随行夹具 1 以一面两孔在机床夹具 5 上的 4 个限位支承 4 及两个伸缩式定位销 8 上定位。伸缩式定位销由液压缸 7 和浮动杠杆 6 控制伸缩,通过支承在支承滚 10 上的带棘爪的步伐式输送带 2 实现随行夹具在输送支承 3 上的移动,随行夹具在机床上的夹紧是利用液压缸、浮动杠杆带动 4 个可转动的钩形压板 9 实现的。

随行夹具的设计与专用夹具一样,工件在随行夹具上的定位由工件的工艺参数决定;工件在随行夹具上的夹紧一般采用螺旋夹紧等自锁夹紧机构。

随行夹具的底板是一个重要零件,其底面须设有定位支承板、输送支承板(其必须略凸出于定位支承板,以实现定位基面与输送基面分开)和定位销孔。为了提高随行夹具的定位精度,可将粗、精加工的定位销孔分开设置。

此外,在随行夹具或机床夹具上还应设置预定位装置,以保证机床夹具的两个伸缩式定位销能顺利插入随行夹具的定位孔中。

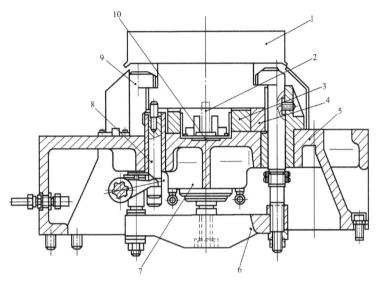

图 4-90 随行夹具在自动线机床夹具上的安装

1—随行夹具;2—带棘爪的步伐式输送带;3—输送支承;4—限位支承;5—机床夹具;

6—浮动杠杆;7—液压缸;8—伸缩式定位销;9—钩形压板;10—支承辊

4.6 专用夹具的设计方法

机床夹具的设计要求保证工件加工质量,提高生产率,排屑方便,省力,制造维护容易,成本低。

4.6.1 专用夹具的设计步骤

1.研究原始资料,分析设计任务

分析工件的结构特点、材料、生产批量和本道工序加工的技术要求以及与后续工序的联系,收集机床和刀具方面的资料,结合本厂实际,并吸收先进经验,尽量采用国家标准作为实际的参考。

2.确定结构设计方案

(1)确定工件的定位方案,包括定位原理、方法、元件或装置。

(2)确定工件的夹紧方案并设计夹紧机构。

(3)确定夹具的其他组成部分,如分度装置、微调装置、对刀块或引导元件等。

(4)考虑各种机构、元件的布局,确定夹具体和总体结构。

对夹具的总体结构,应考虑几个方案,分析、比较并选择出一个最佳方案。

3.绘制夹具总图

应遵循国家标准,按照夹紧机构处在夹紧工作状态下绘制夹具总图,视图应尽量少,但必须能够清楚表达出夹具的工作原理和构造,表示各种机构元件之间的位置关系等,主视图应取操作者实际工作时的位置,以作为装配夹具时的依据及使用时的参考。将工件看作"透明体",其外轮廓以双点画线表示。最后标注总装图上各部分的尺寸(如轮廓尺寸、必要的装配、检验尺寸及其公差),制定技术条件及编写零件明细栏。

4.绘制夹具零件图

夹具中的非标准零件必须绘制零件图。在确定这些零件的尺寸、公差或技术条件时,应注意使其满足夹具总图的要求。

图 4-91(b)所示为加工图 4-91(a)所示零件 φ18H7 孔的夹具设计过程,包括设计定位装置、设计钻套、设计夹紧装置、设计夹具总装图等设计过程。

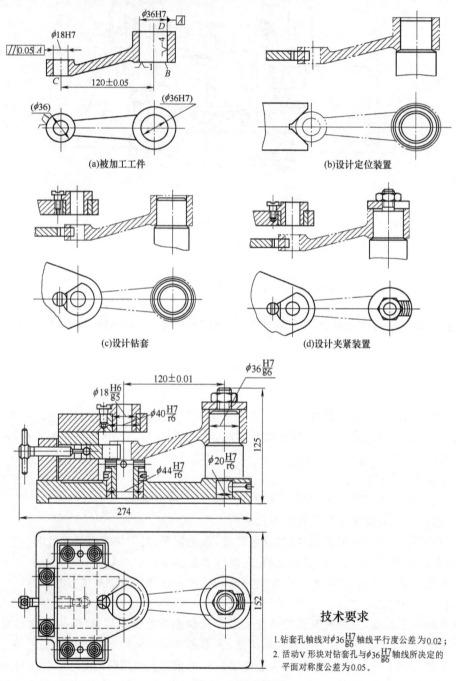

(a)被加工工件

(b)设计定位装置

(c)设计钻套

(d)设计夹紧装置

技术要求

1.钻套孔轴线对$\phi36\frac{H7}{g6}$轴线平行度公差为0.02;

2. 活动V形块对钻套孔与$\phi36\frac{H7}{g6}$轴线所决定的平面对称度公差为0.05。

(e)设计夹具总装图

图 4-91 夹具设计过程示例

4.6.2 夹具精度的验算

夹具的主要功能是保证工件加工表面的位置精度。影响位置精度的主要因素有三个方面：

(1)工件在夹具中的安装误差

包括定位误差及夹紧误差。定位误差在本章 4.2 中已有描述，夹紧误差是工件在夹具中夹紧后，工件和夹具变形所产生的误差。

(2)夹具在机床上的对定误差

指夹具相对于刀具或相对于机床成形运动的位置误差。

(3)加工过程中出现的误差

包括机床的几何精度、运动精度，机床、刀具、工件和夹具组成的工艺系统加工时的受力变形、受热变形、磨损、调整、测量中的误差，以及加工成形原理上的误差等。

第(3)项误差不易估算，夹具精度验算是指前两项的和以不大于工件公差的 2/3 为合格。

现以图 4-91 所示工件和夹具装配图为例进行夹具精度验算。

1.验算中心距 120 ± 0.05 mm

影响此项精度的因素如下：

(1)定位误差，此项主要是定位孔 $\phi36H7$ 与定位销 $\phi36g6$ 的间隙产生，最大间隙为 0.05 mm。

(2)钻模板衬套中心与定位销中心距误差，装配图标注尺寸为 120 ± 0.01 mm，误差为 0.02 mm。

(3)钻套与衬套的配合间隙，由 $\phi18H6/g5$ 可知，最大间隙为 0.029 mm。

(4)钻套内孔与外圆的同轴度误差，对于标准钻套，精度较高，此项可以忽略。

(5)钻头与钻套间的间隙会引偏刀具，产生中心距误差 e，即

$$e=\left(\frac{H}{2}+h+B\right)\frac{\Delta_{\max}}{H}$$

式中　e——刀具引偏量，mm；

　　　H——钻套导向高度，mm；

　　　h——排屑空间，钻套下端面与工件间的空间高度，mm；

　　　B——钻孔深度，mm；

　　　$\Delta_{\max}$——刀具与钻套的最大间隙，mm，如图 4-92 所示。

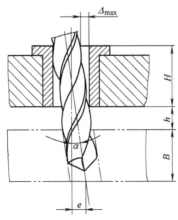

图 4-92　刀具引偏量计算

本例中,设刀具与钻套配合为 $\phi18H6/g5$,可知 $\Delta_{max}=0.025$ mm;将 $H=30$ mm,$h=12$ mm,$B=18$ mm 代入,可求出 $e\approx0.038$ mm。

由于上述各项都是按最大误差计算的,实际上各项误差并不可能同时出现最大值,各误差方向也很可能不一致,因此,其综合误差可按概率法求和,即

$$\Delta_{\Sigma}=\sqrt{0.05^2+0.02^2+0.029^2+0^2+0.038^2}\approx0.07 \text{ mm}$$

该误差略大于中心距允许误差 0.1 mm 的 2/3,勉强可用,应减小定位和导向的配合间隙。

2.验算两孔平行度精度

工件要求 $\phi18H7$ 孔全长上平行度公差为 0.05 mm。

导致产生两孔平行度误差的因素如下:

(1)设计基准与定位基准重合,没有基准转换误差,但 $\phi36H7/g6$ 配合间隙及孔与端面的垂直度公差会产生基准位置公差,定位销轴中心与大头孔中心的偏斜角 α_1(rad)为

$$\alpha_1=\frac{\Delta_{max}}{H_1}$$

式中 Δ_{max}——$\phi36H7/g6$ 处最大间隙,mm;

     H_1——定位销轴定位面长度,mm。

(2)定位销轴线对夹具体底平面的垂直度要求 α_2(图 4-91 中没有注明)。

(3)钻套孔中心与定位销轴的平行度公差,图 4-91 中标注为 0.02 mm,则 $\alpha_3=0.02/30$ rad。

(4)刀具引偏量 e 产生的偏斜量 $\alpha_4=\Delta_{max}/H$,参见图 4-92。

因此,总的平行度误差

$$\alpha_{\Sigma}=\sqrt{\alpha_1^2+\alpha_2^2+\alpha_3^2+\alpha_4^2}\leqslant\frac{2}{3}\alpha$$

合格。

4.6.3 夹具总图尺寸标注及技术要求的制定

1.夹具总图尺寸标注

夹具总图上应标注的尺寸主要有:

(1)夹具的外形轮廓尺寸

包括夹具长、宽、高的最大外形尺寸。对于活动部分,应表示其在空间的最大尺寸,这样可避免机床、夹具、刀具干涉。

(2)影响定位精度的尺寸

指夹具定位元件与工件的配合尺寸和定位元件之间的位置尺寸,一般依据工件在本道工序的加工技术要求,并经定位误差验算后标注。

(3)影响对刀精度的尺寸

指对刀元件(或引导元件)与刀具之间的配合尺寸、对刀元件(或引导元件)与定位元件之间的位置尺寸、引导元件之间的位置尺寸,其作用是保证对刀精度。

(4)夹具与机床的联系尺寸

对于车床而言,是指夹具与车床的主轴端的联系尺寸;对铣床而言,则是指夹具定位键、U 形槽与机床工作台 T 形槽的联系尺寸,其作用是保证机床的安装精度。

(5)其他重要配合尺寸

表示夹具内部各组成连接副的配合、各组成元件之间的位置关系等的尺寸。

2.夹具总图技术要求的制定

夹具总图技术要求通常有以下方面：

(1)定位元件的定位表面之间的相互位置精度。

(2)定位元件的定位表面与夹具安装面之间的相互位置精度。

(3)定位表面与引导元件工作表面之间的相互位置精度。

(4)各引导元件工作表面之间的相互位置精度。

(5)定位表面或引导元件的工作表面对夹具找正基准面的相互位置精度。

(6)与保证夹具装配精度有关的或与检验方法有关的特殊技术要求。

上述几何公差,通常取工件相应公差的 1/5～1/2。不同的机床夹具,对夹具的具体结构和使用要求是不同的。在实际机床夹具设计中,应进行具体分析,在参考夹具手册以及同类夹具图样资料的基础上,制定该夹具的具体技术要求。

思考与练习

4-1 结合具体实例,说明什么是设计基准、工艺基准、工序基准、定位基准、测量基准、装配基准。

4-2 工件装夹的含义是什么？机械加工中有哪几类装夹方法？简述各种装夹方法的特点及应用场合。

4-3 何为六点定位原理？举例说明完全定位、不完全定位、欠定位、过定位。

4-4 根据六点定位原理,分析图 4-93 中各工序需要限制的自由度,指出工序基准,选择定位基准并用定位符号在图中标注出来。(各工件加工表面分别为孔端面、槽、孔和双孔)

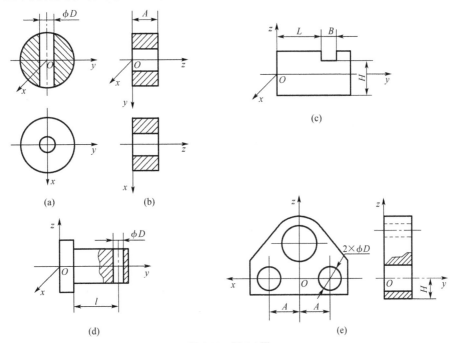

图 4-93 题 4-4 图

4-5 分析图 4-94 所示的定位方案,指出各定位元件分别限制哪些自由度,判断有无欠定位和过定位,对不合理的定位方案提出改进意见。

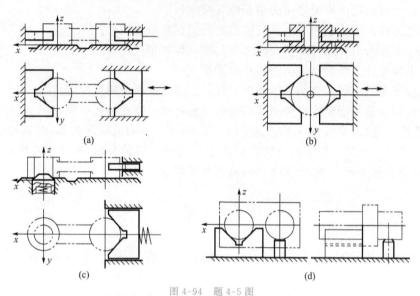

图 4-94 题 4-5 图

4-6 钻床夹具分为哪些类型?各类钻模有何特点?

4-7 钻模板的形式有哪几种?哪种工作精度最高?

4-8 试分析分度装置的功用、类型及应用范围。

4-9 镗床夹具分为哪几类?各有何特点?其应用场合分别是什么?

4-10 镗套有哪几种?怎样使用?

4-11 铣床夹具中,使用对刀块和塞尺起什么作用?对刀尺寸如何计算?

4-12 车床夹具分为哪几类?各有何特点?

4-13 可调夹具有何特点?

4-14 组合夹具有何特点?由哪些元件组成?

4-15 随行夹具有何特点?由哪些部分组成?

4-16 如图 4-95 所示为一斜楔夹紧机构,已知斜楔升角 α 为 6°,各面间摩擦系数 f 为 0.1,原始作用力为 F_Q,试求夹紧力 F_W 并分析自锁性能。

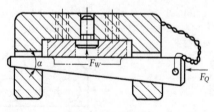

图 4-95 题 4-16 图

4-17 分析图 4-96 所示螺旋压紧机构有无缺点,如有,应如何改进?

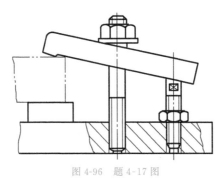

图 4-96　题 4-17 图

4-18　分析斜楔夹紧机构、螺旋夹紧机构、偏心夹紧机构的特点及应用场合。

4-19　在图 4-97(a)所示零件上铣键槽,要求保证尺寸 $54_{-0.14}^{0}$ mm 及对称度。现有三种定位方案,分别如图 4-97(b)～图 4-97(d)所示。已知内、外圆同轴度公差为 0.02 mm,其余参数如 4-97 图示。试计算三种方案的定位误差,并选出最优方案。

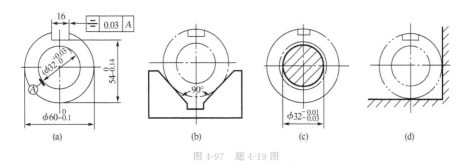

图 4-97　题 4-19 图

4-20　图 4-98 所示齿轮齿坯的内孔和外孔已加工合格,即 $d=80_{-0.1}^{0}$ mm,$D=35_{0}^{+0.025}$。现在插床上用调整法加工内键槽,要求保证尺寸 $H=38.5_{0}^{+0.2}$。忽略内孔与外圆同轴度误差,试计算该定位方案能否满足加工要求。若不能满足,应如何改进?

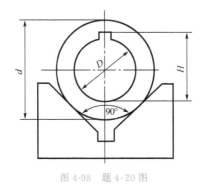

图 4-98　题 4-20 图

4-21　指出图 4-99 所示定位、夹紧方案及结构设计中不正确的地方,并提出改进意见。

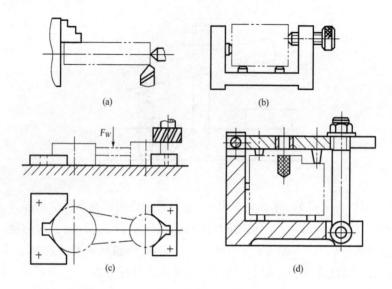

(a) (b)

(c) (d)

图 4-99 题 4-21 图

4-22 阶梯轴工件的定位如图 4-100 所示，欲钻孔 O，保证尺寸 A。试计算工序尺寸 A 的定位误差。

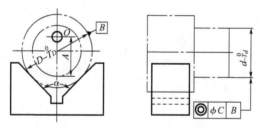

图 4-100 题 4-22 图

4-23 工件的定位如图 4-101 所示，加工 C 面，要求与 O_1O_2 平行。工件一端圆柱 d_1 用 120° V 形块定位，另一端 d_2 定位在支承钉上。已知 $d_1 = 50_{-0.15}^{0}$ mm，$d_2 = 50_{-0.20}^{0}$ mm，中心距为 $L = 80_{0}^{+0.15}$ mm。试计算其定位误差。

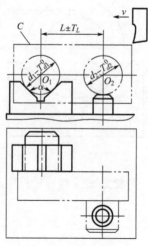

图 4-101 题 4-23 图

第5章

浅谈机械制造工艺过程　工艺路线的拟定　尺寸链的计算

机械加工工艺规程的设计

工程案例

如图 5-0 所示阶梯轴零件,材料为 45 钢,单件小批生产,淬火硬度为 40～45 HRC,根据零件设计及技术要求应如何合理安排该零件的工艺过程? 制定工艺过程应依据哪些因素? 通过本章学习掌握机械加工的基础知识和基本理论,找到解决问题的途径。

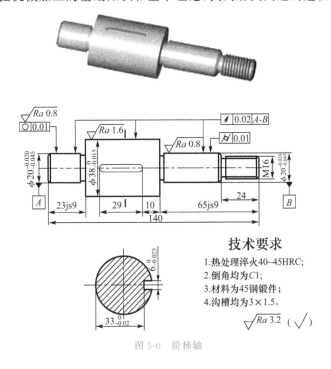

技术要求

1. 热处理淬火40~45HRC;
2. 倒角均为C1;
3. 材料为45钢锻件;
4. 沟槽均为3×1.5。

图 5-0　阶梯轴

【学习目标】

1. 了解工艺规程的组成、功用及制定流程,能够分析机械加工结构工艺性;

2. 运用机械加工工艺设计的基本原理和方法,拟定零件加工工艺路线;

3.掌握工艺尺寸链的分析和计算方法；

4.了解计算机辅助工艺过程设计基本知识。

5.1 概 述

5.1.1 机械加工工艺过程及组成

工艺是指制造产品的技巧、方法和程序。机械制造过程中，凡是直接改变零件形状、尺寸、相对位置和性能等，使其成为成品或半成品的过程，均称为机械制造工艺过程。机械加工系统由机床、夹具、刀具和工件组成。

表 5-1 所列为图 5-0 所示阶梯轴单件小批加工工艺过程。由表 5-1 可以看出，机械加工工艺过程由按一定顺序排列的若干工序组成，每道工序又可细分为安装、工位、工步及走刀等。

表 5-1 阶梯轴单件生产工艺过程及工序

工序号	工序名称及内容	设备
1	车端面,打中心孔,车外圆,切退刀槽,倒角,车螺纹	车床
2	铣键槽	铣床
3	磨外圆	磨床
4	去毛刺	钳工台

1.工序

工序是加工工艺过程的基本单元，是指一个（或一组）工人在一个工作地点对一个（或几个）工件连续完成的那一部分工艺过程。工作地点、工人、工件与连续作业构成了工序的四个要素，若其中任何一个要素发生变化，则构成另一道工序。

一个工艺过程需要包含哪些工序，是由被加工零件的结构复杂程度、加工精度要求及生产类型所决定的，图 5-0 所示的阶梯轴如有不同的生产批量，就有不同的工艺过程及工序，见表 5-1 及表 5-2。

表 5-2 阶梯轴大批量生产工艺过程及工序

工序号	工序名称及内容	设备
1	铣端面,打中心孔	铣钻联合机床
2	粗车外圆	车床
3	精车外圆,切退刀槽,倒角,车螺纹	车床
4	铣键槽	铣床
5	磨外圆	磨床
6	去毛刺	钳工台

2.安装

在一道工序中，工件在加工位置上至少要装夹一次，但有的工件也可能会装夹多次。工件每经一次装夹后所完成的那部分工序称为安装。例如,表 5-1 的第 1 道工序,需经过两次安装才能完成其全部内容。工件在加工过程中应尽可能减少装夹次数,因为多一次装夹就多产生一次安装误差,且增加了装夹辅助时间。

3.工位

为减少装夹次数,常采用多工位夹具或多轴(多工位)机床,使工件在一次安装中先后经过若干不同位置顺次进行加工。工件在机床上占据每一个位置所完成的那部分工序称为工位。图 5-1 所示工件在 1 次安装中具有 4 个工位,即装卸、钻孔、扩孔和铰孔工位,通过回转工作台使工件变换工位。

4.工步

工步是工序的组成部分,指在加工表面、切削刀具和切削用量(指切削速度和进给量)均保持不变的情况下所完成的那部分工序。表 5-2 中的工序 1,需要铣削 2 个端面、打 2 个中心孔,共 2 个工步。

批量生产中,为了提高生产率,常采用多刀多刃刀具或复合刀具同时加工零件的多个表面,这样的工步称为复合工步(图 5-2)。

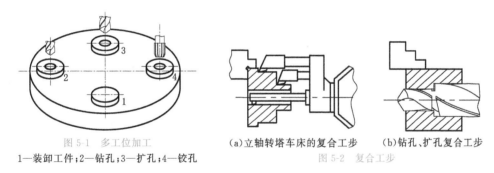

图 5-1　多工位加工
1—装卸工件;2—钻孔;3—扩孔;4—铰孔

(a)立轴转塔车床的复合工步　(b)钻孔、扩孔复合工步
图 5-2　复合工步

5.走刀

在同一加工表面因加工余量较大,可分几次工作进给,每次工作进给所完成的工步称为一次走刀。

5.2　生产纲领与生产类型

5.2.1　生产纲领

生产量是根据市场需求量与本企业的生产能力而定的,它包括备品率和废品率,产品的年产量称为产品的生产纲领。计划期通常为一年,零件的年生产纲领 N 的计算公式为

$$N = Qn(1+A+B) \tag{5-1}$$

式中　Q——产品年产量,件/年;

　　　N——每台产品中该零件的数量,件/台;

　　　A——备品率,%;

　　　B——废品率,%。

5.2.2 生产类型

生产类型是指企业(或车间)生产专业化程度的分类。目前,生产类型分为单件小批生产、成批生产、大量生产三种类型,生产类型的划分依据见表5-3。不同的生产类型有不同的工艺特点,需要采用不同的加工工艺、工艺装备及生产组织形式,各生产类型的工艺特点见表5-4。

表 5-3 生产类型的划分依据

生产类型		零件年产量/件		
		重型零件	中型零件	轻型零件
单件小批生产		≤5	≤10	≤100
成批生产	小批	5~100	10~200	100~500
	中批	100~300	200~500	500~5 000
	大批	300~1 000	500~5 000	5 000~50 000
大量生产		>1 000	>5 000	>50 000

表 5-4 各生产类型的工艺特点

工艺过程特点	单件小批生产	成批生产	大量生产
零件互换性	一般配对制造; 广泛应用调整法或修配法	大部分有互换性; 少数用钳工修配	全部有互换性; 某些精度较高的配合件采用分组装配法
毛坯制造方法及加工余量	型材锯床、热切割下料; 手工木模砂型铸造; 自由锻造; 弧焊; 冷作; 毛坯精度低,加工余量大	型材下料; 砂型铸造; 模锻; 弧焊; 冲压; 毛坯精度中等,加工余量中等	型材剪切; 金属模机器造型; 模锻生产线; 压焊、弧焊生产线; 多工位冲压、冲压生产线; 毛坯精度高,加工余量小
机床设备	通用机床	部分通用机床和部分专用机床	广泛采用高生产率的专用机床及自动机床
工艺装备	通用夹具、刀具及量具,靠划线及试切法达到精度要求	较多采用夹具、专用刀具及专用量具,部分靠找正装夹达到精度要求	广泛采用高生产率的专用夹具、刀具和量具,用调整法达到精度要求
对工人的要求	高	一般	对操作工人要求较低,对调整工人要求较高
工艺规程	有简单的加工工艺过程卡	有详细的工艺过程卡及部分关键工序的工艺卡	有详细的工艺过程卡和工艺卡

随着技术的进步和市场需求的变换,生产类型的划分正在发生深刻的变化,传统大批量生产往往不能适应产品及时更新换代的需要,而单件小批生产的生产能力又不能跟上市场需求,因此各种生产类型都朝着柔性化的方向发展,多品种中小批量的生产方式成为当今社会主流。随着"工业4.0"时代的到来,未来将趋于个性化生产,人人都是创客。

5.3　机械加工工艺规程的作用及制定

5.3.1　机械加工工艺规程的作用

1.工艺规程是生产准备工作的依据

在新产品投入生产以前,必须根据工艺规程进行有关的技术准备和生产准备工作。例如,原材料及毛坯的供给,工艺装备(刀具、夹具、量具)的设计、制造及采购,机床负荷的调整,作业计划的编排,劳动力的配备等。

2.工艺规程是组织生产的指导性文件

生产的计划和调度、工人的操作、质量的检查等都是以工艺规程为依据的。按照它进行生产,就有利于稳定生产秩序,保证产品质量,获得较高的生产率和较好的经济性。

3.工艺规程是新建和扩建工厂(或车间)时的原始资料

根据生产纲领和工艺规程可以确定生产所需的机床和其他设备的种类、规格和数量,车间面积,生产工人的工种、等级及数量,投资预算及辅助部门的安排等。

4.便于积累、交流和推广行之有效的生产经验

已有的工艺规程可供以后制定类似零件的工艺规程时做参考,以减少制定工艺规程的时间和工作量,也有利于提高工艺技术水平。

5.3.2　机械加工工艺规程的制定

1.机械加工工艺规程的设计原则

(1)确保加工质量,可靠地达到产品图样所提出的全部技术条件。

(2)提高生产率,保证按期完成并力争超额完成生产任务。

(3)减少人力和物力的消耗,降低生产成本。

(4)尽量降低工人的劳动强度,使操作工人有安全、良好的工作条件。

2.机械加工工艺规程的制定步骤和内容

(1)分析产品的装配图和零件图

①熟悉产品的性能、用途、工作条件　明确各零件的相互装配位置及作用,了解及研究各项技术条件制定的依据,找出主要技术要求和关键技术问题等。

②对装配图和零件图进行工艺审查

● 审查图样的完整性和正确性　审查是否有足够的视图,尺寸、公差和技术要求是否标注齐全等。若有错误或遗漏,应提出修改意见。

● 审查零件技术要求的合理性　审查加工表面的尺寸精度、几何精度、各加工表面之间相互的位置精度、表面粗糙度、热处理等是否合理,在现有的生产条件下能否达到,需要采取何种工艺措施,过高的精度、过小的表面粗糙度要求和其他过严的技术要求会使工艺过程复杂、加工困难。

● 审查零件的结构工艺性　审查零件的结构工艺性是否合理。

(2)选择毛坯

根据机械加工产品选择适当的毛坯。

(3)拟定工艺路线

工艺路线的拟定是制定工艺规程的总体布局,包括选择定位基准,确定加工方法,划分

加工阶段,决定工序的集中与分散,安排加工顺序、热处理、检验及其他辅助工序(去毛刺、倒角等)。它不但影响加工的质量和效率,而且影响工人的劳动强度、设备投资、车间面积、生产成本等。

因此,拟定工艺路线是制定工艺规程的关键性一步,必须在充分调查研究的基础上,提出工艺方案,并加以分析比较,最终确定一个最经济合理的方案。

(4)确定各工序所采用的设备

根据工艺路线,确定各工序所采用的设备。

(5)确定各工序所采用的工艺装备

根据工艺路线,选择各工序所采用的工艺装备。

(6)确定各主要工序的技术要求及检验方法

根据机械加工工艺,确定各主要工序的技术要求及检验方法。

(7)确定各工序的加工余量、工序尺寸和公差

根据机械加工工艺,确定各工序的加工余量、工序尺寸和公差。

(8)确定切削用量

正确选择切削用量对保证加工质量、提高生产率、降低刀具的损耗和工艺成本都有重大意义。

在单件小批生产中,为了简化工艺文件及生产管理,常不规定具体的切削用量,由操作工人结合具体生产情况来确定。在大批大量生产中,对自动机床、仿形机床、组合机床以及加工质量要求很高的工序,应科学、严格地选择切削用量,以保证生产节拍和加工质量。

(9)确定工时定额

工时定额主要按生产实践统计资料来确定。对于流水线和自动线,由于具有规定的切削用量,工时定额可以部分通过计算得出。

(10)技术经济分析

根据机械加工工艺,进行技术经济分析。

(11)填写工艺文件

根据机械加工工艺执行情况,填写相关工艺文件。

5.3.3 零件的结构工艺性及毛坯选择

1.零件的结构工艺性

零件的结构工艺性对加工工艺过程的影响很大,若零件的应用性能完全相同而结构不同,则其加工方法及制造成本会有很大差别。对零件进行结构分析时,应考虑以下方面:

(1)零件尺寸要合理

①尺寸规格尽量标准化 在设计零件时,要尽量使结构要素的尺寸标准化,这样可以简化工艺装备,减少工艺准备工作。例如零件上的螺钉孔、定位孔、退刀槽等的尺寸应尽量符合标准,便于采用标准钻头、铰刀、丝锥和量具等。

②尺寸标注要合理 可尽量使设计基准与工艺基准重合,并符合尺寸链最短原则,使零件在被加工过程中,能直接保证各尺寸精度要求,并保证装配时累计误差最小;零件的尺寸标注不应封闭;应避免从一个加工面确定几个非加工表面的位置,如图5-3(a)所示;不要在轴线、锐边、假想平面或中心线等难以测量的基准上标注尺寸,如图5-3(b)所示。

a
e
c
a
c
e
(a)
(b)

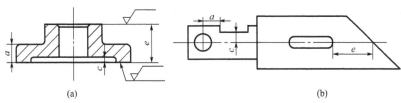

图 5-3 尺寸标注不正确示例

(2)零件结构要合理

①零件结构应便于加工 一个零件上的两相邻表面间应留有退刀槽和让刀孔，以便在加工中进刀和退刀；否则无法加工，如图 5-4 所示。

应使刀具顺利地接近待加工表面，如图 5-5 所示。

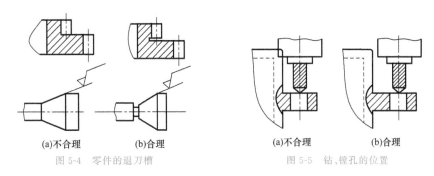

(a)不合理
(b)合理

图 5-4 零件的退刀槽

(a)不合理
(b)合理

图 5-5 钻、镗孔的位置

钻孔表面应与孔的轴线垂直，否则会引起两边切削力不相等，致使钻孔轴线倾斜或打断钻头，设计时应尽量避免钻孔表面是斜面或圆弧面，如图 5-6 所示。

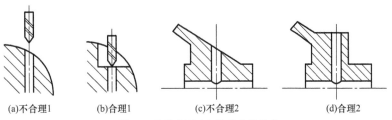

(a)不合理1
(b)合理1
(c)不合理2
(d)合理2

图 5-6 钻孔表面应与孔的轴线垂直

零件外表面比内表面的加工方便、容易，应尽量将加工表面放在零件外部。当不能把内表面加工转化为外表面加工时，应简化内表面形状，如图 5-7 所示。

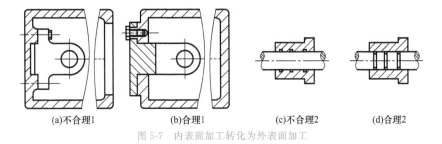

(a)不合理1
(b)合理1
(c)不合理2
(d)合理2

图 5-7 内表面加工转化为外表面加工

配合面的数目要尽量少,这样可降低零件精度,制造容易,装配方便,如图 5-8 所示。

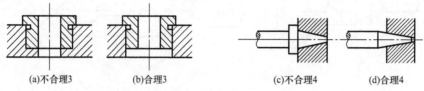

(a)不合理3　　　　(b)合理3　　　　　(c)不合理4　　　(d)合理4

图 5-8　减少配合面的数目

减小零件的加工表面面积,这样可降低刀具消耗,减少装配时的修配工作量,并能保证配合表面接触良好,如图 5-9 所示。

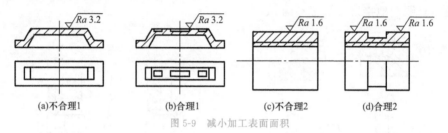

(a)不合理1　　　　(b)合理1　　　　(c)不合理2　　　(d)合理2

图 5-9　减小加工表面面积

减少加工的安装次数。如零件加工表面应尽量分布在相互平行或相互垂直的表面上,次要表面应尽可能分布在主要表面的相同方向上,以便加工主要表面时,将次要表面也同时加工出来;孔端的加工表面应为圆形凸台或止口,以便在加工孔时,同时将凸台或止口刮出来,如图 5-10 所示。

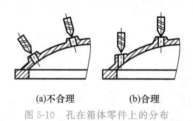

(a)不合理　　　　(b)合理

图 5-10　孔在箱体零件上的分布

加工箱体时,同一轴线上的孔应沿孔的轴线递减,以便使镗杆从一端穿入,同时加工各孔,减少零件加工的安装次数,从而获得较高的同轴度,如图 5-11 所示。

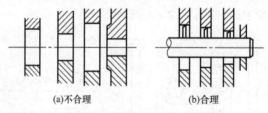

(a)不合理　　　　(b)合理

图 5-11　箱体孔径尺寸分布

②零件结构应便于度量　零件结构应考虑能尽量使用通用量具,方便地进行测量。如锥孔两端应具有圆柱面,花键采用偶数等,如图 5-12 所示。

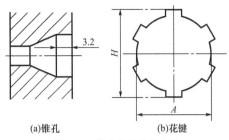

(a)锥孔　　　(b)花键

图 5-12　锥孔和花键的度量

③零件结构应有足够的刚度　若刚度低,则切削力、夹紧力、温度差、内应力都会引起被加工零件的变形,加工质量不容易控制。可增设加强筋或改变结构,如图 5-13(a)所示齿轮,当多件加工外圆及齿形时,安装刚度很差,空程大,生产率低,改成图 5-13(b)所示的结构可避免这些不足。

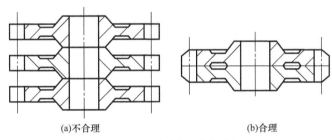

(a)不合理　　　(b)合理

图 5-13　提高齿轮的安装刚度

2.毛坯选择

机械加工常用的毛坯有铸件、锻件、型材件、焊接件等。选用时应考虑以下因素:

(1)零件的材料及其力学性能

当零件材料为铸铁和青铜时,采用铸件;当零件材料为钢材、形状不复杂而力学性能要求较高时,采用锻件;当力学性能要求不高时,常用棒料。

(2)零件的结构形状和尺寸

大型零件一般用自由锻件或砂型铸件,中小型零件可用模锻件或特种铸件;阶梯轴零件各台阶直径相差不大时可用棒料,相差较大时则可用锻件。

(3)生产类型

在大批大量生产时应采用较多专用设备和工具制造毛坯,如金属模机器造型的铸件、模锻或精密锻造的毛坯;在单件小批生产时一般采用通用设备和工具制造的毛坯,如自由锻件、木模砂型铸件;也可使用焊接的方法制作大件毛坯。

(4)车间的生产能力

应结合车间的生产能力合理选择毛坯。

(5)充分注意应用新工艺、新技术、新材料

目前,少、无切屑加工如精密铸造、精密锻造、冷轧、冷挤压、粉末冶金、异型钢材、工程塑料等都在迅速推广。采用这些方法制造的毛坯,只要经过少量的机械加工,甚至不需要加工,即可使用。

5.4 机械加工的工艺过程设计

5.4.1 机械加工工艺文件

工艺过程制定以后,要以表格(卡片)的形式确定下来,成为生产准备和机械加工依据的工艺文件。表 5-5、表 5-6 和表 5-7 分别是机械加工工艺过程卡、机械加工工艺卡和机械加工工序卡示例。

表 5-5   机械加工工艺过程卡

(厂名)	机械加工工艺过程卡	产品型号		零(部)件图号			
		产品名称		零(部)件名称		共 页	第 页
材料牌号		毛坯种类		毛坯外形尺寸		每毛坯可制件数		每件台数	备注

工序号	工序名称	工序内容	车间	工段	设备	工艺装备	工时 准终	单件
描图								
描校								
底图号								
装订号								

					设计(日期)	审核(日期)	标准化(日期)	会签(日期)
标记	处数	更改文件号	签字	日期	处数	更改文件号	签字	日期				

表 5-6   机械加工工艺卡

(厂名)	机械加工工艺卡	产品型号		零(部)件图号			
		产品名称		零(部)件名称		共 页	第 页
材料牌号		毛坯种类		毛坯外形尺寸		每毛坯可制件数	每台件数	备注

工序	装夹	工步	工序内容	同时加工零件数	切削用量				设备名称及编号	工艺装备名称及编号			技术等级	工时	
					背吃刀量/mm	切削速度/(m·min⁻¹)	每分钟转数或往复次数	进给量/mm(或 mm/双行程)		夹具	刀具	量具		准终	单件
								设计(日期)	审核(日期)	标准化(日期)	会签(日期)			
标记	处数	更改文件号	签字	日期	处数	更改文件号	签字	日期							

表 5-7　　　　　　　　　　　　　　机械加工工序卡

(厂名)	机械加工工序卡		产品型号		零件图号		第（　）页		
			产品名称		零件名称		共（　）页		
（工序简图）			车间	工序号	工序名称		材料编号		
			毛坯种类	毛坯外形尺寸	每批件数		每台件数		
			设备名称	设备型号	设备编号		同时加工件数		
			夹具编号	夹具名称	切削液		单件时间	准终时间	
			更改内容						
工步号	工步内容	工艺装备	主轴转数/(r·min⁻¹)	切削速度/(m·min⁻¹)	进给量/(mm·r⁻¹)	背吃刀量/mm	进给次数	工时定额 机动	单件
编制	抄写		校对		审核	批准			

5.4.2　定位基准的选择

在最初的零件加工工序中,只能选用毛坯的表面进行定位,这种定位基准称为粗基准。在以后各工序的加工中,可以采用已经加工过的表面进行定位,这种定位基准称为精基准。粗、精基准用途不同,在选择时所考虑的侧重点也不同。

1.粗基准的选择原则

在选择粗基准时,考虑的重点是如何保证各加工表面有足够的余量,以及保证不加工表面与加工表面间的尺寸、位置符合零件图样的设计要求。粗基准的选择原则如下:

(1)重要表面余量均匀原则

必须首先保证工件重要表面具有较小而均匀的加工余量,应选择该表面作为粗基准。

例如,车床导轨面的加工,由于导轨面是车床床身的主要表面,精度要求高,希望在加工时切去较小而均匀的加工余量,使表面保留均匀的金相组织,具有较高而一致的物理力学性能,也可提高导轨的耐磨性。因此,应先以导轨面为粗基准,加工床腿的底平面,如图 5-14(a)所示;再以床腿的底平面为精基准加工导轨面,如图 5-14(b)所示。

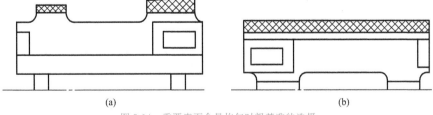

(a)　　　　　　　　　　　　　(b)

图 5-14　重要表面余量均匀时粗基准的选择

(2)工件表面间相互位置要求原则

必须保证工件上加工表面与不加工表面之间的相互位置要求,应以不加工表面为粗基准。如果在工件上有很多不加工的表面,则应以其中与加工表面相互位置要求较高的不加工表面为粗基准,以求壁厚均匀、外形对称等。

如图 5-15 所示的零件,外圆是不加工表面,内孔为加工表面,若选用需要加工的内孔作为粗基准,可保证所切去的余量均匀,但零件壁厚不均匀,如图 5-15(a)所示,不能保证内孔与外圆的位置精度。因此,可以选择不需要加工的外圆表面作为粗基准来加工内孔,如图 5-15(b)所示。又如图 5-16 所示的拨杆,加工 $\phi 22 H8$ 孔时,因其为装配表面,应保证壁厚均匀,即要求与 $\phi 45$ mm 外圆同轴,因此应选择 $\phi 45$ mm 外圆作为粗基准。

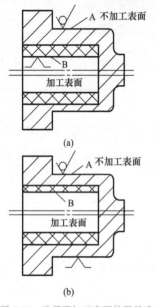

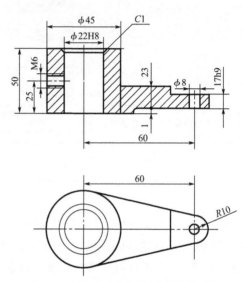

图 5-15　选择不加工表面做粗基准　　　　图 5-16　不加工表面较多时粗基准的选择

(3)余量足够原则

如果零件上各个表面均需加工,则以加工余量最小的表面为粗基准。

如图 5-17 所示的阶梯轴,$\phi 100$ mm 外圆的加工余量比 $\phi 50$ mm 外圆的加工余量小,所以应选择 $\phi 100$ mm 外圆为粗基准加工出 $\phi 50$ mm 外圆,然后再以已加工的 $\phi 50$ mm 外圆为精基准加工出 $\phi 100$ mm 外圆,这样可保证在加工 $\phi 100$ mm 外圆时有足够的加工余量。如果以毛坯的 $\phi 58$ mm 外圆为粗基准,由于有 3 mm 的偏心,则可能因加工余量不足而使工件报废。

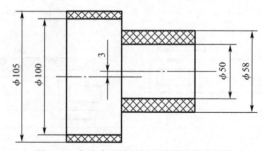

图 5-17　各个表面均需加工时粗基准的选择

(4)定位可靠性原则

作为粗基准的表面,应选用比较可靠、平整光洁的表面,以使定位准确、夹紧可靠。

在铸件上不应该选择有浇冒口的表面、分型面、有飞翅或夹砂的表面作为粗基准;在锻件上不应该选择有飞边的表面作为粗基准。若工件上没有合适的表面作为粗基准,可以先铸出或焊上几个凸台,以后再去掉。

(5)不重复使用原则

粗基准的定位精度低,在同一尺寸方向上只允许使用一次,不能重复使用,否则定位误差太大。

2.精基准的选择原则

在选择精基准时,考虑的重点是如何减小误差,保证加工精度和安装方便。精基准的选择原则如下:

(1)基准重合原则

应尽可能选用零件设计基准作为定位基准,以避免产生基准不重合误差。

如图 5-18(a)所示,零件的 A 面、B 面均已加工完毕,钻孔时若选择 B 面作为精基准,则定位基准与设计基准重合,尺寸 30±0.15 mm 可以直接保证,其加工误差易于控制,如图 5-18(b)所示;若选择 A 面作为精基准,则尺寸 30±0.15 mm 是间接保证的,产生基准不重合误差。影响尺寸精度的因素除与本道工序钻孔有关的加工误差外,还有与前道工序加工 B 面有关的加工误差,如图 5-18(c)所示。

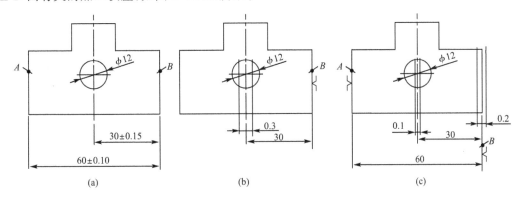

图 5-18　基准重合原则

(2)统一基准原则

应尽可能选用统一的精基准定位加工各表面,以保证各表面之间的相互位置精度。

例如,当车床主轴采用中心孔时,不但能在一次装夹中加工大多数表面,而且保证了各级外圆表面的同轴度要求以及端面与轴线的垂直度要求。

采用统一基准的好处在于:可以在一次安装中加工几个表面,减少安装次数和安装误差,有利于保证各加工表面之间的相互位置精度;有关工序所采用的夹具结构比较统一,简化夹具设计和制造,缩短生产准备时间;当产量较大时,便于采用高效率的专用设备,大幅度地提高生产率。

(3)自为基准原则

有些精加工或光整加工工序要求加工余量小而均匀,应选择加工表面本身作为精基准。

例如,在活塞销孔的精加工工序中,精镗销孔和滚压销孔都是以销孔本身作为精基准的。此外,无心磨、珩磨、铰孔及浮动镗等都是自为基准的例子。

(4)互为基准反复加工原则

有些相互位置精度要求比较高的表面,可以采用互为基准反复加工的方法来保证。

例如,内、外圆表面同轴度要求比较高的轴、套类零件,先以内孔定位加工外圆,再以外圆定位加工内孔,如此反复。这样,作为定位基准的表面的精度越来越高,而且加工表面的相互位置精度也越来越高,最终可达到较高的同轴度。

（5）定位可靠原则

精基准应平整光洁,具有相应的精度,确保定位简单准确、便于安装、夹紧可靠。

如果工件上没有能作为精基准选用的恰当表面,可以在工件上专门加工出定位基面,这种精基准称为辅助基准。辅助基准在零件的工作中不起任何作用,它仅仅是为加工的需要而设置的。例如,轴类零件加工用的中心孔、箱体零件上的定位销孔等。

基准的选择原则是从生产实践中总结出来的,必须结合具体的生产条件、生产类型、加工要求等来分析和运用这些原则,甚至有时为了保证加工精度,在实现某些定位原则的同时可能放弃另外一些原则。

5.4.3 零件表面加工方法的选择

机械零件一般都是由一些简单的几何表面（如外圆、内孔、平面或成形表面等）组合而成的,而每一表面达到同样质量要求的加工方法可以有多种,因此在选择各表面的加工方法时,要综合考虑各方面工艺因素的影响。

1.加工表面本身的加工要求

根据每个加工表面的技术要求和各种加工方法及其组合后所能达到的加工经济精度和表面粗糙度,确定加工方法及加工方案。

所谓加工经济精度和表面粗糙度,是指在正常加工条件下（采用符合质量标准的设备、工艺装备和标准技术等级的工人,不延长加工时间）所能保证的加工精度和表面粗糙度。具体条件不同,工艺水平不同,同一种加工方法所能达到的加工经济精度和表面粗糙度也不一样,详见附录 A。

2.被加工材料的性能

被加工材料的性能不同,加工方法也不一样。如非铁金属磨削困难,一般采用金刚镗或高速精密车削的方法进行加工;淬火钢应采用磨削的方法加工。

3.生产类型

在大批大量生产中,可采用高效专用机床和工艺装备,如平面和内孔可用拉削加工;轴类零件可采用半自动液压仿形车床加工等。甚至可以从根本上改变毛坯的制造方法,如用粉末冶金制造油泵齿轮,或用石蜡铸造制造柴油机上的小尺寸零件等,可以大大减少切削加工的工作量。在单件小批生产中,可采用通用设备、通用工艺装备及一般的加工方法。

4.本厂（或本车间）的现有设备情况及技术条件

应该充分利用现有设备,挖掘企业潜力,发挥工人的积极性和创造性。同时,也应考虑不断改进现有加工方法和设备,推广新技术,提高工艺水平以及平衡设备负荷。

此外,选择加工方法还应考虑一些其他因素,如工件的形状和质量以及加工表面的物理力学性能的特殊要求等。

5.4.4 加工顺序的安排

一个复杂零件的加工过程不外乎有下列几类工序:机械加工工序、热处理工序、辅助工序等。

1. 机械加工工序

（1）先基面后其他表面

加工一开始，总是先安排精基面的加工，然后以精基面定位加工其他表面。如果精基面不止一个，则应按照基面转换的顺序和逐步提高加工精度的原则来安排基面和主要表面的加工。

（2）先粗后精

先安排粗加工，中间安排半精加工，最后安排精加工和光整加工。

（3）先主后次

先安排主要表面的加工，后安排次要表面的加工。

主要表面是指装配基面、工作表面等；次要表面是指非工作表面（如紧固用的光孔和螺孔等）。因次要表面的加工余量较小，且往往与主要表面有位置度的要求，因此一般应安排在主要表面达到一定精度（如半精加工）之后、最后精加工或光整加工之前进行。

（4）先面后孔

先加工平面，后加工内孔。平面一般较大，轮廓平整，先加工面便于加工孔时定位安装，有利于保证孔与平面间的位置精度。

2. 热处理工序

热处理是用来改善材料的性能及消除内应力的。热处理工序在工艺路线中的安排，主要取决于零件的材料和热处理的目的及要求。

（1）预备热处理

预备热处理安排在机械加工之前，以改善切削性能、消除毛坯制造时的内应力为主要目的。例如，对于碳的质量分数超过 0.5% 的碳钢，一般采用退火工艺，以降低硬度；对于碳的质量分数小于 0.5% 的碳钢，一般采用正火工艺，以提高材料的硬度，使切削时切屑不粘刀，表面较光滑。通过调质可使零件获得细密均匀的回火索氏体组织，也用作预备热处理。

（2）最终热处理

最终热处理安排在半精加工以后和磨削加工之前（有氮化处理时，应安排在精磨之后），主要用于提高材料的强度和硬度，如淬火、渗碳淬火。由于淬火后材料的塑性和韧性很差，有很大的内应力，易于开裂，组织不稳定，材料的性能和尺寸要发生变化等，所以淬火后必须进行回火。调质处理能使钢材既获得一定的强度、硬度，又有良好的冲击韧性等综合力学性能，又常作为最终热处理。

（3）去除应力处理

最好安排在粗加工之后、精加工之前，如人工时效、退火。但是为了避免过多的运输工作量，对于精度要求不太高的零件，一般把去除内应力的人工时效和退火放在毛坯进入机械加工车间之前进行。但是，对于精度要求特别高的零件（例如精密丝杠），在粗加工和半精加工过程中，要经过多次去除内应力退火，在粗、精加工过程中，还要经过多次人工时效。

此外，为了提高零件的耐蚀性、耐磨性、抗高温能力和导电率等，一般都需要进行表面处理（如镀铬、锌、镍、铜以及钢的发蓝等）。表面处理工序大多数应安排在工艺过程的最后。

3. 辅助工序

辅助工序包括工件的检验、去毛刺、去磁、清洗和涂防锈漆等。其中检验工序是主要辅助工序，它是监控产品质量的主要措施，除了各工序操作工人自行检验外，还必须在下列情况下安排单独的检验工序：

（1）粗加工阶段结束之后。

（2）重要工序之后。

（3）送往外车间加工的前后，特别是热处理前后。

（4）特种性能（磁力探伤、密封性等）检验之前。

除检验工序外，其余的辅助工序也不能忽视，如缺少或要求不严，将对装配工作带来困难，甚至使机器不能使用。例如，未去净的毛刺或锐边，将使零件不能顺利地进行装配，并危及工人的安全；润滑油道中未去净的金属屑，将影响机器的运行，甚至损坏机器。

5.4.5　工序集中与分散

工序集中与工序分散是拟定工艺路线的两个原则。工序分散是将零件各个表面的加工分得很细，工序多，工艺路线长，而每道工序所包含的加工内容却很少。工序集中则相反，零件的加工只集中在少数几道工序里完成，而每道工序所包含的加工内容却很多。

1.工序集中的特点

（1）便于采用高效专用机床和工艺装备，生产率高。

（2）减少了设备数量，相应地减少了操作工人和生产面积。

（3）减少了工序数目，减少了运输工作量，简化了生产计划工作，缩短了生产周期。

（4）减少了工件安装次数，不仅有利于提高生产率，而且由于在一次安装中加工许多表面，也易于保证它们之间的相互位置精度。

（5）因为采用的专用机床和专用工艺装备数量多而复杂，所以机床和工艺装备的调整、维修较困难，生产准备工作量很大。

2.工序分散的特点

（1）采用比较简单的机床和工艺装备，调整容易。

（2）工序内容简单，有利于选择合理的切削用量，也有利于平衡工序时间，组织流水生产。

（3）生产准备工作量小，容易适应产品更换。

（4）对操作工人的技术要求低，或只需经过较短时间的训练。

（5）设备数量多，操作工人多，生产面积大。

在生产中，必须根据生产类型、零件的结构特点和技术要求、机床设备、工人的技术水平等具体生产条件，进行综合分析，以便决定是按工序集中还是工序分散来拟定工艺路线。

在一般情况下，单件小批生产中为简化生产计划工作，采用工序集中原则，但多应用普通机床；在大批大量生产中工序既可以集中，也可以分散。但从生产技术发展的要求来看，一般趋向于采用工序集中的原则来组织生产；在成批生产中，应尽可能采用多刀半自动车床、转塔车床等效率较高的机床使工序集中。工序分散主要用于缺乏专用设备的企业，在大批大量生产中利用原有普通机床组织流水生产线。

5.4.6　加工阶段的划分及目的

1.加工阶段的划分

零件的加工质量要求较高时，往往不可能在同一道工序中加工完成，所以常把整个工艺过程划分为几个阶段。

（1）粗加工阶段

在这一阶段中，切除大量的加工余量，使毛坯在形状和尺寸上尽快接近成品，为半精加工提供基准，其主要问题是如何获得高的生产率。

（2）半精加工阶段

在这一阶段中，应为主要表面的精加工做好准备，并完成一些次要表面的加工。

（3）精加工阶段

保证各主要表面达到或基本达到（精密件）图样规定的质量要求。

（4）光整加工阶段

对于精度要求很高、表面粗糙度数值要求很小的零件，还要有专门的光整加工阶段。光整加工阶段以提高加工的尺寸精度和减小表面粗精度值为主，一般不用以纠正形状偏差和位置偏差。

有时，由于毛坯余量特别大，表面特别粗糙，在粗加工前还要有去皮加工阶段，称为荒加工阶段。为了及早发现毛坯缺陷以及减少运输工作量，常把荒加工放在毛坯准备车间进行。

2.划分加工阶段的目的

（1）利于保证加工质量

粗加工阶段中切除较多的加工余量，产生的切削力和切削热都较大，因而工艺系统受力变形、受热变形及工件内应力变形较大，不可能达到高的加工精度和表面质量。因此，需要在后续阶段逐步减少加工余量，来逐步修正工件的变形。同时，各加工阶段之间的时间间隔相当于自然时效，有利于消除工件的内应力，使工件有变形的时间，以便在后续工序中加以修正，从而保证零件的加工质量。

（2）便于合理使用机床

粗加工时可采用功率大、精度低的高效率机床；精加工时可采用相应的精加工机床，这样，不但发挥了机床各自的性能特点，也延长了高精度机床的使用寿命。

（3）便于安排热处理工序

为了在机械加工工序中插入必要的热处理工序，同时使热处理发挥充分的效果，可将机械加工工艺过程划分为几个阶段，并且每个阶段各有其特点及应达到的目的。如在精密主轴加工中，在粗加工后进行去应力时效处理，在半精加工后进行淬火，在精加工后进行冷却处理及低温回火，最后再进行光整加工。

此外，划分加工阶段可带来两个有利条件：

①粗加工各表面后可及早发现毛坯的缺陷，及时报废或修补，以免继续进行精加工而浪费工时和制造费用。

②精加工工序安排在最后，可保护精加工后的表面少受损伤或不受损伤。

上述阶段的划分并不是绝对的。当加工质量要求不高、工件的刚度足够、毛坯质量高、加工余量小时，可不划分加工阶段，如在自动机床上加工零件。另外，有些重型零件，由于安装、运输既费时又困难，常不划分加工阶段，在一次装夹下完成全部粗加工和精加工；或在精加工后松开夹紧，消除夹紧变形，然后再用较小的夹紧力重新夹紧，进行精加工，这样有利于保证重型零件的加工质量。但是对于精度要求高的重型零件，仍要划分加工阶段，并插入时效、去除内应力处理。这需要根据具体情况来决定。

5.5 机械加工的工序设计

5.5.1 机床和工艺装备的选择

1.机床的选择原则

(1)机床的加工尺寸范围应尽量与零件外形尺寸相匹配。

(2)机床的精度应与工序要求的加工精度相匹配。机床精度过低,则不能满足零件加工精度的要求;机床精度过高,则不仅浪费也不利于保护机床精度。当加工高精度零件而又缺乏精密机床时,可通过旧机床改装以及一定的工艺措施来实现。

(3)机床的生产率应与零件的生产类型相匹配。一般单件小批生产选择通用机床,大批大量生产选择高生产率专用机床。

(4)机床的选择应与现有设备条件相匹配。工序设计应考虑工厂现有设备的类型、规格及精度状况,设备负荷的平衡状况及设备的分布排列情况等。

2.工艺装备的选择原则

工艺装备主要指夹具、刀具、量具和辅具等。

(1)夹具的选择

在单件小批生产中应尽量选用通用夹具,有时为了保证加工质量和提高生产率,可选用组合夹具;在大批大量生产中应选用高生产率的专用夹具。

(2)刀具的选择

刀具的选择主要取决于工序所采用的加工方法、加工表面的尺寸、工件材料、加工精度、生产率和经济性。一般情况下选用标准刀具,必要时可选用高生产率的复合刀具和其他一些专用刀具。

(3)量具的选择

量具的选择主要取决于生产类型和所要检验的精度。在单件小批生产中应尽量选用通用量具;在大批大量生产中应选用各种规格和高生产率的专用量具。

(4)辅具的选择

工艺装备中也要注意辅具的选择,如吊装用的吊车、运输用的叉车和运输小车、各种机床附件、刀架、平台和刀库等,以便于生产的组织管理,提高生产率。

5.5.2 加工余量与工序尺寸及公差的确定

1.加工余量的确定

在切削加工时,为了保证零件的加工质量,从某加工表面上所必须切除的金属层厚度,称为加工余量。加工余量分为加工总余量和工序余量两种。

在由毛坯加工成成品的过程中,毛坯尺寸与成品零件间的设计尺寸之差,称为加工总余量(毛坯余量),即某加工表面上切除的金属层总厚度。

完成一道工序时,从某一表面上所必须切除的金属层厚度,称为该工序的工序余量,即上道工序的工序尺寸与本道工序的工序尺寸之差。对于外圆和孔等旋转表面而言,加工余量是从直径上考虑的,故称为对称余量(双边余量),但实际所切除的金属层厚度是直径上的加工余量之半。加工平面时,加工余量是非对称的单边余量,它等于实际所切除的金属层厚度。各道工序的工序余量之和等于这一表面的加工总余量。

任何加工方法加工后的尺寸都会有一定的误差,因而毛坯和各工序尺寸都有公差,加工余量也就是变化的,因此加工余量可分为公称余量、最小余量和最大余量。

工序尺寸的公差按各种加工方法的经济精度选定,并规定在工件的"入体"(指向工件材料体内)方向,即对于被包容面(如轴、键宽等),工序尺寸公差带都取上极限偏差为零。即加工后的公称尺寸与上极限尺寸相等;对于包容面(如孔、键槽宽等),工序尺寸公差带都取下极限偏差为零,即加工后的公称尺寸与下极限尺寸相等。孔距工序尺寸公差一般按对称偏差标注。毛坯尺寸公差可取对称偏差,也可为非对称偏差。

根据此规定,可作出加工余量及其工序尺寸公差的关系图,如图 5-19 所示。

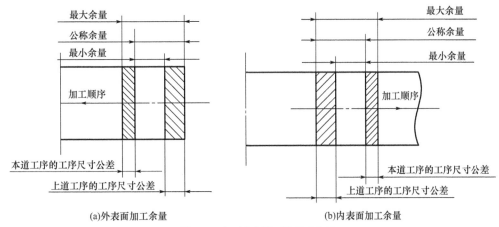

(a)外表面加工余量　　　　(b)内表面加工余量

图 5-19　加工余量及工序尺寸公差

加工总余量的大小对制定工艺过程有一定的影响。加工总余量不够,不能保证加工质量;加工总余量过大,不但增加了机械加工的劳动量,而且也增加了材料、刀具、电力等的成本消耗。

加工总余量的数值,一般与毛坯的制造精度有关。同样的毛坯制造方法,加工总余量的大小又与生产类型有关,批量大,加工总余量就可小些。由于粗加工的工序余量的变化范围很大,半精加工和精加工的加工余量较小,所以在一般情况下,加工总余量总是足够分配的。但是在个别余量分布极不均匀的情况下,也可能导致毛坯上有缺陷的表面层都切削不掉,甚至留下了毛坯表面。

对于工序余量,目前一般采用经验估计的方法,或按照技术手册等资料推荐的数据为基础,并结合生产实际情况确定其数值。对于一些精加工工序(例如磨削、研磨、珩磨、金刚镗等),有一最合适的加工余量范围。加工余量过大,会使精加工工时过大,甚至不能达到精加工的目的(破坏了精度和表面质量);加工余量过小,会使工件的某些部位加工不出来。此外,精加工的工序余量不均匀,还会影响加工精度。所以,对于精加工工序的工序余量的大小和均匀性必须予以保证。

2.工序尺寸的确定

对于简单的工序尺寸,在决定了各工序余量及其所能达到的经济精度之后,就可计算各工序尺寸及其公差,其计算方法采用"逆推法",即由最后一道工序开始逐步往前推算。

例如,图 5-20 所示零件的毛坯为一般精度的热轧圆钢,在中批生产条件下,其 $\phi42g6$ 外圆表面的加工路线为：粗车→半精车→粗磨→精磨。

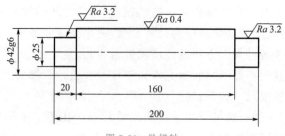

图 5-20 阶梯轴

(1)确定各工序的余量

查附录表 1～表 4，各工序余量分别为：精磨为 0.1 mm；粗磨为 0.3 mm；半精车为 1.3 mm；粗车为 2.0 mm；则加工总余量为 3.7 mm。

(2)计算各工序公称尺寸

精磨后：$\phi 42$ mm；粗磨后 $\phi 42.1$ mm；半精车后：$\phi 42.4$ mm；粗车后 $\phi 43.7$ mm；毛坯 $\phi 45.7$ mm。

(3)确定各工序的尺寸公差

由各工序所采用的加工方法的经济精度及有关公差按附录 A 中各表查出，并按"入体原则"标注。精磨：表面粗糙度为 Ra 0.4 μm；粗磨，表面粗糙度为 Ra 1.25 μm；半精车，表面粗糙度为 Ra 3.2 μm；粗车，表面粗糙度为 Ra 12.5 μm；毛坯。

对于复杂零件的工艺过程，或零件在加工过程中需要多次转换工艺基准，或工艺尺寸从尚需继续加工的表面标注时，工艺尺寸及其公差的计算就比较复杂，这时需利用工艺尺寸链进行分析计算。

5.5.3 工艺尺寸链

1.概述

在产品的设计与制造中，需要确定零件各表面及零部件装配的相互位置时经常遇到有关尺寸精度的分析、计算问题，对此需要运用尺寸链原理进行分析、计算。

尺寸链是指由相互联系的、按一定顺序排列的封闭尺寸组。

按照功能的不同，尺寸链可分为工艺尺寸链和装配尺寸链两大类。在零件的加工过程中，由有关工序尺寸组成的尺寸链称为工艺尺寸链。装配尺寸链详见第 7 章。按照各尺寸相互位置的不同，尺寸链可分为直线尺寸链、平面尺寸链和空间尺寸链。按照各尺寸所代表的几何量的不同，尺寸链可分为长度尺寸链和角度尺寸链。下面以应用最多的直线尺寸链来说明工艺尺寸链的有关问题。

(1)尺寸链的内涵和特征

如图 5-21(a)所示的零件，当尺寸 A_1、A_2 由加工保证后，尺寸 A_0 随尺寸 A_1、A_2 的确定而确定。这样，A_1、A_2 及 A_0 三个尺寸就构成一个封闭的尺寸组合，由于 A_0 是被间接保证的，所以其精度将取决于尺寸 A_1、A_2 的加工精度。

把尺寸链中的尺寸按一定顺序首尾相接构成的封闭图形称为尺寸链图，如图 5-21(b)所示。

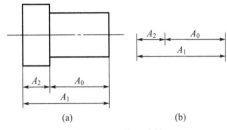

图 5-21　工艺尺寸链

由此可见,尺寸链的主要特征是:

①封闭性　尺寸链是一组有关尺寸首尾相接构成封闭形式的尺寸。其中应包含一个间接保证的尺寸和若干对此有影响的直接获得的尺寸。

②关联性　尺寸链中间接保证的尺寸的大小和变化(精度)是受那些直接获得的尺寸的精度所支配的,彼此间具有特定的函数关系,并且间接保证的尺寸的精度必然低于直接获得的尺寸精度。

(2)尺寸链的组成和尺寸链图的作法

组成尺寸链的各个尺寸称为尺寸链的“环”。图 5-21 中的尺寸 A_1、A_2 和 A_0 都是尺寸链的环。这些环又可分为:

①封闭环　根据尺寸链的封闭性,封闭环是最终被间接保证精度的那个环。图 5-21 中 A_0 就是封闭环。尺寸链的封闭环由零件的加工工艺过程所决定。

②组成环　除封闭环以外的其他环,都称为组成环。按其对封闭环的影响性质,组成环分为增环和减环。

● 增环　当其余各组成环不变时,凡因其增大(或减小)而封闭环也相应增大(或减小)的组成环称为增环,图 5-21 中的尺寸 A_1 就是增环。为明确起见,可加标一个正向箭头,如 $\overrightarrow{A_1}$。

● 减环　当其余各组成环不变,凡因其增大(或减小)而封闭环也相应减小(或增大)的组成环称为减环,图 5-21 中的尺寸 A_2 就是减环,可加标一个反向箭头,如 $\overleftarrow{A_2}$。

尺寸链图的具体作法如下:

①首先根据零件的加工工艺过程,找出间接保证的尺寸,定为封闭环。

②从封闭环起,按照零件上表面间的联系,依次画出有关直接获得的尺寸,作为组成环,直到尺寸的终端回到封闭环的起端,形成一个封闭图形。必须注意:要使组成环环数达到最少。

③按照各尺寸首尾相接的原则,可顺着一个方向在各尺寸线终端画箭头。凡是箭头方向与封闭环箭头方向相同的尺寸为减环,箭头方向与封闭环箭头方向相反的尺寸为增环。

2.尺寸链的计算

(1)尺寸链的计算方法

尺寸链的计算方法有极值法和概率法两种。目前生产中一般采用极值法,概率法主要用于生产批量大的自动化及半自动化生产中。但是当尺寸链的环数较多时,即使生产批量不大也宜采用概率法。

从尺寸链中各环的极限尺寸出发,进行尺寸链计算的一种方法,称为极值法(或极大极小法)。

①封闭环的公称尺寸　根据尺寸链的封闭性，封闭环的公称尺寸等于组成环公称尺寸的代数和，即所有增环的公称尺寸之和减去所有减环的公称尺寸之和，即

$$A_0 = \sum_{i=1}^{m} \vec{A}_i - \sum_{i=m+1}^{n-1} \overleftarrow{A}_i \tag{5-2}$$

式中　A_0——封闭环的公称尺寸；

$\vec{A}_i$——增环的公称尺寸；

$\overleftarrow{A}_i$——减环的公称尺寸；

m——增环的环数；

n——包括封闭在内的总环数。

②封闭环的极限尺寸　若组成环中的增环都是上极限尺寸，减环都是下极限尺寸，则封闭环的尺寸必然是上极限尺寸（故称为极大极小法或极值法），即

$$A_{0max} = \sum_{i=1}^{m} \vec{A}_{imax} - \sum_{i=m+1}^{n-1} \overleftarrow{A}_{imin} \tag{5-3}$$

式中　A_{0max}——封闭环的上极限尺寸；

$\vec{A}_{imax}$——增环的上极限尺寸；

$\overleftarrow{A}_{imin}$——减环的下极限尺寸。

同理　　　　　　　$$A_{0min} = \sum_{i=1}^{m} \vec{A}_{imin} - \sum_{i=m+1}^{n-1} \overleftarrow{A}_{imax} \tag{5-4}$$

式中　A_{0min}——封闭环的下极限尺寸；

$\vec{A}_{imin}$——增环的下极限尺寸；

$\overleftarrow{A}_{imax}$——减环的上极限尺寸。

③封闭环的上极限偏差与下极限偏差　上极限尺寸减其公称尺寸就是上极限偏差，下极限尺寸减其公称尺寸就是下极限偏差，即

$$ES(A_0) = \sum_{i=1}^{m} ES(\vec{A}_i) - \sum_{i=m+1}^{n-1} EI(\overleftarrow{A}_i) \tag{5-5}$$

式中　$ES(A_0)$——封闭环的上极限偏差；

$ES(\vec{A}_i)$——增环的上极限偏差；

$EI(\overleftarrow{A}_i)$——减环的下极限偏差。

$$EI(A_0) = \sum_{i=1}^{m} EI(\vec{A}_i) - \sum_{i=m+1}^{n-1} ES(\overleftarrow{A}_i) \tag{5-6}$$

式中　$EI(A_0)$——封闭环的下极限偏差；

$EI(\vec{A}_i)$——增环的下极限偏差；

$ES(\overleftarrow{A}_i)$——减环的上极限偏差。

④封闭环的公差　上极限尺寸减去下极限尺寸即封闭环的公差，即

$$T(A_0) = \sum_{i=1}^{m} T(\vec{A}_i) + \sum_{i=m+1}^{n-1} T(\overleftarrow{A}_i) = \sum_{i=1}^{n-1} T(A_i) \tag{5-7}$$

式中　$T(A_0)$——封闭环的公差；

$T(\vec{A}_i)$——增环的公差；

$T(\overleftarrow{A_i})$——减环的公差；

$T(A_i)$——组成环的公差；

式(5-7)表明：封闭环的公差等于各组成环的公差之和。这也进一步说明了尺寸链的封闭性特征。

可见，提高封闭环的精度(减小封闭环的公差)有两个途径：一是减小组成环的公差，即提高组成环的精度；二是减少组成环的环数，这一原则通常称为"尺寸链最短原则"。在封闭环的公差一定的情况下，减少组成环的环数，即可相应放大各组成环的公差而使其易于加工；同时，环数减少也使结构简单，因而可降低生产成本。

将式(5-2)~式(5-7)改写成表5-8所示的竖式表，计算时较为简明清晰。纵向各列中，最后一行为该列以上各行之和；横向各行中，第Ⅳ列为第Ⅱ列与第Ⅲ列之差。

应用这种竖式方法进行尺寸链换算时，必须注意：①减环的公称尺寸前冠以负号；②减环的上、下极限偏差位置对调，并改变符号。整个运算方法可归纳成一句口诀："增环上、下极限偏差照抄；减环上、下极限偏差对调且变号"。

表 5-8　　　　　　　　　　　　尺寸链换算的竖式表

列号	Ⅰ	Ⅱ	Ⅲ	Ⅳ
名称	公称尺寸 A	上极限偏差 ES	下极限偏差 EI	公差 T
增环	$\displaystyle\sum_{i=1}^{m}\overrightarrow{A_i}$	$\displaystyle\sum_{i=1}^{m}ES\overrightarrow{A_i}$	$\displaystyle\sum_{i=1}^{m}EI\overrightarrow{A_i}$	$\displaystyle\sum_{i=1}^{m}T(\overrightarrow{A_i})$
减环	$\displaystyle-\sum_{i=m+1}^{n-1}\overleftarrow{A_i}$	$\displaystyle-\sum_{i=m+1}^{n-1}EI\overleftarrow{A_i}$	$\displaystyle-\sum_{i=m+1}^{n-1}ES\overleftarrow{A_i}$	$\displaystyle\sum_{i=m+1}^{n-1}T(\overleftarrow{A_i})$
封闭环	A_0	ESA_0	EIA_0	$T(A_0)$

(2)尺寸链计算的几种情况

①正计算　已知各组成环的公称尺寸及公差，求封闭环的尺寸及公差，称为尺寸链的正计算。这种情况的计算主要用于审核图样，验证设计的正确性，其计算结果是唯一确定的。

②反计算　已知封闭环的公称尺寸及公差，求各组成环的尺寸及公差，称为尺寸链的反计算。这种情况的计算一般用于产品设计工作中，由于要求的组成环数多，因此反计算不单纯是计算问题，而是需要按具体情况选择最佳方案的问题。实际上是如何将封闭环公差对各组成环进行分配以及确定各组成环公差带的分布位置，使各组成环公差累积后的总和值和分布位置与封闭环公差值和分布位置的要求相一致。解决这类问题可以有三种方法：

按等公差值的原则分配封闭环的公差，即

$$T(A_i)=\frac{T(A_0)}{n-1} \tag{5-8}$$

这种方法计算简单，但从工艺上讲没有考感到各组成环(零件)加工的难易、尺寸的大小，显然不够合理。适用于各组成环尺寸相近，加工难易程度相近的场合。

按等公差级的原则分配封闭环的公差，即各组成环的公差取相同的公差等级，公差值的大小取决于公称尺寸的大小。

这种方法考虑了尺寸大小对加工的影响，但没有考虑由于形状和结构引起的加工难易程度，并且计算也比较麻烦。

按具体情况来分配封闭环的公差：第一步先按等公差值(或等公差级)分配原则求出各

组成环所能分配到的公差;第二步再从加工的难易程度和设计要求等具体情况调整各组成环的公差。

③中间计算 已知封闭环和部分组成环的公称尺寸及公差,求某一组成环的公称尺寸及公差,称为尺寸链的中间计算。这种计算主要用于确定工艺尺寸。

3.几种典型工艺尺寸链的分析与计算

(1)基准不重合的尺寸换算

①定位基准与设计基准不重合 图 5-22(a)所示为一设计图样的简图,A、B 两平面已在上一工序中加工好,且保证了工序尺寸 $50_{-0.16}^{0}$ mm 的要求。本工序中加工 C 面时需按尺寸 A_2 进行。C 面的设计基准是 A 面,与其定位基准 B 面不重合,故需进行尺寸换算。

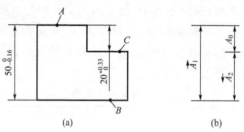

图 5-22 工序基准与设计基准不重合的尺寸换算

解:确定封闭环。设计尺寸 $20_{0}^{+0.33}$ mm 是本道工序加工后间接保证的,故为封闭环。

查明组成环。工艺尺寸链如图 5-22(b)所示,根据组成环的定义可知:尺寸 A_1、A_2 为该尺寸链的组成环。

判别增、减环。由组成环对封闭环性质的影响可知:尺寸 A_1 为增环,A_2 为减环。

计算工序尺寸及极限偏差。

由 $A_0 = \overrightarrow{A_1} - \overleftarrow{A_2}$ 得

$$\overleftarrow{A_2} = \overrightarrow{A_1} - A_0 = 50 - 20 = 30 \text{ mm}$$

由 $EIA_0 = EI\overrightarrow{A_1} - ES\overleftarrow{A_2}$ 得

$$ES\overleftarrow{A_2} = EI\overrightarrow{A_1} - EIA_0 = -0.16 - 0 = -0.16 \text{ mm}$$

由 $ESA_0 = ES\overrightarrow{A_1} - EI\overleftarrow{A_2}$ 得

$$EI\overleftarrow{A_2} = ES\overrightarrow{A_1} - ESA_0 = 0 - 0.33 = -0.33 \text{ mm}$$

故所求工序尺寸为 $A_2 = 30_{-0.33}^{-0.16}$ mm。

验算。根据题意及工艺尺寸链图可知增环的公差为 0.16 mm,封闭环的公差为 0.33 mm,由计算知工序尺寸(减环)的公差为 0.17 mm。

根据公式 $T(A_0) = T(\overrightarrow{A_1}) + T(\overleftarrow{A_2})$ 得 0.33 mm = (0.16+0.17)mm。故计算合理。

②度量基准与设计基准不重合 在零件的加工中,有时按设计基准不便(或无法)直接测量,需要在零件上另选一易于测量的表面作为度量基准,以间接保证设计尺寸的要求。

如图 5-23(a)所示的套筒零件加工时,测量尺寸 $10_{-0.36}^{0}$ mm 较困难,采用深度游标卡尺直接测量大孔的深度则较为方便,于是尺寸 $10_{-0.36}^{0}$ mm 就成了被间接保证的封闭环 A_0。如图 5-23(b)所示,A_1 为增环,A_2 为减环。为了间接保证 A_0,必须进行尺寸换算,确定 A_2 尺寸及其极限偏差。

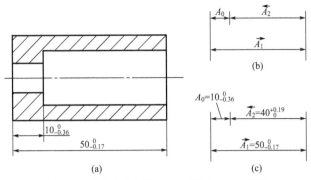

图 5-23　度量基准与设计基准不重合的尺寸换算

解:采用竖式法得

增　环	50	0	−0.17
减　环	(−40	0	−0.19)
封闭环	10	0	−0.36

故工序尺寸 $A_2 = 40^{+0.19}_{0}$ mm。

(2)余量校核

如图 5-24(a)所示,小轴的轴向加工过程为:车端面 A;车台阶面 B(保证台阶尺寸 $49.5^{+0.30}_{0}$ mm);车端面 C 以保证总长;钻中心孔;磨台阶面 B 以保证尺寸 $30^{0}_{-0.14}$ mm。试校核台阶面 B 的加工余量。尺寸链如图 5-24(b)所示。由于该余量是间接获得的,故为封闭环。

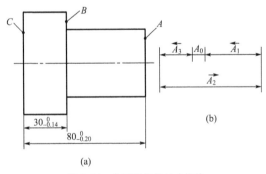

图 5-24　余量校核的尺寸换算

采用竖式法求余量 A_0 及其极限偏差

增　环	80	0	−0.20
减　环	−30	+0.14	0
	−49.5	0	−0.30
封闭环	(0.5	+0.14	−0.50)

故 $A_0 = 0.5^{+0.14}_{-0.50}$ mm,$A_{0max} = 0.64$ mm,$A_{0min} = 0$ mm。

因为 $A_{0min} = 0$,在磨台阶面 B 时,有些零件有可能因没有余量而磨不出来,因而要将最小余量加大,可为 $A_{0min} = 0.1$ mm。因 $\overrightarrow{A_2}$、$\overrightarrow{A_3}$ 是设计要求尺寸,所以只能变动中间工序尺寸 $\overleftarrow{A_1}$(作为协调环)来满足新的封闭环要求。用竖式法求解得

增 环	80	0	−0.20
减 环	−30	+0.14	0
	−49.5	0	−0.20
封闭环	0.5	+0.14	−0.40

故变更中间工序 $\overleftarrow{A}_1 = 49.5^{+0.20}_{0}$ mm，可确保最小的磨削余量。

（3）中间工序尺寸及极限偏差换算

有些零件的设计尺寸不仅受到表面最终加工时工序尺寸的影响，还与中间工序尺寸有关，此时应以设计尺寸为封闭环，求得中间工序尺寸的大小和极限偏差。

如图 5-25（a）所示，齿轮的内孔设计尺寸为 $\phi 40^{+0.05}_{0}$ mm，键槽深度设计尺寸为 $46^{+0.30}_{0}$ mm，加工工艺过程为：拉孔至 $\phi 39.6^{+0.10}_{0}$ mm；拉键槽保证尺寸 A；热处理（略去热处理变形的影响）；磨孔至图样尺寸 $\phi 40^{+0.05}_{0}$ mm。

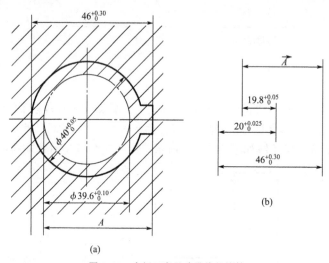

图 5-25 中间工序尺寸及偏差换算

试计算工序尺寸 A 及其极限偏差。

解：在上述工艺过程中没有特别指出拉孔和磨孔时所采用的定位基准。略去磨削后孔中心和拉削后孔中心同轴度的误差，可以认为磨削后孔表面是通过它们的中心线发生联系的，以孔半径和中间工序尺寸 A 为组成环。

设计尺寸 $46^{+0.30}_{0}$ mm 在磨孔工序中间接得到，故为封闭环。拉削半径 $19.8^{+0.05}_{0}$ mm 为减环，工序尺寸 A 和磨孔半径 $20^{+0.025}_{0}$ mm 为增环，作出的工艺尺寸链图，如图 5-25（b）所示。

增 环	（45.8	+0.275	+0.050）
	20	+0.025	0
减 环	−19.8	0	−0.050
封闭环	46	+0.30	0

故插键槽的工序尺寸及其极限偏差为：$A = 45.8^{+0.275}_{+0.050}$ mm。若按入体原则标注，则 $A = 45.85^{+0.225}_{0}$ mm。

5.6　计算机辅助工艺过程设计

5.6.1　概述

机械产品市场由多品种小批量生产起主导作用,传统的工艺过程设计已不能适应机械制造行业的快速发展。应用计算机辅助工艺过程设计(Computer Aided Process Planning,CAPP)是适应这种发展渴求的必由之路。

CAPP 是利用计算机编制零件加工工艺规程,通过向计算机输入被加工零件的几何信息(形状、尺寸、表面粗糙度等)和工艺信息(材料、热处理、批量等),由计算机自动输出零件的工艺路线、工序内容等工艺文件的过程。

CAPP 可以促进工艺过程的标准化和最优化,提高工艺设计的质量;可以使工艺员从繁琐重复的计算、编写工作中解脱出来,极大地提高工作效率;可以迅速编制出完整而详尽的工艺文件,缩短工艺准备以及生产准备的周期,降低工艺过程的设计费;可通过计算机管理工艺信息,保证信息的准确性和一致性,促进组织内的资源共享。

国外从 20 世纪 60 年代末、国内从 20 世纪 80 年代初开始,陆续研制出众多的 CAPP 系统,不少 CAPP 系统已投入生产实践中使用。

20 世纪 80 年代以来,随着机械制造业向计算机集成制造系统(CIMS)和智能制造系统(IMS)的发展,计算机辅助设计(CAD)和计算机辅助制造(CAM)集成化和智能化的要求越来越强烈。CAPP 是 CAD 与 CAM 之间的桥梁,是各类先进制造系统的技术基础。CAD能否有效地应用于生产实践,数控(NC)机床能否充分发挥效益,CAD 与 CAM 能否真正实现集成,都与 CAPP 有着密切的关系。

当前,除集成化、智能化、基于知识的 CAPP 系统外,实用化、工程化的 CAPP 系统都受到了人们的重视;"管理型 CAPP 系统"正在逐步增强其职能化功能。在企业应用方面,系统化、分布式、网络化已成为 CAPP 技术发展的新趋势。

5.6.2　CAPP 系统简介

CAPP 系统的主要功能包括:检索标准工艺文件;选择加工方法,安排加工路线;确定工序尺寸和公差,选择毛坯;选择机床、刀具、夹具及量具;选择或计算切削用量、加工时间和加工费用;绘制工序图;给出刀具轨迹;进行 NC 编程;进行加工过程模拟等。

不同的 CAPP 系统有不同的特点和适用范围。制定工艺路线(选择加工方法及安排工序顺序)和工序设计(选择加工机床、刀具、量具,确定切削参数,计算工时定额),最后编制出完整的工艺文件,是 CAPP 系统的基本功能。

CAPP 系统包括三个基本组成部分,即产品设计信息输入、工艺决策和产品工艺信息输出。

1.产品设计信息输入

工艺过程设计所需要的原始信息就是产品设计信息。目前,CAPP 系统的信息输入方法主要有两种:一种是通过人机交互系统获取;另一种是直接从 CAD 系统中读取。

2.工艺决策

工艺决策是指根据产品设计信息,利用工艺经验和具体的生产环境条件,确定产品的工艺过程。CAPP 系统所采取的最基本的工艺决策有两种：一种是修订式方法，即将相似零件归并成零件族，根据相似零件族的标准工艺规程，修订生成设计零件的工艺规程；另一种是生成式方法，即将工艺过程的设计推理和决策方法转换成计算机可以处理的决策逻辑、算法，由计算机直接自动生成零件的工艺规程。

3.产品工艺信息输出

产品工艺信息输出即以工艺卡的形式表达出产品工艺过程信息。在 CAD/CAPP/CAM 系统中，CAPP 需要提供 CAM 数控编程所需的工艺参数文件，在 CIMS 环境下，CAPP 需要通过数据库存储产品工艺过程信息，以实现信息共享。

5.6.3 CAPP 的基本原理

CAPP 系统有多种分类方式，按原理和开发方法可分为样件法 CAPP 系统、创成法 CAPP 系统和管理型 CAPP 系统；按所解决的问题与工艺设计联系的紧密程度可分为设计型、管理型和集成型 CAPP 系统。下面着重介绍典型 CAPP 系统的基本原理。

1.样件法 CAPP 系统

样件法 CAPP 系统在成组技术的基础上，将同一个零件组中所有零件的结构要素合成为假想的（或实际的）该零件组的主样件，按照主样件及生产纲领、企业环境等要素制定出最优加工方案的工艺规程，并以文件形式存储在计算机中。所有主样件典型工艺规程文件的集合组成 CAPP 的基础数据库。当需要编制某一零件的工艺规程时，计算机根据输入的零件信息，自动识别所需的零件组，然后检索并调用该零件组的主样件典型工艺文件，对典型工艺文件进行编辑，如修订加工顺序，调整机床和刀具，重新进行有关工步切削参数的计算等，最后编辑成指定零件的工艺规程。

样件法 CAPP 系统往往具有人机对话功能，在编制工艺规程的过程中通过人机对话，实现插入、更换或删除等修改功能。

样件法 CAPP 系统的基本步骤包括：

(1)进行零件和样件的特征描述

即用 CAPP 系统可识别的方式描述零件和样件的特征。

为了便于分析零件的相似性，首先要对零件的相似特征进行描述，以反映零件的相似特征并进行工艺设计。虽然这种描述可以凭直观经验来进行，但描述的结果因人因时而异，所以这种方法是很不完整和严格的。因此，应该采用科学的方法来描述，这种方法就是编码技术。

所谓编码，就是按照一定的规则选用一定数列的字码来表示所要描述的特征，这种编码规则和方法被称为零件编码法则。

世界上有多种零件编码法则，如我国 1985 年 9 月公布的 JLBM-1 机械零件编码法则，该法则系统由 15 个码位组成。其中，第 1、第 2 码位为名称类别矩阵，这种名称类别能反映零件的功能和主要形状；第 3 至第 9 码位为形状与加工；第 10 码位为材料；第 11 码位为毛坯原始形状；第 12 码位为热处理；第 13 和 14 码位为主要尺寸；第 15 码位为精度。每个码位包括 0～9 的 10 个特征项号。

零件和样件的特征描述方法就是利用零件的成组编码确定零件所属组类，将零件的编码转化成一个矩阵，并获得零件组的特征矩阵。

（2）对各种工艺信息进行数字化处理

为了便于计算机识别和处理，必须将各种工艺信息数字化。

①零件各种形面的数字化 零件的分类编码只表示了该零件的结构及工艺特征，不能表示零件的所有表面。而机械加工过程中的工序或工步，往往是针对零件的某些具体表面。因此，为便于计算机针对零件的表面选取相应的加工工序或工步，首先需将零件各种形状的表面编码。

例如，在图 5-26 中，15 表示外圆表面，13 表示外锥面，33 表示外螺纹，26 表示外沉割槽，32 表示外螺旋油槽，41 表示键槽。

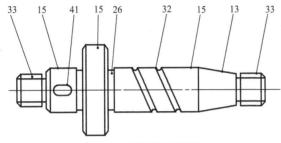

图 5-26 零件的形面编码

②典型工艺路线的数字化 典型工艺路线按零件组的主样件来确定。如果将各工序及工步也用代码来表示，那么零件组的典型工艺路线就可以用一个矩阵来表示，矩阵中的行以工步为单位，每一个工步占一行。按此计算的总工步数就决定了短阵的行数。

③工序及工步内容的数字化 首先将包括在各个典型工艺路线中的所有工序及工步，按其具体的工艺内容进行总体编码，使计算机能按统一的方法调出工序或工步的具体内容。内容相同的工序或工步编为一个代码。这种编码仍以工步为单位。热处理、检查等非机械加工工序以及诸如装夹等操作也当作一个工步同样编码。对系统的工序和工步进行总体编码后，就可以用一个工序及工步内容矩阵来描述这些工序和工步的具体内容。

（3）建立数据库中的数据文件

CAPP 系统软件一般由主程序和数据库两大部分组成。样件法 CAPP 系统的数据库通常包括以下数据文件：

①特征矩阵文件 每一个零件组都具有一个特征矩阵。如果一个系统有 N 个零件组，相应地就有 N 个特征矩阵。将它们存入计算机内，就构成特征矩阵文件。将欲编制工艺规程的零件的特征矩阵与零件组的特征矩阵逐一比较，即可确定该零件所属零件组。

②典型工艺库文件 每一个零件组都有一个典型的工艺路线矩阵。将系统中所有零件组的典型工艺路线矩阵按一定方式排列起来，存入计算机内，就构成了典型工艺库。零件组的典型工艺路线矩阵与其特征矩阵相互对应，只要找到了零件组的特征矩阵，就能自动调出该零件组的典型工艺路线矩阵。

③标准工序、工步矩阵文件 该矩阵容纳了系统所有工序和工步的具体内容。CAPP 系统可以按工序、工步的代码，从该矩阵中提取与代码相应的工序或工步的内容，以便形成零件的工艺过程。

④工艺数据文件 工艺数据文件是一个庞大繁杂的数据集合，它包括各种工件材料在用不同材料与种类的刀具切削时的各种参数、各种机床的每挡转速、允许的最大切削力与切

削功率等。

一般来说,企业需要根据自己的具体情况来建立这些数据文件,在使用过程中不断完善,以便所存储的信息能反映出本厂的最佳生产情况,生成的工艺规程符合本厂的生产实际。

(4)运行样件法 CAPP 系统

当采用样件法编制某一零件的工艺规程时,首先应输入零件的成组编码和工艺规程所需的表头信息,如零件名称、图号、材料、热处理要求等。随后计算机自动将零件的成组编码转换成零件的特征矩阵,并与特征矩阵文件中各零件组的特征矩阵逐一比较,确定零件所属零件组,调出与之相应的典型工艺路线。

这个典型工艺路线包括了该组零件的所有加工工序,用户可以结合具体加工零件对它进行删除、修改或插入等编辑工作,得到由工序及工步代码所组成的该零件的加工工艺路线。接着,计算机根据该零件的工序及工步代码,从工序、工步文件中逐一调出相应的标准工序、工步内容,用户对这些标准的工序、工步内容进行删除、修改或插入等编辑工作,产生具体的工序、工步内容。进而计算机根据机床、刀具的代码查找各工步使用的机床、刀具的名称和型号,根据输入的零件材料、尺寸等信息,计算各工步的切削速度,核算机床切削力和功率,计算机械加工的基本时间、单件时间及工序成本等。

每完成一步工作,都必须进行存储,以便最后形成一份完整的加工工艺规程,一旦需要即可以一定格式打印出来。

2.创成法 CAPP 系统

创成法 CAPP 系统利用对各种工艺决策确定的逻辑原则,按照规定的算法自动地生成工艺规程。计算机按决策逻辑和优化公式,在不需要人工干预的条件下来制定工艺规程,可以与 CAD 或自动绘图系统连接。但由于工艺过程涉及的因素多,各种组合方案和逻辑关系十分复杂,因此创成法 CAPP 系统比较复杂。

创成法 CAPP 系统在原理上基于专家系统,以自动生成工艺文件为方向。

为了实现"创成",确定零件的加工路线、定位基准、装夹方式等工艺要素,首先需要以详尽的零件信息、全面的知识库和推理规则为基础,这些信息和知识的表达并不容易。更重要的是,各企业的业务流程、生产条件千差万别,要想建立起广泛适用的创成法 CAPP 系统,需要投入巨大的资源,一般的研究机构和软件开发商难以承受。

正因为如此,完全自动、通用的创成法 CAPP 系统目前仍停留在理论研究和简单应用的阶段,大多数系统只是针对某一类型的零件,或者是采用创成法与样件法配合使用的半创成法(综合法)。

3.管理型 CAPP 系统

除了依据工艺路线生成器的工作原理对 CAPP 系统进行分类外,从 CAPP 在技术应用层面发展的角度,依据所解决问题与工艺设计联系的紧密程度进行分类也很有意义。

按与工艺设计工作联系的紧密程度,CAPP 系统解决的问题可以分为三层:

第一层可以概括称为工艺设计,其联系最紧密,主要包括:在分析和处理大量零件、知识、资源等信息的基础上选择加工方法、机床、刀具、加工顺序,计算加工余量、工序尺寸、公差、切削参数、工时定额,绘制工序简图以及编制工艺文件等。

第二层可以概括称为工艺管理,主要关系到工艺文件、信息的填写、管理,工艺、产品信息的汇总等事务性、管理性工作,如选择特定的表格形式,提供表格填写工具和表格对应功能、工装信息汇总和通知,对工艺文件的审核和批准,标准工艺的存储等。

第三层可以概括称为工艺集成,是 CAD、CAE、CAQ、CAM、PDM 等系统的集成及并行开发等企业全面信息化工作,如 CAPP 系统从 CAD 系统中智能化获取零件的尺寸、属性、工程符号等信息,对设计模型进行制造工艺分析;CAPP 的输出适应 CAM、PDM 等系统的要求等。

管理型 CAPP 系统主要解决策二层问题。

自 20 世纪 90 年代中、后期以来,国内出现的一些有一定市场占有率的商品化 CAPP 系统主体上是管理型 CAPP 系统,其特点是以实用为本,重点解决资料查找、表格填写、数据计算与分类汇总等既繁琐、重复又适合使用计算机辅助技术的事务性、管理性工作,面向所有机械制造企业,致力于帮助工艺编制人员"甩钢笔""甩手册"以及"甩计算器",并使工艺信息为 PDM、CAM 等系统所用,帮助企业实现工艺信息的多系统共享与集成。

管理型 CAPP 系统的开发理念基于对企业的需求分析,主要表现在:

第一,企业工艺部门的个性很强,随产品、生产模式的不同,工艺差异很大,包括使用卡片的不同,工艺汇总方法的不同,工艺编制过程的不同等。工艺部门个性很强的特点要求可以广泛应用的 CAPP 系统必须是一种工具化的产品,能够通过定制或配置,以满足企业的需求。

第二,工艺设计涉及的因素很多,如企业的加工设备、工艺装备、工艺手段、典型工艺等,这些信息可以统称为企业的工艺资源。企业的工艺资源是编制工艺文件的基础。而目前不少企业对工艺资源缺乏管理,常常会发生重复制造工艺装备的问题。因此,工艺部门要求 CAPP 系统必须提供一种工具,将企业的工艺资源有效地管理起来。

第三,工艺设计由许多不同性质的子任务组成。如产品结构工艺性审查、工艺方案设计、设计工艺路线或车间分工明细表、专用装备设计、设计工艺规程、编制工艺定额以及工艺的校对、审核、批准等。工艺设计涉及多个部门和人员。如计划处、生产处、工艺处、设备处、劳资料、标准化室等。这就要求工艺软件提供一种角色和权限机制,提供产品级的工艺编制功能和零件级的工艺编制功能。

可以看出,CAPP 系统具有很强的管理特性。应用 CAPP 系统并不是一个简单的选择软件的问题,不能买来现成的商品化系统直接使用,而是要确定一个包含需求分析、总体规划、软件实施与培训、定制开发等活动的整体解决方案。CAPP 系统提供商需要选择一个能够帮助企业从整体上提高工艺部门的技术水平、管理水平,提高工作效率,降低成本的合作伙伴。

管理型 CAPP 系统的实施步骤如下:

(1)需求分析

包括调查企业工艺部门的组织结构、工艺类型、工艺编制的流程、相应的工艺卡,分析企业的工艺资源和工艺汇总要求等内容。

(2)总体规划

软件提供商进行需求分析后,应向企业提交需求分析报告、软件实施方案和培训计划等。再由企业的有关领导和有经验的技术人员与软件提供商的项目实施人员进行沟通,制订 CAPP 软件的实施计划,对需求分析的内容进行确认。这样才能保证软件实施的顺利进行。

（3）软件实施与培训

软件提供商的项目实施人员与企业的技术人员一起，利用 CAPP 系统在计算机上建立各类工艺卡，帮助企业建立网络化的工艺资源库，对于有条件的企业，企业级的 CAPP 应用应和图档管理系统结合起来。

（4）定制开发

在用 CAPP 系统满足了企业的大部分个性化的需求以后，企业可能仍然需要解决一些特殊的技术问题，这就需要软件提供商与企业协作，进行适当的定制开发。

经过以上步骤，企业才能将 CAPP 系统应用起来。在应用过程中，还需要开发商提供一定的技术服务，并在企业中形成应用 CAPP 系统的人才梯队，使企业的一些技术人员具备自己定义工艺卡和汇总要求、进行软件配置的能力。这样，才能真正深化 CAPP 的应用。

5.7　工艺过程的生产率和经济性

5.7.1　工艺过程的生产率

生产率是衡量效率的一个综合性指标，它表示在单位时间内生产出合格产品的数量，或在单位时间内为社会创造财富的价值。

不断提高生产率是降低成本、增加积累和扩大再生产的主要途径，但必须注意生产率与产品质量、加工成本之间的关系。首先，任何提高生产率的措施，必须以保证产品质量为前提，否则无意义。其次，提高生产率时要有成本核算观念，在工艺过程中，若不恰当地采用了自动化程度过高的、复杂而又昂贵的设备，则生产率虽有所提高，但由于设备折旧费太大，结果加工成本却高了。

1.时间定额

时间定额是指在一定的技术和生产组织条件下确定的完成单件产品或某工序所消耗的时间。它是安排生产计划、进行成本核算的重要依据；在新设计和扩建工厂（或车间）时，又是计算设备和人员数量的依据。

单件时间定额是指完成工件一道工序的时间定额。它包括下列部分：

（1）基本时间

指直接改变工件的尺寸、形状和表面质量所消耗的时间，机械加工即指从工件上切去金属层所消耗的时间（包括刀具的切入和切出时间），也称机动时间。

（2）辅助时间

指在每道工序中为保证完成基本工艺工作所需要的辅助动作（如装卸工件、开停机床、改变切削用量、进退刀具、测量工件等）所耗费的时间。

基本时间和辅助时间之和称为操作时间。

（3）工作地点服务时间

指工人在工作时间内照管工作地点和保持工作状态（如在加工过程中调整刀具、修整砂轮、润滑及擦拭机床、清理切屑、刃磨刀具等）所消耗的时间。

（4）休息和自然需要时间

指工人在工作班时间内所允许的必要的休息和生理上的自然需要所消耗的时间。

（5）准备与终结时间

准备时间是指在开始加工一批工件时，需要熟悉零件的图样和工艺文件、领取毛坯、安装刀具和夹具、调整机床等所消耗的时间；终结时间是指在结束加工一批工件时，需要拆卸和更换工艺装备、发送成品等所消耗的时间。准备与终结时间对一批工件只需要一次。

2. 提高生产率的工艺措施

（1）缩短基本时间

①提高切削用量　提高切削速度 v、进给量 f、背吃刀量 a_p，都可以缩短基本时间。

②缩短切削行程长度　缩短切削行程长度也可以缩减基本时间，如采用排刀装置，用几把车刀同时加工同一表面。

③合并工步　用几把刀具或复合刀具对同一工件的几个不同表面或同一表面同时进行加工，把原来单独的几个工步集中为一个复合工步，各工步的基本时间就可以全部或部分相重合，从而缩短了工序的基本时间。

④采用多件加工　多件加工有以下方式：

● 顺序多件加工　即工件顺着进给方向一个接着一个装夹，如图 5-27(a)所示。这种方法缩短了刀具切入和切出的时间，也缩短了分摊到每一个工件上的辅助时间。

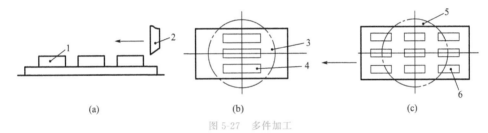

图 5-27　多件加工

1、4、6—工件；2—刨刀；3—铣刀；5—砂轮

● 平行多件加工　即在一次进给中同时加工多个平行排列的工件，如图 5-27(b)所示。

● 平行顺序多件加工　为上述两种方法的综合应用，如图 5-27(c)所示，这种方法适用于工件较小、批量较大的情况。

（2）缩短辅助时间

如果辅助时间占单件时间的 55% 以上，则必须考虑采用缩短辅助时间的方法来提高生产率。采用快速动作夹具，自动上、下料装置等，都能大大缩短装卸工件所占用的辅助时间。采用转位夹具或转位工作台，利用加工中的时间装、卸工件，从而使装、卸工件的辅助时间与基本时间重合。图 5-28(a)所示为直线往复移动式加工的例子；图 5-28(b)所示为连续式回转加工的例子。

（3）缩短技术性服务时间

技术性服务时间主要是指耗费在更换刀具、修磨砂轮、调整刀具位置的时间，因此可以采用快速换刀、快速对刀、机夹式可转位刀具等措施来缩短技术性服务时间。

（4）缩短准备结束时间

采用成组技术，把结构、形状、技术条件和工艺过程都比较接近的工件归为一类，制定典型的工艺规程并为之选择、设计好一套工具和夹具。这样在更换下一批同类工件时，就不需要更换工具和夹具或经过少许调整就能投入生产，从而缩短了准备结束时间。

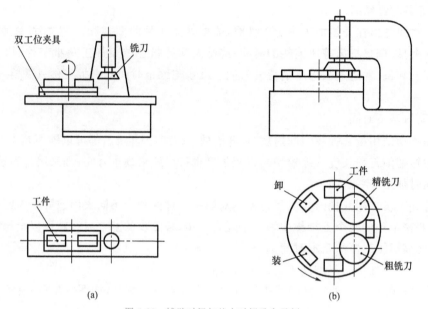

图 5-28　辅助时间与基本时间重合示例

5.7.2　工艺过程的经济性

1.生产成本和工艺成本

制造一个产品或零件所必需的一切费用的总和,称为产品或零件的生产成本。生产成本由两大部分费用组成:工艺成本和其他费用。

工艺成本是与工艺过程直接有关的费用,占生产成本的 $70\%\sim75\%$,它又包含可变费用(V)和不变费用(C)。

可变费用(V)包括材料费、操作工人工资、机床维护费、通用机床折旧费、刀具维护费与折旧费以及夹具维护费与折旧费。它们与年产量直接有关。

不变费用(C)包括调整工人工资、专用机床折旧费、专用刀具折旧费以及专用夹具折旧费。它们与年产量无直接关系。因为专用机床、专用工装是专门为某种零件加工所用的,不能用于其他零件,所以它们的折旧费、维护费等是确定的,与年产量无直接关系。

由此可知,一个零件的全年工艺成本 E 为

$$E=NV+C \tag{5-9}$$

式中　V——可变费用,元/(年·件);

　　　N——年产量,件;

　　　C——全年不变的费用,元。

单件工艺成本 E_d 为

$$E_d=V+C/N \tag{5-10}$$

2.工艺成本与年产量的关系

图 5-29 及图 5-30 分别为全年及单件工艺成本与年产量的关系。从图上可看出,全年工艺成本 E 与年产量呈线性关系,说明全年工艺成本的变化量 ΔE 与年产量的变化量 ΔN 成正比;单件工艺成本 E_d 与年产量呈双曲线关系,说明单件工艺成本 E_d 随年产量 N 的增大而减少,各处的变化率不同,其极限值接近可变费用 V。

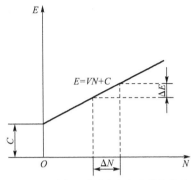

图 5-29　全年工艺成本与年产量的关系

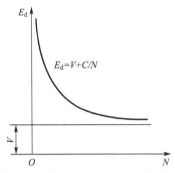

图 5-30　单件工艺成本与年产量的关系

3.不同工艺方案经济性比较

对不同的工艺方案进行经济性比较时,有下列两种情况:

(1)若两种工艺方案的基本投资相近或都采用现有设备,则工艺成本即作为衡量各方案经济性的重要依据。

①若两种工艺方案只有少数工序不同,则可对这些不同工序的成本进行比较。当年产量 N 一定时,有

$$E_{d1} = V_1 + C_1/N$$
$$E_{d2} = V_2 + C_2/N$$

若 $E_{d1} > E_{d2}$,则第 2 种方案经济性好。

若 N 为一变量,可用图 5-31 所示曲线进行比较。N_K 为两曲线相交处的年产量,称为临界年产量。由图可见,当 $N < N_K$ 时,$E_{d1} > E_{d2}$,应取第 2 种方案;当 $N > N_K$ 时,$E_{d1} < E_{d2}$,取第 1 种方案。

②当两种工艺方案有较多的工序不同时,可对该零件的全年工艺成本进行比较。两方案全年工艺成本分别为

$$E_1 = NV_1 + C_1$$
$$E_2 = NV_2 + C_2$$

如图 5-32 所示,对应于两直线交点处的年产量 N_K 称为临界年产量。当 $N < N_K$ 时,宜用第 1 种方案;当 $N = N_K$ 时,$E_1 = E_2$,则两种方案经济性相当。所以有

$$N_K V_1 + C_1 = N_K V_2 + C_2$$

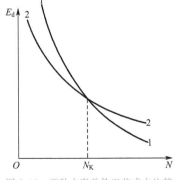

图 5-31　两种方案单件工艺成本比较

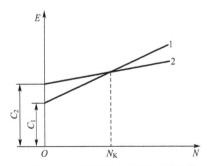

图 5-32　两种工艺方案全年工艺成本比较

故　　　　　　　　　　　$$N_K = \frac{C_2 - C_1}{V_1 - V_2}$$　　　　　　(5-11)

（2）若两种工艺方案的基本投资相差较大，则必须考虑不同方案的基本投资差额的回收期限。

若第 1 种方案采用价格较贵的高效机床及工艺装备，基本投资（K_1）必然较大，其工艺成本（E_1）则较低；第 2 种方案采用价格低廉、生产率较低的一般机床和工艺装备，其基本投资（K_2）较小，但工艺成本（E_2）则较高。

从两种工艺方案经济性比较来看，仅比较工艺成本的高低是不全面的，而应同时考虑两种方案的投资回收期。所谓投资回收期，是指第 1 种方案比第 2 种方案多用的投资需多少时间才能由其工艺成本的降低而收回，投资回收期越短，经济性越好。其计算公式为

$$T = \frac{K_1 - K_2}{E_2 - E_1} = \frac{\Delta K}{\Delta E} \tag{5-12}$$

式中　T——投资回收期，年；

$\quad\quad\Delta K$——两种方案的投资差额，元；

$\quad\quad\Delta E$——全年工艺成本节约额，元/年。

在计算投资回收期 T 时应注意下列问题：

①投资回收期应小于所用设备的使用年限。

②投资回收期应小于市场对该产品的需要年限。

③投资回收期应小于国家规定的标准回收年限。

思考与练习

5-1　何谓工艺规程？它对组织生产有何作用？

5-2　对零件图的结构工艺性分析的内容和作用是什么？

5-3　工序、工步的定义是什么？

5-4　成批生产图 5-33 所示的齿轮，试按表 5-9 中的加工顺序将其工序、安装、工位、工步用数码区分开来。

表 5-9　　　　　　　　　　　　　　　　题 5-4 表

顺序	加工内容	工序	安装	工位	工步
1	在立钻上钻孔				
2	在同一立钻上锪端面 A				
3	在同一立钻上倒角				
4	调头，倒角				
5	在拉床上拉孔				
6	在插床上插一键槽				
7	再插另一键槽（夹具回转 120°）				
8	在多刀车床上粗车外圆、台阶、端面 B				
9	在卧式车床上精车外圆				
10	再精车端面 B				
11	在滚齿机上滚齿 $v=25$ mm/min，$a_p=4$ mm，$f=0.8$ mm/r $v=35$ mm/min，$a_p=2$ mm，$f=0.5$ mm/r				
12	在钳工台上去毛刺				
13	检验				

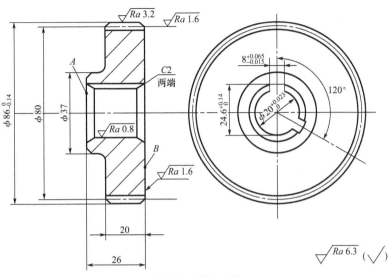

图 5-33　题 5-4 图

5-5　粗、精基准选择的原则是什么？

5-6　决定零件的加工顺序时,通常考虑哪些因素？

5-7　何谓工序分散、工序集中？各在什么情况下采用？

5-8　试述加工总余量和工序余量的概念,说明影响工序余量的因素和确定方法。

5-9　如图 5-34 所示的零件,A、B、C 各平面及 $\phi14H7$ 和 $\phi26H7$ 两孔均已加工。试分析加工 $\phi15H7$ 孔时,应如何选择定位基准？

5-10　成批生产图 5-35 所示的零件,其工艺路线如下:

①粗、精刨底面;②粗、精刨顶面;③在卧式镗床上镗孔,先粗镗,再半精镗、精镗 $\phi85H7$ 孔,将工作台准确地移动 (85 ± 0.03) mm,再粗镗、半精镗 $\phi65H7$ 孔。

试分析上述工艺路线有无缺陷。若有,请提出改进方案。

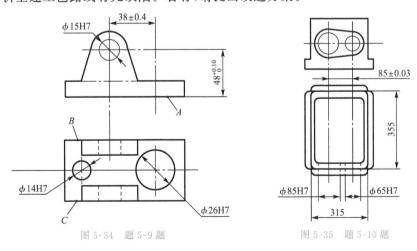

图 5-34　题 5-9 题　　　　　　　图 5-35　题 5-10 题

5-11　试拟定图 5-36 所示零件的机械加工工艺路线(包括工序名称、加工方法、定位基准),已知该零件毛坯为铸件(孔未铸出),成批生产。

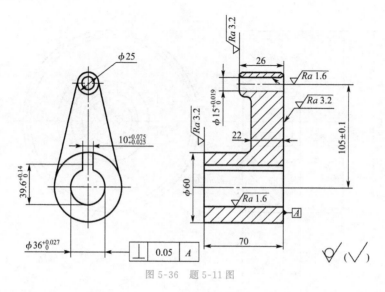

图 5-36 题 5-11 图

5-12 加工图 5-37 所示轮盘的孔。已知工艺路线为：扩、粗镗、半精镗、精镗、精磨。毛坯为锻件，孔已锻出，求各工序加工余量、工序尺寸及公差。

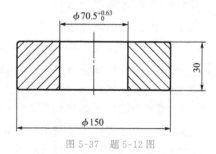

图 5-37 题 5-12 图

5-13 何谓工艺尺寸链？如何判定工艺尺寸链的封闭环和增、减环？

5-14 尺寸链的主要特征是什么？试述尺寸链的基本计算方法。

5-15 在尺寸链计算中，当需要将封闭环的公差分配给各组成环时，有哪几种分配方法？各应遵循什么原则？各组成环的公差及上、下极限偏差是怎样分配的？

5-16 如图 5-38 所示的零件，在镗孔 $\phi 1\,000^{+0.3}_{0}$ mm 的内径后，再铣端面 A，得到要求尺寸 $540^{0}_{-0.35}$ mm，问：工序尺寸 B 的公称尺寸及上、下极限偏差应为多少？

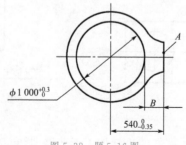

图 5-38 题 5-16 图

5-17 如图 5-39 所示的零件，成批生产时用端面 B 定位加工表面 A，以保证尺寸 $10^{+0.2}_{0}$ mm，试标注铣此缺口时的工序尺寸及公差。

5-18 加工图 5-40 所示的零件,工序为:车外圆 $\phi112.5_{-0.1}^{0}$ mm,铣键槽尺寸达到 A。磨外圆尺寸达到尺寸 $\phi80_{-0.05}^{0}$ mm,如车外圆与磨外圆轴线的同轴度公差为 $\phi0.1$ mm,试求铣键槽的工序尺寸 A。

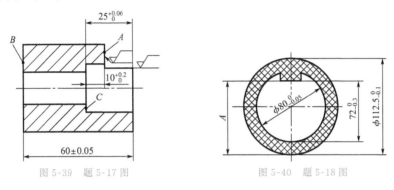

图 5-39 题 5-17 图 　　　　图 5-40 题 5-18 图

5-19 图 5-41 所示为某零件的加工路线图。工序 I:粗车小端外圆、肩面及端面;工序 II:车大外圆及端面;工序 III:精车小端外圆、肩面及端面。试校核工序 III 精车端面的加工余量是否合适。若加工余量不够,应如何改进?

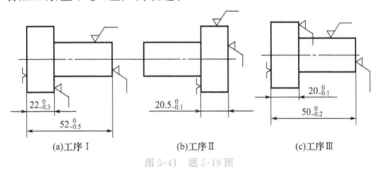

(a)工序 I 　　　(b)工序 II 　　　(c)工序 III

图 5-41 题 5-19 图

5-20 何谓 CAPP?简述 CAPP 系统的组成和基本原理。

5-21 何谓生产率?举例说明提高机械加工生产率可以采取哪些工艺措施。

5-22 何谓时间定额?它在生产中有何作用?何谓单件时间定额?如何计算?

5-23 举例说明缩短基本时间、辅助时间的工艺措施。

5-24 何谓生产成本和工艺成本?何谓可变费用和不变费用?何谓全年工艺成本和单件工艺成本?

5-25 怎样比较不同工艺方案的经济性?

第6章

典型零件的加工工艺

工程案例

滚珠丝杠如图6-0所示,具有摩擦系数小、传动效率高、精度高等优点,非常适合高精度、高转速的传动情形,广泛应用于数控机床中。

图 6-0　滚珠丝杠

滚珠丝杠的优点是由其自身高制造精度决定的。滚珠丝杠由丝杠、螺母、滚动体及反向装置等组成。其中丝杠的加工很有典型性。试想,一根轴是如何加工成如此精确的丝杠的?可带着这个问题开始本章的学习。

零件的材料、结构和用途不同,技术要求也千差万别,因此,零件的加工工艺各不一样。本章研究常见零件的典型加工工艺问题,结合生产实例重点分析、阐述轴类零件和箱体零件的典型加工工艺,也包括箱体零件的数控加工工艺分析,并简介齿轮、套和叉杆零件的结构特点和加工方法,以理解和掌握常见零件典型加工工艺所具有的共同规律和方法,灵活制定工艺规程,保证高效、经济地达到预期加工质量。

【学习目标】

1.掌握常见典型零件的加工工艺。

2.了解齿轮、套和叉杆零件的结构特点和加工方法。

6.1　轴类零件

轴类零件在机器中用来支承传动零部件,以实现运动和动力的传递。

6.1.1　轴类零件的结构特点和技术要求

轴类零件是回转体零件,其长度大于直径。一般由同轴线的圆柱面、圆锥面、螺纹和相应的端面所组成,有些轴上还有花键、沟槽、径向孔等。

按结构形状的不同,轴可分为光轴、阶梯轴、空心轴和异型轴等,如图 6-1 所示。

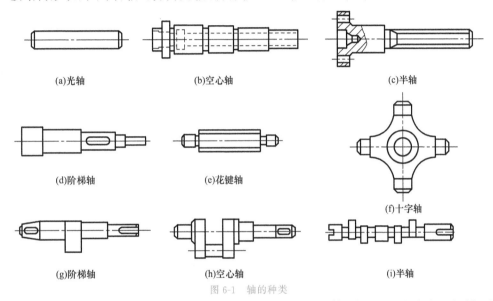

(a)光轴　　　　(b)空心轴　　　　(c)半轴

(d)阶梯轴　　　　(e)花键轴

(f)十字轴

(g)阶梯轴　　　　(h)空心轴　　　　(i)半轴

图 6-1　轴的种类

按轴的长度和直径比来分,一般长径比小于 6 的称为短轴,大于 20 的称为细长轴,大多数轴则介于两者之间。

一般传动轴都有两个支承轴径,工作时通过轴径支承在轴承上,这两个支承轴径便是其装配基准,通常也是其他表面的设计基准,所以它的精度和表面质量要求较高。对于一些重要的轴,支承轴径除规定较高的尺寸精度外,通常还规定圆度、圆柱度以及两轴径之间的同轴度等形状精度要求等。对于其他工作轴径,如安装齿轮、带轮、螺母、轴套等零件的轴径,除了有本身的尺寸精度和表面粗糙度要求外,通常还要求其轴线与两支承轴径的公共轴线同轴,以保证轴上各运动部件的运动精度。此外,一些重要轴径的端面对轴线的垂直度也有要求。

6.1.2　轴类零件的材料、毛坯和热处理

轴类零件的毛坯常用棒料和锻件。光滑轴、直径相差不大的非重要阶梯轴宜选用棒料,一般比较重要的轴大多采用锻件作为毛坯,只有某些大型的、结构复杂的轴采用铸件。

根据生产规模的不同,毛坯的锻造方式有自由锻和模锻两种。中小批生产多采用自由锻。大批大量生产时通常采用模锻。

轴类零件应根据不同的工作条件和使用要求选用不同的材料,并且采用不同的热处理方法,以获得一定的强度、韧性和耐磨性。

45 钢是轴类零件的常用材料,它价格低廉,经过调质(或正火)后,可得到较好的切削性

能,而且能够获得较高的强度和韧性,淬火后表面硬度可达 45～52 HRC。

40Cr 等合金结构钢适用于中等精度而转速较高的轴类零件。这类钢经调质和淬火,具有较好的综合力学性能。

轴承钢 GCr15 和弹簧钢 65Mn 等材料,经过调质和表面高频淬火后,表面硬度可达50～58 HRC,并具有较高的耐疲劳性能和较好的耐磨性,可制造较高精度的轴。

精密机床的主轴,如磨床砂轮轴、坐标镗床主轴,可选用 38CrMoAlA 渗氮钢。这种钢经调质和表面渗氮处理后,不仅能获得很高的表面硬度、耐磨性及抗疲劳性能,而且渗氮处理要比渗碳和各种淬火的热处理变形小,不易产生裂纹,所以更有利于获得高精度和高性能。

6.1.3 轴类零件加工工艺分析

1.轴类零件定位基准与装夹方法的选择

在轴类零件加工中,为保证各主要表面的相互位置精度,选择定位基准时,应尽可能使其与装配基准重合并使各工序的基准统一,而且还要考虑在一次安装中尽可能加工出较多的面。

轴类零件加工时,精基准的选择通常有两种:

(1)采用顶尖孔作为定位基准

可以实现基准统一,能在一次安装中加工出各段外圆表面及端面,可以很好地保证各外圆表面的同轴度以及外圆与端面的垂直度,加工效率高并且所用夹具结构简单。所以对于实心轴(锻件或棒料毛坯),在粗加工之前,应先打顶尖孔,以后的工序都用顶尖孔定位。对于空心轴,可采用下面的方法:在中心通孔的直径较小时,可直接在孔口倒出宽度不大于2 mm 的 60°锥面,用倒角锥面代替中心孔;在不宜采用倒角锥面作为定位基准时,可采用带有中心孔的锥堵或带锥堵的拉杆心轴,如图 6-2 所示。锥堵与工件的配合面应根据工件的形状做成相应的锥形(图 6-2(a)),如果轴的一端是圆柱孔,则锥堵的锥度取 1:500(图 6-2(b))。通常情况下,锥堵装好后不应拆卸或更换,如必须拆卸,重装后必须按重要外圆进行找正和修磨中心孔。

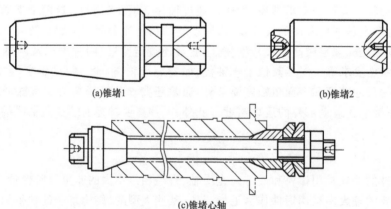

(a)锥堵1   (b)锥堵2

(c)锥堵心轴

图 6-2 锥堵与锥堵心轴

如果轴的长径比较大,而刚性较差,通常还需要增加中间支承来提高系统的刚性,常用的辅助支承是中心架或跟刀架。

(2)采用支承轴径作为定位基准

因为支承轴径既是装配基准,也是各个表面相互位置的设计基准,这样定位符合基准重合的原则,不会产生基准不重合误差,容易保证关键表面间的位置精度。

2.轴类零件中心孔的修研

作为定位基面的中心孔的形状误差(如多角形、椭圆等)会复映到加工表面上,中心孔与顶尖的接触精度也将直接影响加工误差,因此,对于精密轴类零件,在拟定工艺过程时必须保证中心孔具有较高的加工精度。

单件小批生产时,中心孔主要在卧式车床或钻床上钻出;大批量生产时,均用铣端面钻中心孔机床来加工中心孔,不但生产率高,而且能保证两端中心孔在同一轴线上和保证一批工件两端中心孔间距相等。

中心孔经过多次使用后可能磨损或拉毛,或者因热处理和内应力而使表面产生氧化皮或发生位置变动,因此在各个加工阶段(特别是热处理后)必须修研中心孔,甚至重新钻中心孔。修研中心孔常用的方法有;

(1)用磨合或橡胶砂轮修研

修研时将圆柱形的磨石或橡胶砂轮夹在车床的卡盘上,用装在刀架上的金刚石笔将其前端修成顶尖形状,然后将工件顶在磨石和车床后顶尖之间,加入少量的润滑油,高速开动车床使磨石转动进行修研;同时,手持工件断续转动,以达到均匀修整的目的。这种方法磨石或砂轮的损耗量大,不适合大批量生产。

(2)用铸铁顶尖修研

与第(1)种方法基本相同,只是用铸铁顶尖代替磨石顶尖,顶尖转速略低一些,而且修研时要加研磨剂。

(3)用硬质合金顶尖修研

修研用的工具为硬质合金顶尖,它的结构是在 $60°$ 锥面上磨出六角形,并留有 $f=0.2\sim0.5\ \text{mm}$ 的等宽刃带。这种方法生产率高,但修研质量稍差,多用于普通轴中心孔的修研,或作为精密轴中心孔的粗研。

(4)用中心孔专用磨床磨削

这种方法精度和效率都较高,表面粗糙度达 $Ra\ 0.32\ \mu\text{m}$。圆度公差达 $0.8\ \mu\text{m}$。

3.轴类零件典型加工工艺路线

对于 7 级精度、表面粗糙度为 $Ra\ 1\sim Ra\ 0.5\ \mu\text{m}$ 的一般传动轴,其典型工艺路线为:正火—车端面、钻顶尖孔—粗车各表面—精车各表面—铣花键、键槽等—热处理—修研顶尖—粗磨外圆—精磨外圆—检验。

在单件小批生产中,轴类零件的粗车、半精车一般使用卧式车床,大批大量生产中则广泛采用液压仿形车床或多刀半自动车床;对于形状复杂的轴类零件,在转塔车床或数控车床上加工效果更好。

轴上花键、键槽等次要表面的加工,一般都在外圆精车之后、磨削之前进行,以免划伤已加工好的主要表面。

在轴类零件的加工过程中,通常都要安排适当的热处理,以保证零件的力学性能和加工精度,并改善切削加工性。一般毛坯锻造后安排正火工序,而调质处理则安排在粗加工后,以消除粗加工产生的内应力及获得较好的金相组织。如果工件表面有一定的硬度要求,则需要在磨削之前安排淬火工序或在粗磨后、精磨前安排渗氮处理工序。

4.车床主轴加工工艺及检验

机床主轴一般都是单一轴线的阶梯轴,其工艺过程较长,定位和加工较复杂。下面以

图 6-3 所示成批生产的 C6150 车床主轴为例说明主轴加工的工艺过程及检验方法。

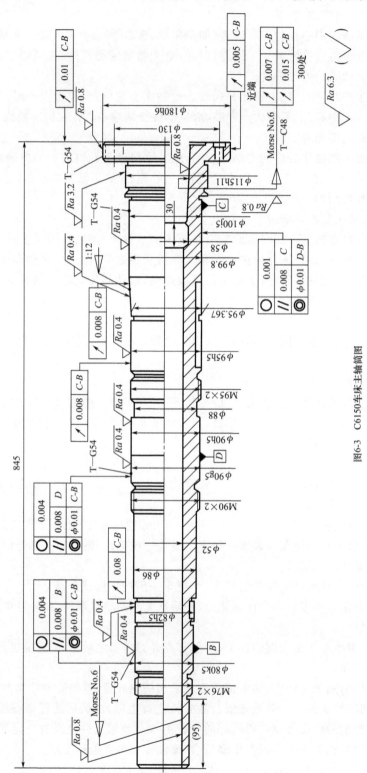

图6-3　C6150车床主轴简图

C6150 车床主轴的机械加工工艺过程见表 6-1。从表 6-1 中可以看出，C6150 车床主轴的加工既有轴类零件加工的共性，也有空心轴加工的工艺特点，分析如下：

表 6-1　　　　　　　　　　　　C6150 车床主轴的机械加工工艺过程　　　　　　　　　　　mm

序号	工序内容	定位基面	设备
1	锻造		
2	正火		回火炉
3	锯小端，保证总长 853±1.5		锯床
4	钻中心孔	小端外形	钻床
5	粗车各外圆(均留余量 2.5~3)，ϕ115 外圆只车一段	大端外形及端面，小端中心孔	C731 液压仿形车床
6	(1)粗车 B 面、ϕ180 外圆，均放余量 2.5~3； (2)粗车法兰后端面及 ϕ115 外圆，与上道工序接平；半精车 ϕ100 外圆为 ϕ102±0.05(工艺要求)；车小头端面，保留中心部分(不大于 20)	(1)小端外形，ϕ100 表面(搭中心架)； (2)大端外形，小端中心孔	C630 车床
7	钻 ϕ50 中心导向孔	小端外形，ϕ100 表面(搭中心架)	C630 车床
8	钻 ϕ50 中心通孔	小端外形，ϕ100 表面(搭中心架)	深孔钻床
9	调质硬度 230~250HBW		
10	车小端面，车内孔(光出即可，长度不少于 10)，孔口倒角	大端外形，ϕ80 表面(搭中心架)	C620 车床
11	半精车各外圆及 1:12 锥面，留磨量 0.5~0.6，螺纹外径留磨量 0.2~0.3，ϕ80、ϕ72 外圆车至尺寸	大端外形，小端孔口倒角	C731 液压仿形车床
12	(1)半精车大端法兰，半精车莫氏锥孔，车内环槽 ϕ58×30； (2)半精车法兰后端面，半精车 ϕ115 外圆，车各沉割槽及斜槽，倒角	(1)小端外形，ϕ100 外圆(搭中心架)； (2)大端外形，小端孔口倒角	C620 车床
13	扩中心 ϕ52 通孔	大端外形，ϕ80 外圆(搭中心架)，径向圆跳动不大于 0.05	深孔钻床
14	热处理：按图中 ϕ180、ϕ100、ϕ90、ϕ80 各部位调质高频淬火，硬度为 54HRC，B 端锥孔淬火，硬度为 45~50HRC		
15	(1)精车 B 面及 ϕ100×1.5 内凹面； (2)车小端 Morse No.6 锥孔(工艺用)，精车端面，内外倒角	(1)小端外形，ϕ100 外圆(搭中心架)； (2)大端外形，ϕ80 外圆(搭中心架)	C620 车床
16	半精磨各外圆(留磨量 0.12~0.15)、1:12 锥面(留磨量 0.2~0.3)、螺纹外圆、法兰外圆及后端面	用锥套心轴夹持，找正 ϕ80、ϕ100 外圆，径向圆跳动不大于 0.03	M1432B 外圆磨床
17	(1)铣键槽 16h10； (2)铣键槽 12h10	(1)ϕ95 外圆； (2)ϕ82 外圆(在 ϕ100 处加辅助支承)	3# 万能铣床
18	钻法兰各孔，用冲头在孔口倒角	B 面，ϕ180 外圆及 16h10 键槽	专用钻床
19	精车 M95×2、M90×2、M76×2 螺纹，精车法兰后端面	大端外形，小端孔口倒角；找正 ϕ100、ϕ80 外圆，径向圆跳动不大于 0.05	C6150 车床
20	精磨各外圆、A 面、B 面、1:12 锥面，ϕ90h5 外径工艺要求为 $\phi90^{-0.005}_{-0.010}$；	锥套心轴夹持，找正 ϕ100、ϕ80 外圆，径向圆跳动不大于 0.01；	M1432 外圆磨床
21	精磨大端锥孔	找正 ϕ100、ϕ80 外圆，径向圆跳动不大于 0.005，以 ϕ82 轴肩为轴向定位	专用磨床

(1)加工阶段的划分

由于主轴是多阶梯带通孔的零件,切除大量金属后,会引起残余应力重新分布而变形,所以安排工序时,一定要粗、精加工分开。C6150 车床主轴的加工就是以重要表面的粗加工、半精加工和精加工为主线,适当穿插其他表面的加工工序而组成的工艺路线,各阶段的划分大致以热处理为界。

(2)定位基准的选择

为避免引起变形,主轴通孔的加工不能安排在最后。所以安排工艺路线时不可能用主轴本身的中心孔作为统一的定位基准,而要使用中心孔和外圆表面互为基准:

①用毛坯外圆表面作为粗基面,钻中心孔。

②用中心孔定位,粗车外圆表面和端面。

③用外圆表面定位,钻中心通孔。

④用外圆表面定位,半精加工中心通孔、大端锥孔和小端圆柱孔(或锥孔)。

⑤用带有中心孔的锥套心轴定位,进行半精加工和精加工工序,如图 6-4 所示。

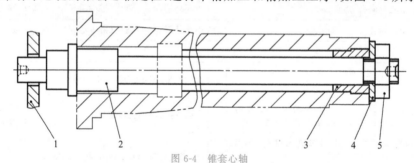

图 6-4 锥套心轴

1—夹头;2—心轴;3—锥套;4—垫圈;5—螺母

(3)工序顺序的安排

①先安排定位基面加工　在主轴的加工过程中,不论在任何加工阶段,总是先安排好定位基面的加工,为加工其他表面做好准备,如粗加工阶段工序 4、半精加工阶段工序 10、精加工阶段工序 15。

②后安排其他表面和次要表面的加工　对于主轴上的花键、键槽、螺纹等次要表面的加工,通常安排在外圆精车或粗磨以后、精磨之前进行,否则会在外圆终加工时产生冲击。不利于保证加工质量和影响刀具的寿命,或者会破坏主要表面已经获得的精度。

③深孔的加工　为使中心孔能够在多道工序中使用,深孔加工应靠后安排。但深孔加工属于粗加工,余量大、发热多、变形大,所以不能放到最后加工。本例安排在外圆半精车之后,以便有一个较为精确的轴径作为定位基准,这样加工出的孔容易保证主轴壁厚均匀。

(4)主要表面加工方法的选择

①主轴各外圆表面的加工　主轴各外圆表面的车削通常划分为粗车、半精车、精车三个步骤。为了提高生产率,不同生产条件下采用不同的机床设备:单件小批生产时,采用卧式车床;成批生产时,采用液压仿形车床、转塔车床或数控车床;大批大量生产时,常采用液压仿形车床或多刀半自动车床等。

一般精度的车床主轴精加工采用磨削方法,安排在最终热处理之后,用以纠正热处理中产生的变形,并最后达到精度和表面粗糙度要求。

　　磨削主轴一般在外圆磨床或万能磨床上进行,前、后两顶尖都采用高精度的固定顶尖,并注意顶尖和中心孔的接触面积,必要时要研磨顶尖孔,并对磨床砂轮轴的轴承也提出了很高的要求。

　　②主轴锥孔的精加工　主轴锥孔的精加工是主轴加工的最后一道关键工序。C6150 车床主轴的锥孔加工在改装的专用锥孔磨床上进行,采用两个支承轴径表面作为定位基面,并以 $\phi82$ mm 轴肩轴向定位。安装主轴支承轴径的夹具有图 6-5 所示三种,可根据生产类型和加工要求选用。

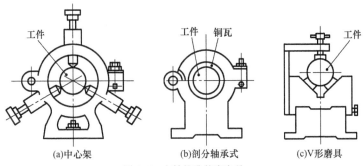

(a)中心架　　　　　　　(b)剖分轴承式　　　　　　(c)V形磨具

图 6-5　主轴锥孔的磨夹具

　　锥孔磨削时,为减少磨床工件头架主轴的圆跳动对工件回转精度的影响,工件头架主轴必须通过浮动连接传动工件,工件的回转轴线应由前述磨夹具确定,可以消除头架主轴回转轴线圆跳动对工件回转轴线产生的影响。

　　③主轴中心通孔的加工　C6150 车床主轴的中心通孔加工属于深孔加工,使用的刀具细长、刚性差、排屑困难、散热条件差,因此加工困难,工艺较复杂。单件小批生产时,可在普通钻床上用接长的麻花钻加工。但要注意,加工中需要多次退出钻头,以便排屑和冷却钻头和工件。批量较大时,采用深孔钻床及深孔钻头,可以获得较高的加工质量和生产率。

　　(5)主轴的检验

　　在零件加工全部完成后,要对主轴的尺寸精度、形状精度、位置精度和表面粗糙度进行全面检查,以确保各项精度指标达到图样要求。

　　主轴的最终检验要按一定顺序进行,先检验各个外圆的尺寸精度、素线平行度和圆度,再用外观比较法检验各表面粗糙度和表面缺陷,最后再用专用检具检验各表面之间的位置精度,这样可以判明和排除不同性质误差之间对测量精度的干扰。

　　检验前、后支承轴径对公共基准的同轴度误差,通常采用如图 6-6 所示的方法。如果支承轴径的圆度误差很小,则可以忽略,千分表的读数可作为各对应轴径相对于轴线的同轴度误差。

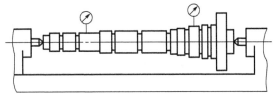

图 6-6　支承轴径同轴度的检验

　　C6150 车床主轴上其他各表面相对于支承轴径位置精度的检验常在图 6-7 所示的专用检具上进行。按照检验要求,在各个有关表面放置千分表,用手轻轻转动主轴,通过千分表的读数即可测出各项误差。检验主轴前锥孔对支承轴径的径向圆跳动和端面圆跳动时,为了消除检验心棒测量部分和圆锥体之间的同轴度误差,应将心棒转过180°插入主轴锥孔再测一次,求两次读数的平均值。前端锥孔的形状误差和尺寸精度,可用专用锥度量规检验,并用涂色法检查锥孔表面的接触情况,这项检验应在检验锥孔跳动之前进行。

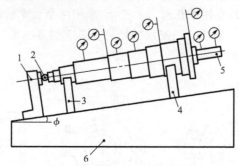

图 6-7　主轴相互位置精度的检验

1—挡铁;2—钢球;3、4—V形架;5—检验心棒;6—测量座

5.细长轴的加工工艺特点

丝杠、光杠等细长轴刚性差,加工过程中极易产生变形,加工效率低。即使在切削用量很小的情况下,也容易发生弯曲变形和振动,难以保证较高的加工质量。生产中常采用以下方法来解决这些问题。

(1)采用跟刀架

跟刀架装在刀架的滑板上和刀具一起纵向移动,这样可以消除由于径向切削力作用到工件上把工件顶弯的现象,但是一定要注意把跟刀架的中心与机床顶尖的中心调整一致。粗车时,跟刀架的支承块装在刀尖后1~2 mm处;精车时,装在刀尖的前面,以免划伤精车过的表面。

(2)采用恰当的工件装夹方法

车削细长轴时,常采用一头夹一头顶的装夹方法,如图6-8所示。同时,在卡盘的一端车出一个缩径,缩径的直径约为工件棒料直径的一半。缩径的作用就像一个万向接头,可以增加工件的柔性,消除了由于坯料本身的弯曲而在卡盘强制夹持下轴线歪斜的影响。在各卡爪与工件之间垫上钢丝,也可以起到同样的作用。同时后顶尖采用弹性顶尖,这样工件在热伸长后,可以使顶尖轴向伸缩,减少工件的变形。

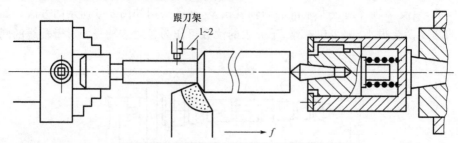

图 6-8　细长轴工件和跟刀架的安装

(3)采用反向进给

如图6-8所示。进给方向由卡盘一端指向尾座,刀具作用在工件上的轴向力对工件的作用是拉伸而不是压缩,由于后面采用了可伸缩的尾座顶尖,可以补偿工件轴向的伸长,所

以不会把工件压弯。

（4）采用恰当的车刀

车削细长轴时可用主偏角较大的车刀,同时采用较大的进给量,这样可以增大轴向力,减小径向力,使工件在强有力的拉伸作用下,消除径向的颤动,达到平稳切削的效果。此外,粗车刀前刀面还可开出断屑槽,以便实现良好断屑;精车刀常采用一定的负刃倾角,使切屑流向待加工表面,防止表面刮伤。

（5）采用无进给磨削

磨削细长轴时,由于磨削力的影响,工件容易弯曲变形,造成实际磨削深度减小,磨出的工件呈现腰鼓形状。因此,为了获得精确的几何形状和尺寸精度,磨削细长轴时必须进行多次无进给光磨,直到火花完全消失为止。

（6）合理存放零件

细长轴的结构特点决定了零件在存放或搬运过程中,应尽量将零件竖放或垂直吊置,以免因自重而引起弯曲变形。

6.2 箱体零件

箱体是机器的基础零件,其作用是将机器和部件中的轴、套、齿轮等有关零件连接成一个整体,并使之保持正确的相对位置,彼此能协调工作,以传递动力,改变速度,完成机器或部件的预定功能。因此,箱体零件的加工质量直接影响机器的性能、精度和寿命。

6.2.1 箱体零件的结构特点和技术要求

图 6-9 所示是箱体零件常见的结构形式。从图中可以看出,箱体零件结构的主要特点是:形状复杂,有内腔;体积较大;壁薄而且不均匀;有若干精度较高的孔(孔系)和平面;有较多的紧固螺纹孔等。

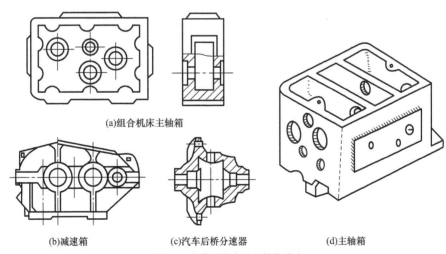

(a)组合机床主轴箱

(b)减速箱　　　　(c)汽车后桥分速器　　　　(d)主轴箱

图 6-9 箱体零件常见的结构形式

一般箱体零件的主要技术要求如下:

1.孔径精度

孔径的尺寸精度和几何精度会影响轴的回转精度和轴承的寿命,因此箱体零件对孔径精度要求较高。

2.孔与孔的位置精度

同一轴线上各孔的同轴度误差和孔的端面对轴线的垂直度误差,会影响主轴的径向圆跳动和轴向窜动,同时也使温升加大,并加剧轴承磨损。一般同轴线上各孔的同轴度约为最小孔径尺寸公差的一半。孔系之间的平行度误差会影响齿轮的啮合质量。

3.主要平面的精度

箱体零件上的装配基面通常既是设计基准又是工艺基准,其平面度误差直接影响主轴与床身连接时的接触刚度,加工时还会影响轴、孔的加工精度,因此这些平面必须本身平直、彼此相互垂直或平行。

4.孔与平面的位置精度

箱体零件一般都要规定主要轴承孔和安装基面的平行度要求,它们决定了主要传动轴和机器上装配基准面之间的相互位置及精度。

5.表面粗糙度

重要孔和主要的表面粗糙度会影响连接面的配合性质和接触刚度,所以都有较严格的要求。

6.2.2 箱体零件的材料、毛坯和热处理

一般箱体零件材料常选用灰铸铁,其价格低廉,并具有较好的耐磨性、可铸性、可加工性和吸振性。有时为了缩短生产周期和降低成本,在单件生产时或某些简易机器的箱体,也可以采用钢材焊接结构。在某些特定条件下,也可以选用非铸铁等其他材料,如飞机发动机箱体常采用铝镁合金,摩托车曲轴箱选用铝合金,可在保证强度和刚度的基础上减轻重量,同时用铸铁镶套嵌入曲轴轴承孔中增加耐磨性。

铸件毛坯的加工余量视生产批量而定。在单件小批生产时,一般采用木模手工造型,毛坯精度低,加工余量较大;在大批量生产时,采用金属模机器造型,毛坯精度高,加工余量可适当减小。单件小批生产中直径大于 50 mm 的孔、成批生产中直径大于 30 mm 的孔,一般都在毛坯上铸出预制孔,以减小加工余量。

毛坯铸造时,应防止砂眼和气孔的产生。为了减小毛坯铸造时产生的残余应力,铸造后应安排退火或时效处理,以减少零件的变形,并改善材料的切削性能。对于精度高或壁薄而且结构复杂的箱体,在粗加工后应进行一次人工时效处理。

6.2.3 箱体零件加工工艺分析

1.拟定加工工艺的原则

(1)先面后孔

先加工平面,可以为孔的加工提供稳定可靠的基准面,同时切除了铸件表面的凹凸不平和夹砂等缺陷,对孔的加工、保护切削刃与对刀都有利。

(2)粗精分开

箱体零件结构复杂,壁薄厚不均,主要平面和孔系的加工精度要求又高,因此应将主要表面的粗、精加工工序分阶段进行,消除由粗加工造成的内应力、切削力、夹紧力等因素对加工精度造成的不利影响。同时,可根据不同要求,合理选择设备,充分发挥设备的潜能和优势。在实际生产中,对于单件生产或精度要求不高的箱体或受设备条件限制时,也可将粗、

精加工在同一台机床上完成,但是必须采取相应的措施,尽量减少加工中的变形。如粗加工后,应将工件松开并冷却,使工件在夹紧力的作用下产生的弹性变形得以恢复,并且彻底释放内应力的作用,然后再以较小的力重新夹紧,并以较小的切削用量和多次进给进行精加工。

(3)定位基准的选择

①精基准的选择　精基准选择时应尽量符合"基准重合"和"基准统一"原则,保证主要加工表面(主要轴径的支承孔)的加工余量均匀,同时定位基面应形状简单、加工方便,以保证定位质量和夹紧可靠。此外,精基准的选择还与生产批量的大小有关。箱体零件典型的定位方案有两种:

● 采用装配基面定位　箱体零件的装配基准通常也是整个零件上各项主要技术要求的设计基准,因此选择装配基准作为定位基准,不存在基准不重合误差,并且在加工时箱体开口一般朝上,便于安装调整刀具,更换导向套,测量孔径尺寸,观察加工情况,加注切削液等。

如果箱体中间壁上有孔需要加工,为提高刀具系统的刚性,必须在箱体内部相应的部位设置刀杆的导向支承——吊架,如图 6-10 所示。由于加工中吊架需要反复装卸,加工辅助时间较长,不易实现自动化,而且吊架的刚性较差,加工精度也会受到影响,所以这种定位方式只适合于生产批量不大或无中间孔壁的简单箱体。

● 采用"一面两孔"定位　在实际生产中,"一面两孔"的定位方式在各种箱体加工中的应用十分广泛,如图 6-11 所示。可以看出,这种定位方式,夹具结构简单,装卸工件方便,定位稳定可靠,并且在一次安装中,可以加工除定位面以外的所有 5 个平面和孔系,也可以作为从粗加工到精加工大部分工序的定位基准,实现"基准统一"。因此,在大批量生产,尤其是在组合机床和自动线上加工箱体时,常采用这种定位方式。

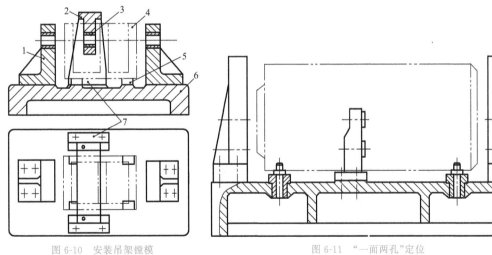

图 6-10　安装吊架镗模　　　　　　　　　　　图 6-11　"一面两孔"定位

1—镗模架;2—吊架;3—中间导向孔;4—工件;

5—定位板;6—底座;7—吊架定位板

②粗基准的选择　箱体零件加工面较多,粗基准选择时主要考虑各加工面能否分配到合理的加工余量,以及加工面与非加工面之间是否具有准确的相互位置关系。

箱体零件上一般有一个(或几个)主要的大孔,为了保证孔加工的余量均匀,应以该毛坯孔为粗基准。箱体零件上的不加工面以内腔为主,它和加工面之间有一定的相互位置关系。箱体中往往装有齿轮等传动件,它们与不加工的内壁之间只有不大的间隙。如果加工出的轴承孔与内腔壁之间的误差太大,就有可能使齿轮安装时与箱体壁相碰。从这一要求出发,应选内壁为粗基准,但这将使夹具结构十分复杂。考虑到铸造时内壁与主要孔都是由同一个泥芯浇铸的,因此实际生产中常以孔为主要粗基准,限制4个自由度,而辅之以内腔或其他毛坯孔为次要基准面,以实现完全定位。

(4)工序集中

在大批大量生产中,箱体类零件的加工广泛采用组合机床、专用机床或数控机床等其他高效机床来使工序集中。这样可以有效地提高生产率,减小机床数目和占地面积,同时有利于保证各表面之间的相互位置精度。

(5)合理安排热处理

一般箱体零件在铸造后必须消除内应力,防止加工和装配后产生变形,所以应合理安排时效处理。时效的方法多采用自然时效或人工时效。为了避免和减少零件在机加工和热处理车间之间的运输工作量,时效处理可在毛坯铸造后、粗加工前进行。对于精度要求较高的箱体零件,通常粗加工后还要再安排一次时效处理。

(6)加工方法和加工设备的选择

箱体上的轴承孔通常在卧式镗床上进行加工,轴承孔的端面可以在镗孔时的一次安装中加工出来。导轨面、底面、顶面或接合面等主要表面的粗、精加工,通常在龙门铣床或龙门刨床上加工,小型的也可在普通铣床上加工。连接孔、螺纹孔、销孔、通油孔等可以在摇臂钻床、立式钻床或组合专用机床上加工。

2.箱体零件的孔系加工

孔系加工是箱体零件加工的关键。箱体零件上的孔,不仅本身精度要求高,而且孔之间相互位置精度要求也高。

(1)平行孔系的加工

箱体上轴线相互平行而且孔距也有一定精度要求的一组孔称为平行孔系。生产中保证孔距精度的方法如下:

①找正法 找正法是工人在通用机床上利用各种辅具来找正孔的正确加工位置的方法。这种方法加工效率低,通常只适用于单件小批生产。找正法可分为划线找正法、样板找正法、心轴量块找正法、定位套找正法等。

②坐标法 坐标法的基本原理是将孔系所有孔距尺寸及其公差换算成直角坐标系中的坐标尺寸及公差,然后按换算后的坐标尺寸调整机床进行镗削加工,以达到图样要求。这种方法的加工精度取决于机床坐标的移动精度,实际上就是坐标测量装置的精度。采用坐标法加工孔系时,要特别注意基准孔和镗孔顺序的选择,否则,坐标尺寸的累积误差会影响孔距精度。

③镗模法 在成批和大量生产中,多采用镗模在镗床上加工孔系,如图6-12所示。这种方法加工精度高,生产率也高。在单件小批生产中,当零件形状比较复杂、精度要求较高时,常采用此法。

用镗模加工时,一般镗杆与机床主轴之间采用浮动连接,机床主轴仅起传递转矩的作用,所以,只要镗模的精度足够高,即使在普通精度的机床上,也能加工出较高精度的孔系。

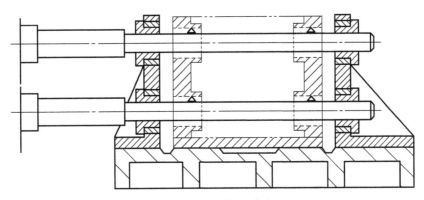

图 6-12　用镗模加工孔系

（2）同轴孔系的加工

同轴孔系的加工方法与生产批量有关。成批生产时，一般用镗模加工，同轴度由镗模保证。单件小批生产时，常采用以下方法：

①利用已加工孔导向　如图 6-13 所示为加工距离箱壁较近的同轴孔。

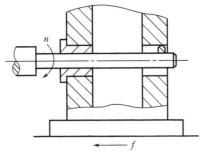

图 6-13　利用已加工孔导向加工同轴孔系

②利用镗床后立柱上的导向套支承镗杆　用这种方法加工时，镗杆为两端支承，刚性较好，但镗杆较长。加工时调整比较麻烦，所以只适用于大型箱体零件的同轴孔加工。

③采用调头镗　当箱体壁距离较远时，可以采用调头镗的方法。采用这种方法，必须采取一定措施仔细找正工作台回转后的方向，以保证同轴度精度。

如图 6-14 所示，利用箱体上与所镗孔的轴线有平行度要求的较长平面来找正。如果工件上没有这种已加工好的工艺基面，也可以将平行长铁置于工作台上，用类似的方法找正。

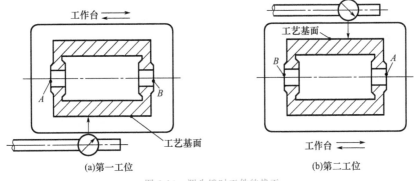

(a)第一工位　　　　　　　　　(b)第二工位

图 6-14　调头镗时工件的找正

3.车床主轴箱加工工艺及检验

车床主轴箱结构较复杂,精度要求较高,是非常典型的箱体零件。现以图 6-15 所示的某车床主轴箱为例,简单介绍其加工工艺路线。表 6-2 列出了其大批量生产的工艺过程。

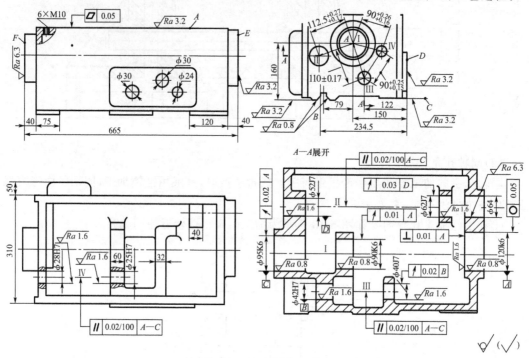

图 6-15　某车床主轴箱简图

表 6-2　　　　　　　　　　　　　某主轴箱生产工艺过程

序号	工序内容	定位基准
1	铸造	
2	时效	
3	油漆	
4	铣顶面 A	Ⅰ孔和Ⅱ孔
5	钻、扩、铰 $2 \times \phi 8H7$ 工艺孔	顶面 A 及外形
6	铣面端面 E、F 及前面 D	顶面 A 及两工艺孔
7	铣导轨面 B、C	顶面 A 及两工艺孔
8	磨顶面 A	导轨面 B、C
9	粗镗各纵向孔	顶面 A 及两工艺孔
10	精镗各纵向孔	顶面 A 及两工艺孔
11	精镗主轴孔 Ⅰ	顶面 A 及两工艺孔
12	加工横向孔及各面上的次要孔	
13	磨 B、C 导轨面及前面 D	顶面 A 及两工艺孔
14	将 $2 \times \phi 8H7$ 及 $4 \times \phi 7.8$ 均扩至 $\phi 8.5$,攻 $6 \times M10$	
15	清洗、去毛刺、倒角	
16	检验	

可以看出,该主轴箱的机械加工工艺过程遵循了箱体零件加工的基本原则。

为了消除内应力,同时减少运输工作量,毛坯进入机加工车间前进行了时效处理。

在工序 4 中,以主要孔为定位基准,遵循了"重要表面"的原则,先加工主要定位面 A 面,紧接着加工工艺孔,后面的主要工序基本都以 A 面和两个 $\phi8$ mm 的工艺孔定位,遵循了"基准统一"的原则;在工序 6、7 中,先加工各表面,然后在后边的 9、10、11 工序中加工各表面上的孔,遵循了"先面后孔"的基本思想。次要表面的加工,如工序 12、14 安排在主要表面加工(如工序 6、7、8、9、10、11、13)之后;而且以工序 8 提高定位面 A 的精度为特征,将加工划分为粗加工和精加工两个阶段;能在一个工序中完成的加工则尽量安排在一个工序中完成,如工序 6、9、10、12、13、14,这样一次安装下各表面的相互位置精度只与机床的精度有关,而与安装误差无关,从而更容易保证加工要求。

考虑各轴孔的加工由镗模进行调整法加工,所以只考虑安排一次最终检验。零件的检验主要有:各加工表面的表面粗糙度及外观;孔与平面的尺寸精度及几何精度;孔系相互位置精度等。

(1)表面粗糙度检验

通常用目测或样板比较法,只有表面粗糙度值很小时,才考虑采用光学量仪。外观检查只需要根据工艺规程检查完工情况及加工表面有无缺陷即可。

(2)孔的尺寸精度检验

一般用塞规检验。单件小批生产或需要确定误差数值时,可采用内径千分尺或内径千分表检验。

(3)平面的直线度检验

可用平尺和塞尺或水平仪与样板检验;平面的平面度可用自准直仪或水平仪与样板检验,也可用涂色检验。

(4)箱体零件孔系的相互位置精度的检验

一般采用如下方法:

①同轴度检验　一般工厂常用通用检验棒按图 6-16 所示方法检验;用图 6-17 所示方法可测定孔同轴度误差数值。

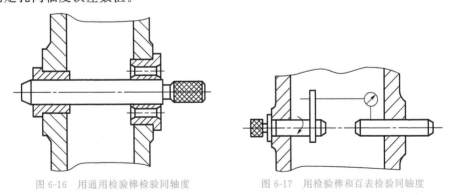

图 6-16　用通用检验棒检验同轴度　　　　图 6-17　用检验棒和百表检验同轴度

②孔间距和孔轴线平行度的检验　如图 6-18 所示,根据孔精度的高低,可以分别使用游标卡尺或千分尺,测量出图示 a_1 和 a_2 或 b_1 和 b_2 的大小,即可得出孔距 A 和平行度的实际值。

③孔轴线对基准平面的距离和平行度检验　方法如图 6-19 所示。

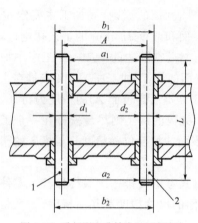

图 6-18　孔间距和孔轴线平行度检验

1、2—标准量棒

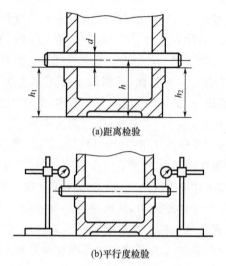

(a)距离检验

(b)平行度检验

图 6-19　孔轴线对基准平面的距离和平行度检验

除了上述方法外,零件的尺寸、形状和位置误差等也可在三坐标测量机上检验。

6.2.4　箱体零件的数控加工工艺

箱体零件可以采用数控加工中心进行加工,借助于数控加工中心自身的高精度、高加工效率、高刚度和自动换刀的优点,可以较好地解决箱体零件难加工问题。下面以韩国大宇公司制造的 ACE HM800 卧式加工中心为例,说明图 6-15 所示的某车床主轴箱箱体零件的数控加工工艺。

1.毛坯的准备

箱体零件使用加工中心加工前的准备工序可以由其他设备来完成。各面粗铣完毕后,以底面为基准将工件平放在钳工台上,按图画出各面精加工线及箱体各侧面中心基准线,供加工中心校正使用。

2.工件的校正

以刀库中的钻头为校正工具,并使主轴以 1 000 r/min 的速度旋转,在工件的一个侧面如 F 面水平基准线上用钻头微切工件表面(试切),根据试切点与基准线的相对位置,确定工件左、右中心线是否在同一水平面上。校正好工件 F 面水平后,工作台旋转 180°,采用同样方法校正工件 E 面基准线。如果基准线不在中心上,则调整夹具上调整螺栓的松紧程度,微调工件位置直到校正为止。各基准线均校正合适后,用压板将工件压紧。

3.工件坐标系的找正

校正完毕工件后,需要找正 E、F 面的工件坐标系。可设定工件 F 面坐标系为 G54,E 面坐标系为 G55,选择功能开关至手动输入(MDI)位置,让工件 E 面面向主轴,调用钻头刀具,钻头对准箱体上事先划好的 X 轴和 Y 轴方向中心线,然后看 NC 显示器上机械坐标系的 X 轴和 Y 轴坐标值,并在工件坐标系 G55 中输入该 X 坐标值,然后用 1 250 mm(机床 X 轴原点坐标)减去 X 轴坐标所得的数值并输入 G54 坐标系的 X 坐标。

由于工件水平方向已经校正,因此两坐标系中的 Y 坐标值相同,按照显示器显示的坐标值输入两坐标即可。两坐标系的 Z 坐标值采用试切的方法确定。

4.程序的编制

加工中心具有自动换刀装置,能在工件一次装夹下自动完成铣、钻、镗、铰、攻螺纹等多种工序,具有多功能、高生产率、高质量和高稳定性的特点。为充分发挥加工中心的特点,应在加工程序设计上注意工序的划分和工艺方法的合理选择,它直接关系到加工中心的使用效率、加工精度、刀具数量和经济性等问题,尽量做到工序集中,工艺路线最短,机床停顿时间和辅助时间最少。

(1)设计程序时,应将一次换刀作为一个工步,并注明加工内容和需要保证的尺寸要求。工步与工步之间增加 M01 指令,与机床上的选择开关配合使用。机床换刀后停止运行,可检验换刀的准确性,以对程序进行充分验证,批量加工时只需将选择开关关闭,程序仍执行连续运行模式。

(2)粗铣平面时加工余量较大,工件会产生较大的热变形,应将粗铣、精铣分开,使零件能够充分冷却。

(3)设计钻孔程序时,应考虑孔的加工精度要求。对于一般精度要求的孔加工,可以不使用中心钻预钻。鉴于钻孔后还要攻螺纹,可将各孔位置编制子程序,采用 M98 指令将其调入主程序,既可方便地重复使用,又可减少编程时坐标的错误。在机床功率许可的情况下,螺纹孔全部采用刚性方式,以提高加工效率。

(4)精镗孔时,由于一般使用单刃镗刀,编程时还应注意以下问题:当用手工在主轴位置装刀时,应先用 M19 指令使主轴进给,然后让刀尖朝内(背对操作者)进行安装;采用 G76 指令编程时,应先设定相应的定位值(Q 值),镗孔完成后主轴会向刀尖相反的方向移动一个 Q 值,退刀时可避免刀具划伤孔表面。由于工件两侧孔径不同,在编程时可以先镗孔径大的一头孔,然后换刀(对称孔小孔的精镗刀),完成另一侧小孔的镗削。这样,由于采用同一个平面坐标系和相同的主轴坐标,可以确保获得很高的孔同轴度。

加工程序总的设计原理是:遵循由粗到精的原则,即先进行粗加工、重切削,去除毛坯上大部分加工余量;然后加工一些发热量小、加工要求不高的部位,使零件在精加工之前有充分的时间冷却;最后再进行精加工。该工件的加工顺序为:粗铣各平面→钻孔→攻螺纹→粗镗孔→精铣→精镗孔。

5.切削用量的选择

粗加工时,在工艺系统刚性和机床功率允许的条件下,尽可能选取较大的背吃刀量。一般情况下,背吃刀量为 5～6 mm,主轴转速为 200～300 r/min,粗铣平面时主轴移动速度为 300 mm/min;粗镗孔时主轴移动速度为 200 mm/min。精加工时为了获得较高的几何精度和较小的表面粗糙度值,背吃刀量可以小一些,一般选择为 0.3～0.5 mm,主轴转速为 300～450 r/min,精铣平面主轴移动速度为 220 mm/min,精镗加工孔时主轴移动速度为 100～150 mm/min,钻孔时主轴移动速度为 300 mm/min,攻螺纹时主轴移动速度为主轴转速和螺距的乘积。

6.刀具的选择

面铣刀、镗刀可选用机夹可转位刀具,刀片材料为硬质合金或涂层刀片;钻头和丝锥可选用内冷式硬质合金整体式刀具。采用不调头法加工两面对称孔时,由于刀杆较长,长刀杆可以根据不同需要按照模块化刀柄、刀杆系统进行组合;同时为降低切削时的振动,应选用重金属减振刀杆或阻尼减振刀杆。

加工中心所有刀具尽量选用国际标准刀具,刀具规格、专用刀具代号和该刀具所要加工的内容,应列表记录下来供编程使用。同时,刀库中所有使用的刀具都必须使用对刀仪进行检测,并将数据输入 OFFSET 内的刀具补偿值中。

6.3 其他典型零件

6.3.1 齿轮零件的加工

1.概述

齿轮传动在现代机器和仪器中的应用极为广泛,其功用是按照规定的速比传递运动和动力。

齿轮的材料一般采用中碳结构钢和低、中碳合金结构钢,如 45、20Cr、40Cr、20CrMnTi等;对于一些重载、高速、有冲击载荷的齿轮,可选用 18CrMnTi、38CrMoAlA、18CrMoTi 等强度和韧性较好的合金材料,以提高齿轮的硬度、耐磨性和抗冲击能力;对于传力较小的齿轮,可以选用铸铁、加布胶木和尼龙等材料。

在齿坯加工前后通常安排预备热处理——正火或调质,主要目的是消除锻造及粗加工所引起的残余应力,改善材料的切削性能和提高综合力学性能。齿形加工后,为了提高齿面的硬度和耐磨性,常进行渗碳淬火、高频淬火、渗氮处理等热处理工艺。

齿轮的毛坯形式主要有棒料、锻件和铸件。棒料用于小尺寸、结构简单且对强度要求不太高的齿轮;当齿轮强度要求高,并且耐磨损、耐冲击时,多用锻件毛坯;当齿轮的直径达到 $\phi400\sim\phi600$ mm 及以上时,常用铸造的方法铸造齿坯;为了减少机械加工量,对大尺寸、低精度的齿轮,可以直接铸造出轮齿;对于小尺寸、形状复杂的齿轮,可以采用精密铸造、压力铸造、粉末冶金、热轧、冷轧等新工艺来制造,以提高生产率,节约原材料。

2.机械加工工艺

一般齿轮加工的工艺路线可归纳为:毛坯制造—齿坯热处理—齿坯加工—轮齿加工—轮齿热处理—轮齿主要表面精加工—轮齿精整加工。

对于常见的盘形圆柱齿轮齿坯的加工,大批大量生产时采用"钻—拉—多刀车"的工艺方案;成批生产时常采用"车—拉—车"的工艺方案;单件小批生产时,内孔、端面、外圆的粗、精加工都可在通用车床上进行。

目前齿坯的大量生产中有两个发展趋势:一是向切削加工自动化方向发展,另一个是向少、无切屑加工方向发展。无切屑加工包括热轧齿轮、冷轧齿轮、精镀、粉末冶金等新工艺。这些工艺方法具有生产率高、材料消耗少、成本低等一系列优点,但其加工精度较低,生产批量小时成本高。

齿形的有屑加工可分为仿形法和展成法两大类。仿形法的特点是所用刀具切削刃的形状与被切削齿轮齿槽的形状相同,常用的方法是铣齿和拉齿,主要用于单件小批和修配工作中加工精度不高的齿轮。展成法是应用齿轮啮合的原理来进行加工的,如滚齿、插齿、剃齿、珩齿和磨齿等,其中剃齿、珩齿和磨齿属于齿形的精加工方法。展成法的加工精度和生产率都较高,刀具的通用性好,在生产中应用十分广泛。

常见的齿形加工方法、加工精度和适用范围见表 6-3。

表 6-3　　　　　　　　　　常见的齿形加工方法、加工精度和适用范围

齿形加工方法		刀具	机床	加工精度和适用范围
仿形法	铣齿	模数铣刀	铣床	加工精度及生产率均较低,一般精度在 9 级以下
	拉齿	齿轮拉刀	拉床	加工精度和生产率都较高,但拉刀制造困难,成本高,故只在大量生产时使用,主要用于拉内齿轮
展成法	滚齿	滚刀	滚齿机	通常用于加工 6～10 级精度齿轮,最高能达 4 级,生产率较高,通用性好,常用以加工直齿、斜齿的外啮合齿轮、扇形齿轮、齿条等
	插齿	插齿刀	插齿机	通常能加工 7～9 级精度齿轮,最高到 6 级,生产率较高,通用性好,适于加工内(外)啮合齿轮、扇形齿轮、齿条等
	剃齿	剃齿刀	剃齿机	能加工 5～7 级精度齿轮,生产率高,主要用于齿轮滚、插预加工后、淬火前齿面的精加工
	冷挤齿	挤轮	挤齿机	能加工 6～8 级精度齿轮,生产率比剃齿高,成本低,多用于齿形淬硬前的精加工,以代替剃齿,属于无切屑加工
	珩齿	珩磨轮	珩磨机或剃齿机	能加工 6～7 级精度齿轮,多用于经过剃齿和淬火后齿形的精加工
	磨齿	砂轮	磨齿机	加工精度高,能加工 3～7 级精度齿轮,但生产率低,加工成本高,多用于齿形淬硬后的精密加工

　　齿轮加工时的定位基准应尽可能与装配基准、测量基准相一致,符合"基准重合"原则,以避免基准不重合误差。同时为了实现基准统一,在齿轮加工的整个过程中(如滚、剃、珩)应尽可能采用相同的定位基准:对于小直径轴齿轮,可采用两端中心孔或锥体作为定位基准;对于大直径的轴齿轮,通常采用轴颈定位,并以一个较大的端面做支承。

　　对于淬火齿轮,淬火后的基准孔存在一定的变形,需要进行修正。修正一般采用在内圆磨床上磨孔工序,也可采用推孔工序或精镗孔工序。

6.3.2　套筒零件的加工

1.概述

　　套筒是一种应用非常广泛的零件,如图 6-20 所示。支承旋转轴的轴承、夹具上的导套、内燃机上的汽缸套以及液压系统中的液压缸等都是典型的套筒零件。

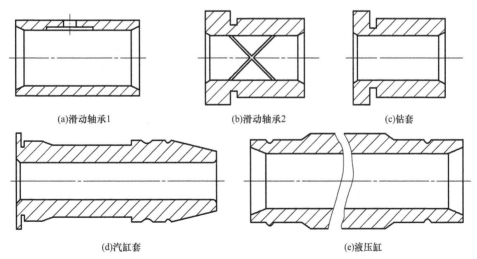

(a)滑动轴承1　　　　　(b)滑动轴承2　　　　　(c)钻套

(d)汽缸套　　　　　　　　(e)液压缸

图 6-20　套筒零件示例

机器中的套筒零件通常起支承或导向的作用,其结构上具有共同的特点:长度尺寸一般大于直径尺寸,主要表面为同轴度要求较高的内、外旋转表面,壁厚较薄,容易变形等。一般地,内孔起支承和导向作用,常以其端面为设计基准;外圆支承表面,常以过盈或过渡配合同箱体或机架上的孔相连接。

套筒一般采用钢、铸铁、青铜或黄铜等材料制成,有些滑动轴承采用双金属结构,即用离心铸造法在钢或铸铁的内壁上浇注巴氏合金等轴承合金材料,以提高轴承的寿命。

套筒毛坯的选择与其材料、结构和尺寸等因素有关。孔径较小(如 $d < 20$ mm)时,一般采用热轧或冷拉棒料,也可用实心铸件;孔径较大时,常采用无缝钢管或带孔的铸件和锻件。大量生产时可采用冷挤压和粉末冶金等先进的毛坯制造工艺,既提高了生产率又节约了金属材料。

2.机械加工工艺

套筒零件的主要加工表面有内孔、外圆和端面,其中内孔既是装配基准又是设计基准,加工精度和表面粗糙度一般要求较高;对内、外圆之间的同轴度及端面与孔的垂直度也有一定的技术要求。

结构形式、加工精度和基准使用情况不同,套筒零件的加工工艺也不一样。典型的工艺路线大致是:调质(或正火)—粗车端面、外圆—钻孔及粗、精镗孔—钻法兰小孔、插键槽等—热处理—磨外圆—磨端面、磨内孔。

外圆表面加工可以根据精度要求选择车削和磨削。孔加工方法的选择需要考虑零件的结构特点、孔径大小、长径比、精度和表面粗糙度要求以及生产规模等因素,对于加工精度要求较高的孔,常用的方案是:钻孔—半精车孔或镗孔—粗磨孔—精磨孔。

对于精基准的选择,主要是考虑如何保证内、外圆的同轴度以及端面与孔轴线的垂直度,常有以下两种方法:

(1)以内孔为精基准

通过内孔安装在心轴上,这种方法简单方便,刚性较好,应用普遍。

(2)以外圆为精基准

当内孔的直径太小或长度太短或不适于定位时,则先加工外圆,再以外圆定位加工内孔。这种方法一般采用卡盘装夹,动作迅速可靠。如果采用弹性膜片卡盘、液性塑料夹头等定心精度较高的专用夹具,可获得较高的位置精度。

套筒本身的结构为薄壁件,夹紧时极易产生变形,所以在工艺上必须采取措施减小或防止变形,常采取的措施有:改变夹紧力的方向,即改径向夹紧为轴向夹紧;当必须径向夹紧时,也应尽可能使径向夹紧力均匀分布,如使用过渡套或弹簧套夹紧工件,或做出工艺凸边或用工艺螺纹来夹紧工件。

6.3.3 叉杆零件的加工

1.概述

叉杆是指一些外形不规则的中小型零件,如机床拨叉、连杆、铰链杠杆等。由于叉杆零件在机器中的作用各不相同,所以结构和精度要求差别较大。其共同特点是:外形不太规则,刚性较差。为此必须合理选择定位基准和装夹方式,以确保准确定位和避免加工中的变形。

由于零件功能的需要,这类零件一般都有1～2个主要孔,既是装配基准又是设计基准,因此它本身的精度及与其他表面之间的位置精度要求较高。

叉杆零件的材料多为碳钢,毛坯一般为模锻件,少数受力不大的叉杆零件也可以采用铸铁毛坯。

2.机械加工工艺

图 6-21 所示为某拨叉零件,表 6-4 为该零件的机械加工工艺过程。

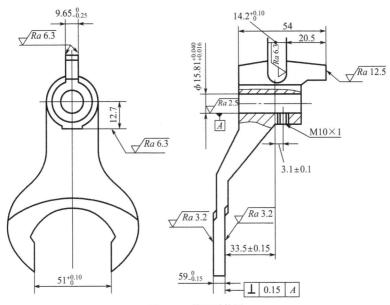

图 6-21　拨叉零件图

表 6-4　　　　　　　　　**拨叉机械加工工艺过程**　　　　　　　　　　　　mm

序号	工序内容	定位基面	设备
1	钻扩铰 φ15.81 孔	外形轮廓(圆形)	立式钻床
2	车端面、孔口倒角	φ15.81 内孔	车床
3	校正	φ15.81 内孔	
4	铣叉口开档	φ15.81 内孔、叉脚平面(底)及外圆轮廓	卧式铣床
5	铣扁榫	φ15.81 内孔及端面、叉脚内侧面	卧式铣床
6	铣槽及两端面	同上	卧式铣床
7	铣叉脚平面	φ15.81 内孔、14.2 槽和叉脚外圆轮廓	卧式铣床
8	铣凸台面	φ15.81 内孔、扁榫侧面	立式铣床
9	钻、攻 M10×1 螺纹孔	φ15.81 内孔、14.2 槽和叉脚外圆轮廓	立式铣床

该拨叉的装配基准面为 φ15.81 mm 的孔,因此选择定位基准时应该以该孔为主要的精基准,并辅以端面和其他表面定位,既能使大多数表面的位置精度要求符合"基准重合"原则,定位又比较稳定,夹具结构也比较简单。

孔的加工一般有两种方案:当生产批量不太大时,常采用钻—扩—铰的典型方案,一次安装下把孔加工出来,孔的尺寸精度容易保证;当批量较大时,常采用钻—拉方案,这样可以提高生产率。平面和槽的加工一般采用粗铣—精铣方案,要求不太高时也可以一次铣出。

·思考与练习

6-1　一般轴类零件加工的典型工艺路线是什么？为什么这样安排？

6-2　试分析主轴加工工艺过程中如何体现"基准统一""基准重合""互为基准"的原则。它们在保证主轴的精度要求中起什么作用？

6-3　主轴中心孔在加工中起什么作用？为什么在精加工阶段前都要进行中心孔研磨？中心孔研磨的方法有哪些？

6-4　为什么箱体加工常采用统一的精基准？试举例比较采用"一面两孔"或"几个面组合定位"这两种方案的优、缺点及其适用场合。

6-5　拟定箱体零件的机械加工工艺的基本原则有哪些？

6-6　保证箱体平行孔系孔距精度的方法有哪些？各适用于哪种场合？

6-7　齿轮的典型加工工艺过程由哪几个加工阶段所组成？

6-8　常用的齿形加工方法有哪些？各有什么特点？分别应用在什么场合？

6-9　套筒零件在结构上有什么特点？加工时应注意哪些问题？如何解决？

6-10　如何选择拨叉类零件的定位基准？为什么？

第7章

微课

机床误差对
加工精度的
影响

机械加工质量分析与控制

工程案例

图 7-0 所示零件的尺寸精度、几何精度及表面质量有哪些要求？加工过程中机床、夹具、刀具和工件会对它们产生怎样的影响？需要采取何种方法和措施来保证这些加工要求？

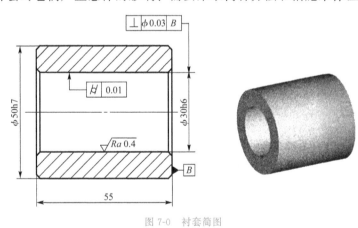

图 7-0　衬套简图

本章首先介绍机械加工精度的概念、影响加工精度的因素、加工表面质量的概念以及表面质量对机器零件使用性能的影响,然后讨论提高机械加工精度的措施,并对加工精度的统计分析方法进行介绍,最后讨论影响表面质量的因素以及提高表面质量的措施。

【学习目标】

1.了解机械加工精度、机械加工表面质量的基本概念。

2.理解影响机械加工精度的因素、影响机械加工表面质量的因素。

3.掌握提高机械加工精度的工艺方法、控制表面加工质量的工艺途径。

7.1 机械加工质量的概念

机械加工质量主要包括加工精度和表面质量。二者对产品质量起着决定性作用。

7.1.1 加工精度

加工精度是指零件加工后的实际几何参数(尺寸、形状和位置)与理想几何参数相符合的程度。零件加工后的实际几何参数对理想几何参数的偏离程度,称为加工误差。加工误差的大小反映了加工精度的高低,也就是说,误差越大,加工精度越低;反之,误差越小,加工精度越高。生产实际中用控制加工误差的方法来保证加工精度。

加工精度包括三个方面:尺寸精度,指加工后零件的实际尺寸与零件尺寸的公差带中心的相符合程度;形状精度,指加工后零件表面的实际几何形状与理想的几何形状相符合程度;位置精度,指加工后零件有关表面之间的实际位置与理想位置相符合的程度。

7.1.2 表面质量

表面质量是指零件经过机械加工后的表面层状态完整性的表征,又称为表面完整性。它包括表面层的几何形状特征和表面层的物理力学性能和化学性能。掌握机械加工过程中各种工艺因素对表面质量的影响规律,对于保证和提高产品质量具有十分重要的意义。

1.加工表面的几何特征

加工表面层的几何特征如图7-1所示,主要由以下几部分组成:

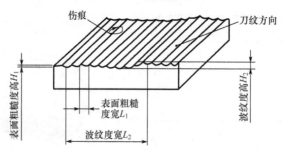

图 7-1 加工表面的几何特征

(1)表面粗糙度

它是指加工表面上较小间距和峰、谷所组成的微观几何形状特征,即加工表面的微观几何形状误差,其评定参数主要有轮廓算术平均偏差 Ra 或轮廓微观不平度十点平均高度 Rz。

(2)表面波度

它是介于宏观形状误差与微观表面粗糙度之间的周期性形状误差,又称为波纹度。它主要是由机械加工过程中低频振动引起的,应作为工艺缺陷设法消除。

(3)表面加工纹理

它是指表面切削加工纹理(刀纹)的形状和方向,取决于表面形成过程中所采用的机械加工方法及其切削运动规律。

(4)伤痕

在加工表面个别位置上出现的缺陷,如砂眼、气孔和裂痕等。

2.表面层的物理力学性能和化学性能

机械加工时,由于切削力、切削热的作用,表面层产生的冷作硬化、表面层金相组织的变化和表面层残余应力,使表面层发生物理、机械(力学)和化学性能的变化。主要反映在以下方面:

(1)表面层的加工冷作硬化

是指机械加工过程中表面层金属产生强烈的塑性变形,使表面层金属的强度和硬度增大、塑性减小的现象。表面层的加工冷作硬化程度用硬化程度和深度两个指标来衡量。

(2)表面层金相组织的变化

是指机械加工过程中,在工件的加工区域,温度会急剧升高,当温度升高到超过工件材料金相组织变化的临界点时,表层金属发生金相组织变化的现象。例如磨削淬火钢时可能产生回火烧伤、淬火烧伤和退火烧伤三种烧伤。

(3)表面层金相的残余应力

是指机械加工过程中,在切削变形和切削热等因素的作用下,表面层金属晶格会发生不同程度的塑性变形或产生金相组织变化,使表面层材料中产生内应力的现象。

7.1.3　表面质量对零件使用性能的影响

1.表面质量对零件耐磨性的影响

零件表面存在着表面粗糙度,当两个零件的表面开始接触时,接触部分集中在其波峰的顶部,实际接触面积变小,接触压应力很大。当两个零件相对运动时,波峰很快被磨平,即使有润滑油存在,也会因为接触点处压应力过大,油膜被破坏而形成干摩擦,导致零件接触表面的磨损加剧。但如果表面粗糙度过小,接触表面间储存润滑油的能力变差,接触表面容易发生分子胶合、咬焊,同样也会造成磨损加剧。

表面层的冷作硬化可使表面层的硬度提高,增强表面层的接触刚度,从而降低接触处的弹性、塑性变形,使耐磨性有所提高。但如果硬化程度过大,表面层金属组织会变脆,出现微观裂纹,甚至会使金属表面组织剥落而加剧零件的磨损。

2.表面质量对零件疲劳强度的影响

在交变载荷作用下,表面粗糙度波谷处容易引起应力集中,产生疲劳裂纹;表面粗糙度越大,其抗疲劳破坏能力越差。

当表面层存在残余压应力时,能延缓疲劳裂纹的产生、扩展,提高零件的疲劳强度;当表面层存在残余拉应力时,零件容易产生晶间破坏,产生表面裂纹而降低其疲劳强度。

表面层的加工硬化对零件的疲劳强度也有影响。适度的加工硬化能阻止已有裂纹的扩展和新裂纹的产生,提高零件的疲劳强度;但加工硬化过于严重会使零件表面组织变脆,容易出现裂纹,从而使疲劳强度降低。

3.表面质量对零件耐腐蚀性能的影响

表面粗糙度对零件耐腐蚀性能的影响很大。零件表面粗糙度越大,在波谷处越容易积聚腐蚀性介质而使零件发生化学腐蚀和电化学腐蚀。

表面层残余压应力对零件的耐腐蚀性能也有影响。残余压应力使表面组织致密,腐蚀性介质不易侵入,有助于提高表面的耐腐蚀能力;残余拉应力对零件耐腐蚀性能的影响则相反。

4.表面质量对零件间配合性质的影响

在间隙配合中,如果零件配合表面的表面粗糙度大,则由于磨损迅速使得配合间隙增大,从而降低了配合质量,影响了配合的稳定性;在过盈配合中,如果表面粗糙度大,则装配时表面波峰被挤平,使得实际有效过盈量减少,降低了配合件的连接强度。因此,对有配合要求的表面应规定较小的表面粗糙度值。

在过盈配合中,如果表面硬化严重,将可能造成表面层金属与内部金属脱落的现象,从而破坏配合性质和配合精度。表面层残余应力会引起零件变形,使零件的形状、尺寸发生改变,因此它也将影响配合性质和配合精度。

总之,提高加工表面质量,对于保证零件的性能、提高零件的使用寿命是十分重要的。

7.2　影响加工精度的主要因素

7.2.1　加工误差的产生

零件的机械加工是在由机床、刀具、夹具和工件组成的工艺系统内完成的。零件加工表面的几何尺寸、几何形状和加工表面之间的相互位置关系取决于工艺系统间的相对运动关系。工件和刀具分别安装在机床和刀架上,在机床的带动下实现运动,并受机床和刀具的约束。因此,工艺系统中各种误差就会以不同的程度和方式反映为零件的加工误差。在完成任一加工过程中,工艺系统各种原始误差的存在,如机床、夹具、刀具的制造误差及磨损、工件的装夹误差、测量误差、工艺系统的调整误差以及加工中由各种力和热所引起的误差等,使工艺系统间正确的几何关系遭到破坏而产生加工误差。这些原始误差,其中一部分与工艺系统的结构状况有关,一部分与切削过程的物理因素变化有关。这些误差产生的原因可以归纳为以下方面:

1.工艺系统的静误差(几何误差)

工艺系统中各组成环节的实际几何参数和位置,相对于理想几何参数和位置发生偏离而引起的误差,统称为工艺系统的几何误差。它只与工艺系统各环节的几何要素有关,包括加工方法的原理性误差,机床、夹具、刀具的磨损和制造误差,工件、夹具、刀具的安装误差以及工艺系统的调整误差。

2.工艺系统动误差(加工过程误差)

工艺系动误差主要包括工艺系统受力变形、受热变形以及工件内应力引起的加工误差。

7.2.2　工艺系统的静误差

1.加工原理误差

加工原理误差是指采用了近似的刀刃轮廓或近似的传动关系进行加工而产生的误差。例如,加工渐开线齿轮用的齿轮滚刀,为使滚刀制造方便,采用了阿基米德基本蜗杆或法向直廓基本蜗杆代替渐开线基本蜗杆,使齿轮渐开线齿形产生了误差。又如车削模数蜗杆时,由于蜗杆的螺距等于蜗轮的周节$(m\pi)$,其中 m 是模数,而 π 是一个无理数,但是车床的配换齿轮的齿数是有限的,选择配换齿轮时只能将 π 化为近似的分数值计算,这就将引起刀具相对于工件成形运动的不准确,造成螺距误差。

2.主轴回转误差

主轴回转精度可定义为主轴的实际回转轴线相对于其理想回转轴线在误差敏感方向上

的最大变动量。主轴的瞬时几何轴线的平均回转轴线近似地作为理想回转轴线。主轴部件在加工和装配过程中存在多种误差,如主轴轴颈的圆度误差、轴颈或轴承间的同轴度误差、轴承本身的各种误差、主轴的挠度和支承端面对轴颈轴线的垂直度误差以及主轴回转时力效应和热变形所产生的误差等,它们使主轴各瞬时回转轴线发生变化,即相对于平均回转轴线发生偏移,形成了机床主轴的回转误差。此误差可以分为轴向窜动(图 7-2(a))、径向跳动(图 7-2(b))和角度摆动(图 7-2(c))三种基本形式。实际上主轴回转误差的三种形式是同时存在的(图 7-2(d))。

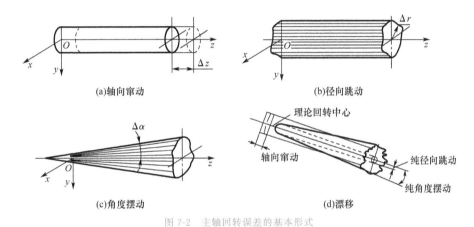

(a)轴向窜动　　　　　　　　　　　　　(b)径向跳动

(c)角度摆动　　　　　　　　　　　　　(d)漂移

图 7-2　主轴回转误差的基本形式

3.导轨误差

导轨误差是指导轨副运动件的实际运动方向与理想运动方向的符合程度。主要包括:

(1)导轨在水平面内直线度 Δy 和垂直面内的直线度 Δz(弯曲)。

(2)前、后两导轨的平行度(扭曲)。

(3)导轨对主轴回转轴线在水平面内和垂直面内的平行度误差或垂直度误差。

机床导轨误差的形式及对工件加工精度的影响如下:

(1)导轨在水平面内的直线度误差如图 7-3 所示,磨床导轨在 x 方向存在误差 Δ,磨削外圆时工件沿砂轮法线方向产生位移,引起工件在半径方向上的误差 $\Delta R = \Delta$。当磨削长外圆柱表面时,造成工件的圆柱度误差。

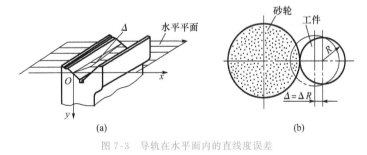

(a)　　　　　　　　　　　　　　　(b)

图 7-3　导轨在水平面内的直线度误差

(2)导轨在垂直面内的直线度误差如图 7-4 所示,由于磨床导轨在垂直面内存在误差,磨削外圆时,工件沿砂轮切线方向(误差非敏感方向)产生位移,此时工件半径方向上产生误差 $\Delta R \approx \Delta^2 / 2R$,其值甚小。但导轨在垂直方向上的误差对平面磨床、龙门刨床、铣床等将引起法向方向(误差敏感方向)的位移,并直接反映到被加工工件的表面,造成工件的形状误差。

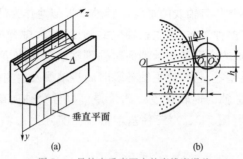

图 7-4 导轨在垂直面内的直线度误差

所谓误差敏感方向,就是通过刀刃的加工表面法线方向,在此方向上原始误差对加工误差影响最大。一般称法线方向为误差的敏感方向切线方向为非敏感方向。

(3)若车床前、后导轨不平行(扭曲),则会使大溜板产生横向倾斜,刀具产生位移,因而引起工件形状误差。

如图 7-5 所示,由几何关系可知,工件产生的半径误差值为 $\Delta x \approx H\Delta/B$。

一般车床 $H/B \approx 1$,磨床,$H/B \approx 2/3$,因此导轨扭曲引起的加工误差不容忽视。

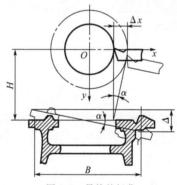

图 7-5 导轨的扭曲

(4)若导轨与机床主轴回转轴线不平行或不垂直,则会引起工件的几何形状误差,如车床导轨与主轴回转轴线在水平面内不平行,会使工件的外圆柱表面产生锥度;在垂直面内不平行,会使工件的外圆柱表面产生马鞍形误差。

4.传动链误差

传动链误差是指内联系的传动链中首、末两端传动元件之间相对运动的误差。它是内联系传动加工工件(如螺纹、齿轮、蜗轮及其他零件)时,影响加工精度的主要因素。上述加工时,必须保证工件与刀具间有严格的传动关系。例如在滚齿机上用单头滚刀加工直齿轮时要求:滚刀转一圈,工件转过一个齿。这种运动关系是由刀具与工件间的传动链来保证的。对于图 7-6 所示滚齿机传动系统,可具体表示为

$$\varphi_g = \varphi_d \times \frac{64}{16} \times \frac{23}{23} \times \frac{23}{23} \times \frac{46}{46} \times i_e \times i_f \times \frac{1}{96} \qquad (7\text{-}1)$$

式中　φ_g——工件转角;

　　　φ_d——滚刀转角;

　　　i_e——差动轮系的传动比,在滚切直齿时,$i_e = 1$;

　　　i_f——分度挂轮传动比,$i_f = \dfrac{e}{f} \times \dfrac{a}{b} \times \dfrac{c}{d}$。

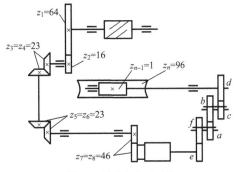

图 7-6　滚齿机传动系统

传动链误差一般用传动链末端元件的转角误差来衡量。传动链中的各传动元件,如齿轮、蜗轮、蜗杆等,都因有制造误差(主要是影响运动精度的误差)、装配误差(主要是装配偏心)和磨损而产生转角误差。这些误差的累积就是传动链的传动误差。而各传动元件在传动链中所处的位置不同,它们对工件加工精度(末端件的转角误差)的影响程度也不同。若传动链是升速传动,则传动元件的转角误差将被扩大;反之,转角误差将被缩小。在图 7-6 中可以看出,影响传动误差最大的环节是工作台下的分度蜗杆副,其传动比为 $1/96$,在分度蜗杆副之前各环节的转角误差,经分度蜗杆副降速后只有原来的 $1/96$。

为了减少机床传动链误差对加工精度的影响,可采取以下措施:

(1)减少传动链中的元件数,即缩短传动链,以减少误差来源。

(2)提高传动元件,特别是终端传动元件的制造和装配精度。

(3)尽量减小传动链中齿轮副或螺旋副中存在的传动间隙。这种间隙将使速比不稳定,从而使终端元件的瞬时速度不均匀。有时必须采用消除间隙的措施,常见的有双片薄齿轮错齿调整结构和螺母间隙消除结构等。

(4)采用误差补偿方法。通常采用机械结构的误差校正机构,其实质是在传动链中人为地加入一个与终端转角误差大小相等、方向相反的误差,使两者相互抵消。为此,必须准确地测量传动链的误差。

5.夹具误差与装夹误差

夹具误差主要是指夹具的定位元件、导向元件及夹具体的制造与装配误差,它将直接影响工件加工表面的位置精度和尺寸精度,对被加工工件表面的位置精度影响最大。在夹具设计时,凡是影响工件加工精度的尺寸应严格控制其制造误差,一般夹具可取工件上相应尺寸公差的 $1/10 \sim 1/2$,粗加工(工件公差较大)时夹具可取工件上相应尺寸公差的 $1/10 \sim 1/5$,精加工(工件公差较小)时可取工件公差的 $1/3 \sim 1/2$。夹具磨损是一个缓慢的过程,它对加工精度的影响不很明显,对它们进行定期的检修和维修,便可提高其几何精度。

6.刀具误差

刀具误差主要为刀具的制造和磨损误差,其影响程度与刀具的种类有关。一般刀具,如车刀、铣刀、单刃镗刀和砂轮等,它们的制造误差对工件的加工精度没有直接影响,而加工过程中刀刃的磨损和钝化则会影响工件的加工精度。如用车刀车削外圆时,车刀的磨损将使被加工外圆增大。当用调整法加工一批零件时,车刀的磨损将会扩大零件尺寸的变动范围。随着刀刃的不断磨损和钝化,切削力和切削热也会有所增加,从而对加工精度带来一定的影响。对定尺寸刀具,其尺寸误差直接关系到被加工表面的尺寸精度。刃磨时刀刃之间的相对位置偏差及刀具的装夹误差也将影响工件的加工精度。任何一种刀具,在切削过程中均不可避免地会磨损,并由此引起工件尺寸或形状的改变,这种情况在加工长轴或难加工材料的零件时显得更为突出。为了减小刀具的制造误差和减轻磨损,应合理选择刀具材料和规定刀具的加工公差,合理选用切削用量和切削液,正确装夹刀具并及时进行刃磨。

7.调整误差

所谓调整,是指在各机械加工工序开始时为使刀刃和工件保持正确位置所进行的调整。再调整(或称小调整)是指在加工过程中由于刀具磨损等原因对已调整好的机床所进行的再次调整或校正。通过调整,使刀具与工件保持正确的相对位置,从而保证各工序的加工精度及其稳定性。调整工作通常分为静态初调和试切精调两步。前者主要是把机床各部件及夹具(已装有工件)、刀具和辅具等调整到所要求的位置;后者主要调整定程装置,即根据试切结果将定程装置调整到正确位置。调整结果不可能绝对准确,因而会产生调整误差。调整方式不同,其误差来源也不相同。

按试切法调整就是通过试切—测量—调整—再试切的反复过程来确定刀具的正确位置,从而保证零件加工精度的一种调整方法。这种方法费时、效率低,在单件小批生产中广泛应用。其调整误差的主要来源是:测量误差微进给机构的位移误差、切削层太薄所引起的误差等。

7.2.3 工艺系统的动误差

1.工艺系统的受力变形对加工精度的影响

如图 7-7(a)所示,在用顶尖支承细长轴车削其外圆柱表面时,工件由于切削力的作用而发生弯曲变形,加工后则产生鼓形的圆柱度误差。如图 7-7(b)所示,在磨内孔时采用横向切入磨法,由于内圆磨头主轴弯曲变形,磨出的孔将产生带维度的圆柱度误差。从上述两例可知,工艺系统的受力变形是机械加工精度中一项很重要的原始误差。

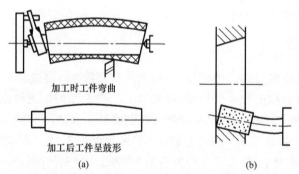

加工时工件弯曲

加工后工件呈鼓形

(a)   (b)

图 7-7　工艺系统受力变形引起的加工误差

2.工艺系统的刚度

工艺系统的刚度是指工艺系统在外力作用下抵抗变形的能力。为充分反映工艺系统的刚度对零件加工精度的影响,将工艺系统刚度 K_S 的定义确定为加工误差敏感方向上工艺系统所受外力 F_P 与变形量(或位移量)Δx 之比,即

$$K_S = \frac{F_P}{\Delta x} \tag{7-2}$$

工艺系统刚度的倒数等于工艺系统各组成环节刚度的倒数之和。

3.切削力作用点位置变化引起的工件形状误差

以车削光轴为例进行说明,如图 7-8 所示。

图 7-8　工艺系统变形引起的加工误差

(1)机床变形引起的加工误差

例如加工短粗轴时,因为工件刚度大、变形很小,所以可忽略工件与刀具的变形,并假定车刀进给过程中切削力保持不变。工艺系统的变形主要是主轴箱、尾座和刀架的变形。在背吃刀力 F_P 的作用下,主轴箱、尾座和刀具都发生位移。随着切削力作用点位置的变化,刀具在误差敏感方向上相对于工件的位移量也会有所变化。当刀具靠近主轴箱时,主轴箱位移量较大;当刀具靠近尾座时,尾座的位移量较大;当刀具位于中间时,尾座和主轴箱的水平位移量最小。由于相对位移大的地方从工件上切去的金属层薄,故因机床受力变形而使加工出来的工件呈两端粗、中间细的鞍形。

(2)工件变形引起的加工误差

例如加工细长轴时,仅考虑工件受力变形,工件由于切削力的作用而发生弯曲变形,加工后则产生鼓形的圆柱度误差。

(3)同时考虑机床和工件变形引起的加工误差

同时考虑机床和工件的变形时,在切削点处刀具相对于工件的位移量为二者的叠加。

4.切削力大小变化引起的加工误差

下面以车削一椭圆形横截面毛坯为例分析。

图 7-9 中,加工时根据设定尺寸(双点画线圆的位置)调整刀具的切深。在工件每转一转中,切深发生变化,最大切深为 a_{p1},最小切深为 a_{p2}。假设毛坯材料的硬度是均匀的,那么 a_{p1} 处的切削力 F_{P1} 最大,相应的变形 Δ_1 也最大;a_{p2} 处的切削力 F_{P2} 最小,相应的变形 Δ_2 也最小。由此可见,当车削具有圆度误差(半径上)$\Delta_m = a_{p1} - a_{p2}$ 的毛坯时,由于工艺系统受力变形,而使工件产生相应的圆度误差(半径上)$\Delta_g = \Delta_1 - \Delta_2$。这种毛坯误差部分地反映在工件上的现象叫作"误差复映"。

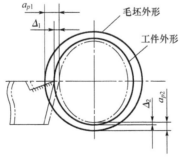

图 7-9　误差复映

如果工艺系统的刚度为 k,则工件的圆度误差(半径上)为

$$\Delta_g = \Delta_1 - \Delta_2 = \frac{1}{k}(F_{P1} - F_{P2}) \tag{7-3}$$

考虑到正常切削条件下,吃刀抗力 F_P 与背吃刀量 a_p 近似成正比,即

$$F_{P1}=Ca_{p1},F_{P2}=Ca_{p2} \tag{7-4}$$

式中,C 为与刀具几何参数及切削条件(刀具材料、工件材料、切削类型、进给量与切削速度、切削液等)有关的系数。

将上面两式代入式(7-3)可得

$$\Delta_g=\frac{C}{k}(a_{p1}-a_{p2})=\frac{C}{k}\Delta_m \tag{7-5}$$

式中,$\varepsilon=\dfrac{\Delta_g}{\Delta_m}=\dfrac{C}{k}$称为误差复映系数,它通常是一个小于 1 的正数,定量地反映了毛坯误差加工后减小的程度。

由以上分析可知,当工件毛坯有形状误差或相互位置误差时,加工后仍然会有同类的加工误差出现。在成批大量生产中用调整法加工一批工件时,如毛坯直径大小不一,那么加工后这批工件仍有尺寸不一的误差。

5.夹紧力对加工精度影响

工件在装夹时,若工件刚度较低或夹紧力着力点不当,会使工件产生相应的变形,造成加工误差。如图 7-10 所示,用三爪自定心卡盘夹持薄壁套筒,假定毛坯件是圆形,夹紧后由于受力变形,坯件呈三棱形。虽车出的孔为圆形,但松开后,套筒弹性恢复使孔又变成三棱形(图 7-10(a))。为了减小套筒因夹紧变形造成的加工误差,可采用开口过渡环或圆弧面卡爪夹紧,使夹紧力均匀分布(图 7-10(b))。

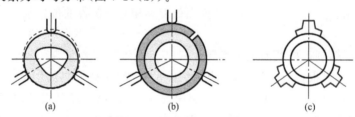

图 7-10 薄壁套筒夹紧变形误差

除了夹紧力会引起加工误差以外,重力、惯性力也会使工艺系统产生受力变形,从而引起加工误差。在高速切削加工中,离心力的影响不可忽略,常常采用"对重平衡"的方法来消除不平衡现象,即在不平衡质量的反向加装重块,使工件和重块的离心力大小相等、方向相反,达到相互抵消的效果。必要时还应适当地降低转速,以减少离心力的影响。

7.2.4 减小工艺系统受力变形对加工精度影响的措施

1.提高工艺系统的刚度

(1)合理设计零部件结构

在设计工艺装备时,应尽量减少连接面数目,并注意刚度的匹配,防止有局部低刚度环节出现。在设计基础件、支承件时,应合理选择零件结构和截面形状。一般地说,截面积相等时,空心截形比实心截形的刚度高,封闭截形又比开口截形好。在适当部位增添加强肋也有良好的效果。

(2)提高连接表面的接触刚度

主要是提高机床部件中零件间接合表面的质量及给机床部件预加载荷。

(3)采用辅助支承

例如加工细长轴时,工件的刚性差,采用中心架或跟刀架有助于提高工件的刚度。图

7-11(a)所示为六角车床采用导套和导杆辅助支承副提高刀架刚度的示例,图 7-11(b)所示为采用辅助支承提高镗刀杆刚度的示例。

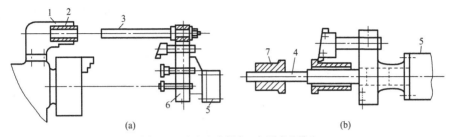

(a)   (b)

图 7-11　六角车床提高刀架刚度的措施

1—支架;2—导套;3—导杆;4—镗杆;5—转塔;6—刀架;7—辅助支承

(4)采用合理的装夹和加工方式

例如在卧式铣床上铣削角铁零件,如按图 7-12(a)所示装夹、加工方式,工件的刚度较低;如改用图 7-12(b)所示装夹、加工方式,则刚度可大大提高。

从加工精度的观点看,并不是部件刚度越高越好,而应考虑各部件之间的刚度匹配,即"刚度平衡"。

(5)减小载荷及其变化

采取适当的工艺措施如合理选择刀具几何参数(例如增大前角、使主偏角接近 90°)和切削用量(如适当减少进给量和背吃刀量)以减小切削力(特别是吃刀抗力 F_P),就可以减少受力变形。将毛坯分组,使一次调整中加工的毛坯余量比较均匀,就能减小切削力的变化,从而减小复映误差。

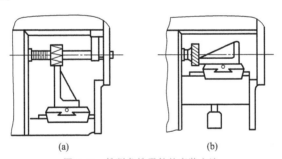

(a)   (b)

图 7-12　铣削角铁零件的安装方法

2.工艺系统的热变形对加工精度的影响

(1)工艺系统的热源

①引起工艺系统热变形的热源　可分为内部热源和外部热源两大类,如图 7-13 所示。

工艺系统的热源 { 内部热源 { 切削热 / 摩擦热 } ; 外部热源 { 环境热源 / 热辐射 } }

图 7-13　工艺系统的热源

②切削热　切削热是切削加工过程中最主要的热源。在切削(磨削)过程中,消耗于切削的弹、塑性变形能及刀具、工件和切屑之间摩擦的机械能,绝大部分都转变成了切削热。一般来讲,在车削加工中,切屑所带走的热量最多,可达 50%～80%(切削速度越高,切屑带

走的热量占总切削热的百分比越大),传给工件的热量次之(约为30%),而传给刀具的热量则很少,一般不超过5%;对于铣削、刨削加工,传给工件的热量一般占总切削热的30%以下;对于钻削和卧式镗孔,因为有大量的切屑滞留在孔中,所以传给工件的热量就比车削时要高,如在钻孔加工中传给工件的热量超过了50%;磨削时磨屑很小,带走的热量很少,加之砂轮为热的不良导体,致使大部分热量传入工件,磨削表面的温度可高达800~1 000 ℃。

③摩擦热   工艺系统中的摩擦热主要是机床和液压系统中运动部件产生的,如电动机、轴承、齿轮、丝杠副、导轨副、离合器、液压泵、阀等各运动部分产生的摩擦热。摩擦热在工艺系统中局部发热,会引起局部温升和变形,破坏了系统原有的几何精度,对加工精度也会带来严重影响。

④外部热源   外部热源的热辐射(如照明灯光、加热器等对机床的热辐射)及周围环境温度(如昼夜温度不同)对机床热变形的影响,也不容忽视,对于大型、精密加工尤其重要。

(2)机床热变形对加工精度的影响

一般机床的体积较大,热容量大,且由于机床结构较复杂,加之达到热平衡的时间较长,使其各部分的受热变形不均,从而会破坏原有的相互位置精度,造成工件的加工误差。

对于车、铣、钻、镗类机床,主轴箱中的齿轮、轴承摩擦发热和润滑油发热是其主要热源,使主轴箱及与之相连部分(如床身或立柱)的温度升高而产生较大变形。例如车床主轴发热使主轴箱在垂直面内和水平面内发生偏移和倾斜,如图7-14(a)所示。图7-14(b)所示为铣床主轴温升、位移随运转时间变化而变化的情况,由图可见y方向的位移量远远大于x方向的位移量。由于y方向是误差非敏感方向,故对加工精度影响较小。

龙门刨床、导轨磨床等大型机床的床身较长,如导轨面与底面间有温差,就会产生较大的弯曲变形,从而影响加工精度。例如一台长12 m、高0.8 m的导轨磨床床身,导轨面与床身底面温差为1 ℃时,其弯曲变形量可达0.22 mm。

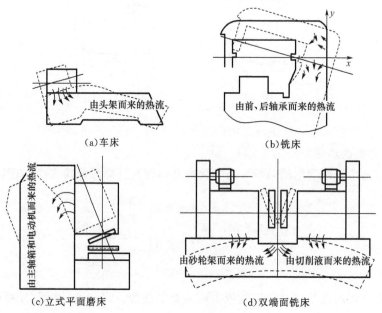

(a)车床   (b)铣床

(c)立式平面磨床   (d)双端面铣床

图7-14 机床热变形的形态

（3）刀具热变形对加工精度的影响

图 7-15 所示为车刀热伸长量与切削时间的关系。其中曲线 A 是车刀连续切削时的热伸长曲线。切削开始时，刀具的温升和热伸长较快，随后趋于缓和，逐步达到热平衡（热平衡时间为 t_b）。当切削停止时，刀具温度开始下降较快，以后逐渐减缓，如图中曲线 B。

图中曲线 C 为加工一批短小轴件的刀具热伸长曲线。在工件的切削时间 t_m 内，刀具伸长到 a，在装卸工件时间 t_s 内，刀具又冷却收缩到 b，在加工过程中逐渐趋于热平衡。

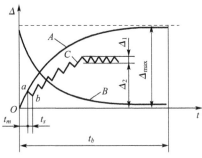

图 7-15　刀具热伸长量与切削时间的关系

一般，加工中小型零件时，刀具热变形只影响其尺寸精度；而加工大型零件（如加工长轴和外圆等）时，往往还会影响其几何误差。

（4）工件热变形对加工精度的影响

切削加工中，工件热变形主要是由切削热引起的。

对于一些简单的均匀受热工件，如车、磨轴类件的外圆，待加工后冷却到室温时其长度和直径将有所收缩，由此而产生尺寸误差 ΔL。这种加工误差可用简单的热伸长公式进行估算，即

$$\Delta L = La\Delta\theta \tag{7-6}$$

式中　L——工件热变形方向的尺寸，mm；

　　　a——工件的热膨胀系数，℃$^{-1}$；

　　　$\Delta\theta$——工件的平均温升，℃。

在精密丝杠磨削加工中，工件的热伸长将引起螺距的累积误差。

当工件受热不均时，如磨削零件单一表面，由于工件单面受热而产生向上翘曲变形 y，加工冷却后将形成中凹的形状误差 y'，如图 7-16（a）所示。y' 的量值可根据图 7-16（b）所示的几何关系求得，即

$$y' \approx \frac{L}{2}\sin\frac{\varphi}{2} \approx \frac{L}{8}\varphi$$

又由于　　　　　　　　　　　$(R+H)\varphi - R\varphi = aL\Delta\theta$

所以　　　　　　　　　　　　$$y' \approx \frac{aL^2\Delta\theta}{8H} \tag{7-7}$$

式中　H——工件的厚度，mm。

由此可知，工件的长度 L 越大，厚度 H 越小，中凹形状误差 y' 越大。在铣削或刨削薄板零件平面时，也有类似情况发生。为减小工件的热变形带来的加工误差，应控制工件上、下表面的温差 $\Delta\theta$。

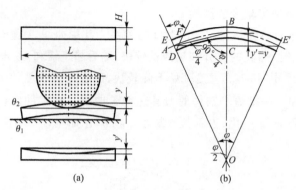

图 7-16　平板磨削加工时的翘曲变形计算

（5）控制工艺系统热变形的主要措施

①减少热量的产生和传入　要正确选用切削和磨削用量、刀具和砂轮，还要及时地刃磨刀具和修整砂轮，以免产生过多的加工热。根据机床的结构和润滑方式，注意减少运动部件之间的摩擦，减少液压传动系统的发热，隔离电动机、齿轮变速箱、油池、冷却箱等热源，使系统的发热及其对加工精度的影响得以控制。

②提高散热能力　采用高效的冷却方式，如喷雾冷却、冷冻机强制冷却等，加速系统热量的散出，有效地控制系统的热变形。

③均衡温度场　在机床设计时，采用热对称结构和热补偿结构，使机床各部分受热均匀，热变形方向和大小趋于一致，或使热变形方向为加工误差非敏感方向，以减小工艺系统热变形对加工精度的影响。

图 7-17 所示为 M7140 磨床所采用的均衡温度场措施的示意图。该机床油池位于床身底部，油池发热会使床身产生中凹（达 0.265 mm）。经改进在导轨下配置油沟，导入热油循环，使床身上、下温差大大减小，热变形量也随之减小。

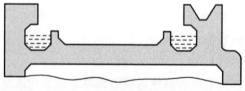

图 7-17　M7140 磨床补偿油沟

④采用合理的机床零部件结构　如传统的牛头刨滑枕截面结构（图 7-18(a)），导轨面高速滑动，导致摩擦生热，使滑枕上冷下热，产生了弯曲变形。若将导轨布置在截面中间，如图 7-20(b) 所示，使滑枕截面上下对称，就可大大地减小其弯曲变形。

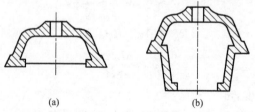

图 7-18　热对称结构

⑤合理选择机床零部件的装配基准　如图 7-19(a) 所示为外圆磨床横向进给传动情况，图 7-19(b) 中控制砂轮架横向位置的丝杠长度比图 7-19(a) 中的短，因热变形造成丝杠的螺

距累积误差要小,所以砂轮的定位精度较高。

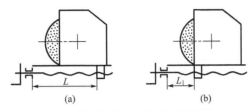

图 7-19　支承间距对砂轮架热变形的影响

⑥控制环境温度　精密加工应在恒温室内进行。

3.工件内应力引起的加工误差

零件在没有外加载荷的情况下,仍然残存在工件内部的应力称为内应力或残余应力。工件在铸造、锻造及切削加工后,内部会存在各种内应力。零件内应力的重新分布不仅影响零件的加工精度,而且对装配精度也有很大的影响。

（1）冷校直引起的内应力

细长的轴类零件,如光杠、丝杠、曲轴、凸轮轴等在加工和运输中很容易产生弯曲变形,因此,大多数在加工中安排冷校直工序。这种方法简单方便,但会产生内应力,引起工件变形而影响加工精度。

在弯曲的轴类零件（图 7-20（a））的中部施加压力 F,可使其产生反弯曲塑性变形（图 7-20（b））。在去除外力后,应力重新分布,工件就会变形而成为图 7-20（c）所示外形。零件的冷校直只是处于一种暂时的相对平衡状态,对已冷校直的轴类零件进行加工（如磨削外圆）时,破坏了原来的应力平衡状态,使工件产生弯曲变形（图 7-20（d））。因此,对于精密零件的加工是不允许安排冷校直工序的。当零件产生弯曲变形时,如果变形较小,可加大加工余量,利用切削加工方法校正其弯曲度,这时要注意切削力的大小,因为这些零件刚度很差,极易受力变形;如果变形较大,则可用热校直的方法减小内应力。

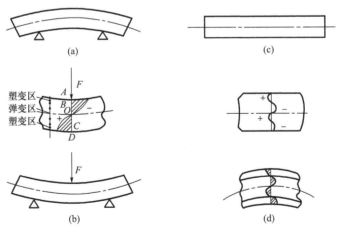

图 7-20　冷校直时引起内应力的情况

（2）工件切削时的内应力

工件在进行切削加工时,在切削力和摩擦力的作用下,使表层金属产生塑性变形,体积膨胀,受到里层组织的阻碍,故表层产生压应力,里层产生拉应力;由于切削温度的影响,表层金属产生热塑性变形,表层温度下降快,冷却收缩也比里层大,当温度降至弹性变形范围内时,表层收缩受到里层的阻碍,因而产生拉应力,里层将产生平衡的压应力。

在大多数情况下,热的作用大于力的作用。特别是高速切削、强力切削、磨削等,热的作用占主要地位。磨削加工中,表层拉力严重时会产生裂纹。

(3)减小或消除内应力的措施

①合理设计零件结构　在零件结构设计中,应尽量缩小零件各部分厚度尺寸的差异,以减小铸、锻毛坯在制造中产生的内应力。

②采取时效处理　采用自然时效、人工时效及振动时效等方法消除内应力。

7.3　加工精度的综合分析

实际生产中,影响加工精度的因素往往是错综复杂的,有时很难用单因素来分析其因果关系,还必须运用数理统计的方法进行综合分析,从中发现误差形成规律,找出影响加工误差的主要因素以及解决问题的途径。

7.3.1　加工误差的性质

加工误差的性质按照其统计规律的不同可分为系统误差和随机误差两大类。系统误差又分为常值系统误差和变值系统误差两种。加工误差性质不同,其分布规律及解决途径也不同。

1.常值系统误差

在顺序加工一批工件中,其大小和方向保持不变的误差,称为常值系统误差。机床、刀具、夹具的制造误差,工艺系统受力变形引起的加工误差,均与时间无关,属于常值系统误差。机床、夹具、量具等磨损引起的加工误差,在一定时间内也可看作常值系统误差。常值系统误差可以通过对工艺装备进行相应的维修、调整或采取针对性的措施来加以消除。

2.变值系统误差

在顺序加工一批工件中,其大小和方向按一定规律变化的误差,称为变值系统误差。机床、刀具、夹具等在热平衡前的热变形误差和刀具的磨损等,属于变值系统误差。

变值系统误差可以通过对工艺系统进行热平衡,按其规律对机床进行补充调整或自动连续、周期性补偿等措施来加以控制。

3.随机误差

在顺序加工一批工件中,其大小和方向无规律变化的误差,称为随机误差。毛坯误差余量不均、硬度不均等的复映、定位误差、夹紧误差、残余应力引起的误差、多次调整的误差等,属于随机误差。随机误差是不可避免的,但我们可以从工艺上采取措施来控制其影响。如提高工艺系统刚度、提高毛坯加工精度(使余量均匀)、毛坯热处理(使硬度均匀)以及时效(消除内应力)等。

7.3.2　加工误差的统计分析

统计分析是以生产现场观察和对工件进行实际检验的数据资料为基础,用数理统计的方法分析处理这些数据资料,从而揭示各种因素对加工误差的综合影响,获得解决问题的途径的一种分析方法,主要有分布图分析法和点图分析法等。

1.分布图分析法

(1)实际分布图——直方图

采用调整法大批量加工的一批零件中,随机抽取足够数量的工件(称为样本)进行加工尺寸的测量,由于加工误差的存在,零件加工尺寸的实际数值是各不相同的(称为尺寸分散)。按尺寸大小把零件分成若干组,分组数的推荐值见表 7-1。同一尺寸间隔内的零件数量称为频数;频数与样本总数之比称为频率。频率与组距(尺寸间隔)之比称为频率密度。以零件尺寸为横坐标,以频率或频率密度为纵坐标,可绘出直方图。连接各直方块的顶部中点得到一条折线,即实际分布曲线。

表 7-1　　　　样本与组数的选择

数据的数量	分组数(K)
50~100	6~10
100~250	7~12
250 以上	10~20

直方图上矩形的面积＝频率密度×组距(尺寸间隔)＝频率

由于所有各组频率之和等于 100%,故直方图上全部矩形面积之和等于 1。

下面通过实例来说明直方图的作法。

【例 7-1】 磨削一批轴径为 $\phi 50^{+0.06}_{+0.01}$ mm 的工件,经实测后的尺寸见表 7-2,试绘制工件加工尺寸的直方图。

表 7-2　　　　　　　　　　　　轴径尺寸实测值　　　　　　　　　　　　　　 μm

44	20	46	32	20	40	52	33	40	25	43	38	40	41	30	36	49	51	38	34
22	46	38	30	42	38	27	49	45	45	38	32	45	48	28	36	52	32	42	38
40	42	38	52	38	36	37	43	28	45	36	50	46	38	30	40	34	42	47	
22	28	34	30	36	32	35	22	40	35	36	42	46	42	50	40	36	20	16	53
32	46	20	28	46	28	54	18	32	33	26	46	47	36	38	30	49	18	38	38

作图步骤如下:

①收集数据,一般取 100 件左右。找出最大值 $x_{\max}=54$ μm,最小值 $x_{\min}=16$ μm,见表 7-2。

②把 100 个样本数据分成若干组,本例 $n=100$,取 $k=9$。

③计算组距 h,即组与组的间距。

$$h=\frac{x_{\max}-x_{\min}}{k-1}=\frac{54-16}{9-1}=4.75 \text{ μm}$$

取计量单位的整数值 $h=5$ μm。

④计算第 1 组的上、下界限值。

第 1 组上界限值为 $x_{1\max}=x_{\min}+h/2=16+5/2=18.5$ μm;

第 1 组下界限值为 $x_{1\min}=x_{\min}-h/2=16-5/2=13.5$ μm。

⑤计算其余各组的上、下界限值。

第 1 组的上界限值是第 2 组的下界限值。第 2 组的下界限值加上组距就是第 2 组的上界限值,其余以此类推。

⑥计算各组的中心值 x_i,即每组中间的数值,即

$$x_i=\frac{\text{某组上限值}+\text{某组下限值}}{2}$$

第 1 组的中心值为

$$x_1 = \frac{x_{1\max} + x_{1\min}}{2} = \frac{18.5 + 13.5}{2} = 16 \ \mu m$$

⑦记录各组数据,整理成如表 7-3 所示的频数分布表。

⑧统计各组的尺寸频数和频率密度,并填入表 7-3 中。

表 7-3 频数分布表

组号	组界/μm	中心值 $x_i/\mu m$	频数	频率/%	频率密度/(% · μm^{-1})
1	13.5~18.5	16	3	3	0.6
2	18.5~23.5	21	7	7	1.4
3	23.5~28.5	26	8	8	1.6
4	28.5~33.5	31	13	13	2.6
5	33.5~38.5	36	26	26	5.2
6	38.5~43.5	41	16	16	3.2
7	43.5~48.5	46	16	16	3.2
8	48.5~53.5	51	10	10	2
9	53.5~58.5	56	1	1	0.2

⑨计算 $\overline{x}$ 和 s。

$$\overline{x} = \frac{1}{n} \sum_{i=1}^{n} x_i = 37.25 \ \mu m$$

$$s = \sqrt{\frac{1}{n} \sum_{i=1}^{n} (x_i - \overline{x})^2} = 8.95 \ \mu m$$

式中　$\overline{x}$——样本的算数平均值,表示加工尺寸的分布中心;

x_i——各工件的尺寸;

n——样本容量;

s——样本的标准差(均方根偏差),表示加工尺寸的分散程度。

⑩按表列数据以零件尺寸为横坐标,以频率密度为纵坐标,即可绘出直方图。连接各直方块的顶部中点得到一条折线,即实际分布曲线,如图 7-21 所示。

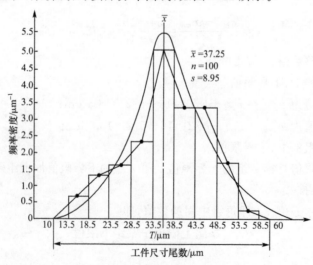

图 7-21　实际分布曲线

进一步分析研究该工序的加工精度问题,必须找出频率密度与加工尺寸间的关系,因此必须研究理论分布曲线。

(2)正态分布曲线、方程及特性

大量的统计和理论分析表明,当一批工件数量极多、加工误差因素中又都没有特殊倾向时,其分布是服从正态分布的,如图 7-22 所示。

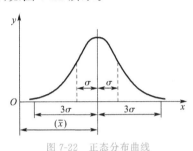

图 7-22　正态分布曲线

其概率密度函数表达方程为

$$y = \frac{1}{\sigma\sqrt{2\pi}} e^{-\frac{1}{2}\left(\frac{x-\overline{x}}{\sigma}\right)^2} \quad (-\infty < x < +\infty, \sigma > 0) \tag{7-8}$$

式中　y——正态分布的概率密度;

　　　$\overline{x}$——工件尺寸的算术平均值, $\overline{x} = \frac{1}{n}\sum\limits_{i=1}^{n} x_i$;

　　　σ——标准差(均方根偏差), $\sigma = \sqrt{\frac{1}{n}\sum\limits_{i=1}^{n}(x_i - \overline{x})^2}$;

　　　n——样本工件的总数。

由式(7-8)及图 7-22 可知正态分布曲线具有如下性质:

①正态分布曲线对称于直线 $x = \overline{x}$,在 $x = \overline{x}$ 处达到最大值,即

$$y_{max} = \frac{1}{\sigma\sqrt{2\pi}} \tag{7-9}$$

②在 $x = \overline{x} \pm \sigma$ 处有拐点,且

$$y_x = \frac{1}{\sigma\sqrt{2\pi}} e^{-\frac{1}{2}} = y_{max} e^{-\frac{1}{2}} \approx 0.6 y_{max} \tag{7-10}$$

当 $x \to \pm\infty$ 时以 x 轴为其渐近线,曲线呈钟形。它表明被加工零件的尺寸靠近分散中心平均值 $\overline{x}$ 的工件占大部分,而远离尺寸分散中心的工件是极少数。平均值和标准差是正态分布曲线的两个特征参数。平均值 $\overline{x}$ 决定了曲线的位置,即表示了尺寸分散中心的位置。$\overline{x}$ 不同,分布曲线沿 x 轴平移而不改变其形状,如图 7-23(a)所示。标准差 σ 决定了曲线的形状,它表示了尺寸分散范围的大小,如图 7-23(b)所示。

③对 $\overline{x}$ 的正偏差和负偏差,其概率相等。

④分布曲线与横坐标所围成的面积包括了全部零件(100%),故其面积等于 1;其中 $x - \overline{x} = \pm 3\sigma$(在 $\overline{x} \pm 3\sigma$)范围内的面积占了 99.73%,即 99.73% 的工件尺寸落在 $\pm 3\sigma$ 范围内,仅有 0.27% 的工件在该范围之外(可忽略不计)。因此,取正态分布曲线的分布范围为 $\pm 3\sigma$。

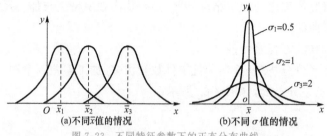

图 7-23　不同特征参数下的正态分布曲线

$\pm 3\sigma$（或 6σ）的概念在研究加工误差时应用很广,是一个很重要的概念。6σ 的大小代表了某种加工方法在一定条件(如毛坯余量,切削用量,正常的机床、夹具、刀具等)下所能达到的加工精度,所以在一般情况下,应该使所选择的加工方法的标准偏差 σ 与公差带宽度 T 之间具有下列关系:$6\sigma \leqslant T$。

（3）非正态分布

工件的实际分布,有时并不接近于正态分布。例如,将在两台机床上分别调整加工出的工件混在一起测定,可得图 7-24(a)所示的双峰曲线。实际上是两组正态分布曲线(如虚线所示)的叠加,也即随机性误差中混入了常值系统误差。每组有各自的分散中心和标准差 σ。

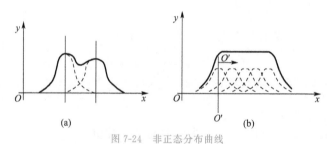

图 7-24　非正态分布曲线

又如,在活塞销贯穿磨削中,如果砂轮磨损较快而没有补偿,则工件的实际尺寸将呈平顶分布,如图 7-24(b)所示。它实质上是正态分布曲线的分散中心在不断地移动,也即在随机误差中混有变值系统误差。

（4）分布图的应用

①判别加工误差的性质　若加工过程中没有变值系统误差,那么其尺寸分布就服从正态分布,可进一步根据 $\bar{x}$ 是否与公差带中心重合来判断是否存在常值系统误差($\bar{x}$ 与公差带中心不重合说明存在常值系统误差)。

②确定各种加工误差所能达到的精度　由于各种加工方法在随机性因素影响下所得的加工尺寸的分散规律符合正态分布,因而可以在多次统计的基础上,为每一种加工方法求得它的标准偏差 σ 值。然后,按分布范围等于 6σ 的规律,即可确定各种加工方法所能达到的精度。

③确定工艺能力及其等级　工艺能力即工序处于稳定状态时,加工误差正常波动的幅度。由于加工时误差超出分散范围的概率极小,可以认为不会发生分散范围以外的加工误差,因此可以用该工序的尺寸分散范围来表示工艺能力。当加工尺寸分布接近正态分布时,工艺能力为 6σ。

工艺能力等级是以工艺能力系数来表示的,即工艺能满足加工精度要求的程度。

当工艺处于稳定状态时,工艺能力系数 C_P 的计算公式为

$$C_P = T/(6\sigma) \tag{7-11}$$

式中 T——工件尺寸公差。

根据工艺能力系数 C_P 的大小,可将工序分为五级,见表 7-4。

一般情况下,工艺能力不应低于二级。

表 7-4 工艺能力等级

工艺能力系数	工序等级	说明
$C_P > 1.67$	特级	工艺能力过高,允许有异常波动,不一定经济
$1.67 \geqslant C_P > 1.33$	一级	工艺能力足够,允许有一定的异常波动
$1.33 \geqslant C_P > 1.00$	二级	工艺能力勉强,必须密切注意
$1.00 \geqslant C_P > 0.67$	三级	工艺能力不足,可能出现少量不合格品
$C_P \leqslant 0.67$	四级	工艺能力差,必须加以改进

④估算废品率 正态分布曲线与 x 轴之间所包含的面积代表一批零件的总数 100%,将分布图与工件尺寸公差进行比较,超出公差带范围的曲线面积代表不合格品的数量。如图 7-25 所示,在曲线下面至 C、D 两点间的面积(阴影部分)代表合格品的数量,而其余部分则为废品的数量。当加工外圆表面时,图的左边空白部分为不可修复的废品,而图的右边空白部分为可修复的废品。加工孔时,恰好相反。对于某一规定的 x 范围的曲线面积(图 7-25(b)),可由积分式求得,即

$$y = \frac{1}{\sigma \sqrt{2\pi}} \int_0^x e^{-\frac{x^2}{2\sigma^2}} \, \mathrm{d}x \tag{7-12}$$

为了方便起见,设 $z = \dfrac{x}{\sigma}$,即

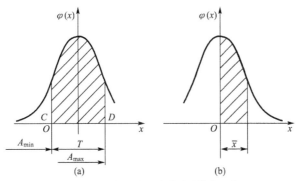

图 7-25 利用正态分布曲线估算废品率

$$y = \frac{1}{\sqrt{2\pi}} \int_0^x e^{-\frac{z^2}{2}} \, \mathrm{d}z \tag{7-13}$$

正态分布曲线的总面积为

$$2\varphi(\infty) = \frac{1}{\sqrt{2\pi}} \int_0^\infty e^{-\frac{z^2}{2}} \, \mathrm{d}z = 1 \tag{7-14}$$

$$\varphi(z) = \frac{1}{\sqrt{2\pi}} \int_0^z e^{-\frac{z^2}{2}} dz \qquad (7\text{-}15)$$

在一定的 z 值时,函数 y 的数值等于加工尺寸在 x 范围的概率。各种不同 z 值的概率密度列于表 7-5 中。

表 7-5　　　　　　　　　　　　　　概率密度

z	$\varphi(z)$	z	$\varphi(z)$	z	$\varphi(z)$	z	$\varphi(z)$
0.1	0.039 8	1.0	0.341 3	1.9	0.471 3	2.8	0.497 4
0.2	0.079 3	1.1	0.364 3	2.0	0.477 2	2.9	0.498 1
0.3	0.117 9	1.2	0.384 9	2.1	0.482 1	3.0	0.498 65
0.4	0.155 4	1.3	0.403 2	2.2	0.486 1	3.2	0.499 31
0.5	0.191 5	1.4	0.419 2	2.3	0.489 3	3.4	0.499 66
0.6	0.225 7	1.5	0.433 2	2.4	0.491 8	3.6	0.499 841
0.7	0.258 0	1.6	0.445 2	2.5	0.493 8	3.8	0.499 928
0.8	0.288 1	1.7	0.455 4	2.6	0.495 3	4.0	0.499 968
0.9	0.315 9	1.8	0.464 1	2.7	0.496 5	4.5	0.499 997

【例 7-2】　在磨床上加工销轴,要求外径 $d = \phi 12^{-0.016}_{-0.043}$ mm,$\overline{x} = 11.974$ mm,$\sigma = 0.005$ mm,其尺寸分布符合正态分布,试分析该工序的工艺能力和计算废品率。

解:该工序尺寸分布如图 7-26 所示。

$$C_P = \frac{T}{6\sigma} = \frac{0.027}{6 \times 0.005} = 0.9 < 1$$

工艺能力系数 $C_P < 1$,说明该工序工艺能力不足,因此产生废品是不可避免的。

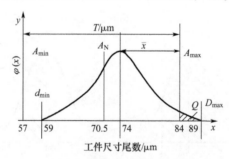

图 7-26　磨削轴工序尺寸分布

工件最小尺寸

$$d_{min} = \overline{x} - 3\sigma = 11.959 \text{ mm} > A_{min} = 11.957 \text{ mm}$$

故不会产生不可修复的废品。

工件最大尺寸

$$d_{max} = \overline{x} + 3\sigma = 11.989 \text{ mm} > A_{max} = 11.984 \text{ mm}$$

故要产生可修复的废品。

废品率 $Q = 0.5 - y$

$$z = \frac{|x - \overline{x}|}{\sigma} = \frac{|11.984 - 11.974|}{\sigma} = 2$$

查表 7-5，$z = 2$ 时，$y = 0.477\ 2$

$$Q = 0.5 - 0.477\ 2 = 0.022\ 8 = 2.28\%$$

如重新调整机床，使分散中心与公差带中心 A_N 重合，则可减小废品率。

（5）分布图分析法的缺点

用分布图分析加工误差有下列主要缺点：

①不能反映误差的变化趋势。加工中随机误差和系统误差同时存在，由于分析时没有考虑到工件加工的先后顺序，故很难把随机误差与变值系统误差区分开来。

②由于必须等一批工件加工完毕后才能得出分布情况，因此不能在加工过程中及时提供控制精度的资料。

2.点图分析法

分析工艺过程的稳定性时，通常采用点图分析法。点图有多种形式，这里仅介绍 $\overline{x}$-R 图。点图分析法是在一批工件的加工过程中，依次测量工件的加工尺寸，并以时间间隔为序，逐个（或逐组）记入相应图表中，以对其进行分析的方法。

（1）$\overline{x}$-R 图

$\overline{x}$-R 图是平均值 $\overline{x}$ 控制图和极差 R 控制图联合使用时的统称。前者控制工艺过程质量指标的分布中心，后者控制工艺过程质量指标的分散程度。在 $\overline{x}$-R 图上，横坐标是按时间先后采集的小样本（称为样组）的组序号，纵坐标分别为各小样本的平均值 $\overline{x}$ 和极差 R。在 $\overline{x}$-R 图上各有 3 条线，即中心线和上、下控制线。绘制 $\overline{x}$-R 图是以小样本顺序随机抽样为基础的。在工艺过程进行中，每隔一定时间连续抽取容量 $n = 2 \sim 10$ 的一个小样本，求出小样本的平均值 $\overline{x}$ 和极差 R。

$$\overline{x} = \frac{1}{n}\sum_{i=1}^{n}x_i, \ R = x_{i\max} - x_{i\min} \tag{7-16}$$

经过若干时间后，就可取得若干组（例如 k 组）小样本，将各组小样本的 $\overline{x}$ 和 R 值分别点在相应的 $\overline{x}$ 图和 R 图上，即制成了 $\overline{x}$-R 图，如图 7-27 所示。

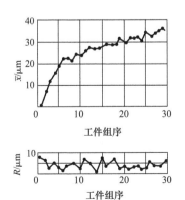
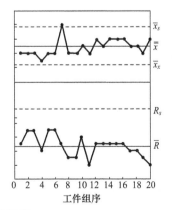

图 7-27　$\overline{x}$-R 图

$\bar{x}$ 图的控制线如下：

中线
$$\overline{\overline{x}} = \frac{1}{k}\sum_{k}^{1}\overline{x}_i \tag{7-17}$$

上控制线
$$\overline{x}_s = \overline{\overline{x}} + A_2\overline{R} \tag{7-18}$$

下控制线
$$\overline{x}_x = \overline{\overline{x}} - A_2\overline{R} \tag{7-19}$$

R 图的控制线如下：

中线
$$\overline{R} = \frac{1}{k}\sum_{i=1}^{k}R_i \tag{7-20}$$

上控制线
$$R_s = D_1\overline{R} \tag{7-21}$$

下控制线
$$R_x = D_2\overline{R} \tag{7-22}$$

式中 A_2、D_1、D_2 均为常数，可由表 7-6 查得。

表 7-6 A_2、D_1、D_2 值

n/件	2	3	4	5	6	7	8	9	10
A_2	1.880 6	1.023 1	0.728 5	0.576 8	0.483 3	0.419 3	0.372 6	0.336 7	0.308 2
D_1	3.268 1	2.574 2	2.281 9	2.114 5	2.003 9	1.924 2	1.864 1	1.816 2	1.776 8
D_2	0	0	0	0	0	0.075 8	0.135 9	0.183 8	0.223 2

(2)$\bar{x}$-R 控制图分析

控制图上各点的变化反映了工艺过程是否稳定。各点的波动有两种情况。第一种情况只是随机性波动，其特点是浮动的幅值一般不大，这种正常波动是工艺系统稳定的表现。第二种情况是工艺过程中存在某种占优势的误差因素，以致点图上的点具有明显的上升或下降倾向，或出现幅值很大的波动，称这种情况为工艺系统不稳定。一旦出现异常波动，就要及时寻找原因。正常波动与异常波动的判别标志见表 7-7。

表 7-7 正常波动与异常波动的判别标志

正 常 波 动	异 常 波 动
(1)没有点超出控制线； (2)大部分点在中心线上下波动，小部分点在控制线附近波动； (3)点的波动没有明显规律性	(1)有点超出控制线； (2)点密集在中线附近； (3)点密集在控制线附近； (4)连续 7 点以上出现在中线一侧； (5)连续 11 点中有 10 点出现在中线一侧； (6)连续 14 点中有 12 点出现在中线一侧； (7)连续 17 点中有 14 点出现在中线一侧； (8)连续 20 点中有 16 点出现在中线一侧； (9)点有上升或下降倾向； (10)点有周期性波动

【例 7-3】 在自动车床上加工销轴，直径要求为 $\phi12\pm0.013$ mm，现按时间的先后顺序抽检 20 个样组，每组取样 5 件。在千分比较仪上测量，千分比较仪按 $\phi11.987$ mm 调整零点，测量数据列于表 7-8 中，单位为 μm。试作出 $\bar{x}$-R 图，并判断该工序工艺过程是否稳定。

解：①计算各样组的平均值和极值，列于表 7-8 中。

表 7-8　　　　　　　　　　　　　　　测量与计算数据

样组号	样件测量值					$\overline{x}$	R	样组号	样件测量值					$\overline{x}$	R
	x_1	x_2	x_3	x_4	x_5				x_1	x_2	x_3	x_4	x_5		
1	28	20	28	14	14	20.8	14	11	16	21	14	15	16	16.4	7
2	20	15	20	20	15	18	5	12	16	17	14	15	15	15.4	3
3	8	3	15	18	18	12.4	15	13	12	12	10	8	12	10.8	4
4	14	15	15	15	17	15.2	3	14	10	10	7	18	15	12	11
5	13	17	17	17	13	15.4	4	15	14	15	18	24	10	16.2	14
6	20	10	14	15	19	15.6	10	16	19	18	13	14	24	17.6	11
7	10	15	20	10	13	13.6	10	17	28	25	20	23	20	23.2	8
8	18	18	20	25	20	20.2	7	18	18	17	25	28	21	21.8	11
9	12	8	12	15	18	13	10	19	20	21	9	21	30	22.2	11
10	10	5	11	15	9	10	10	20	18	28	22	18	20	21.2	10

②计算 $\overline{x}$-R 图控制线。

$\overline{x}$ 图的控制线如下：

中线　　　　　　$\overline{\overline{x}} = \dfrac{1}{k} \sum_{k}^{1} \overline{x}_i = 16.73 \ \mu m$　　　$\overline{R} = \dfrac{1}{k} \sum_{i=1}^{k} R_i = 8.9 \ \mu m$

上控制线　　　　$\overline{x}_s = \overline{\overline{x}} + A_2 \overline{R} = 16.73 + 0.576\ 8 \times 8.9 = 21.86 \ \mu m$

下控制线　　　　$\overline{x}_x = \overline{\overline{x}} - A_2 \overline{R} = 16.73 - 0.576\ 8 \times 8.9 = 11.60 \ \mu m$

R 图的控制线如下：

上控制线　　　　$R_s = D_1 \overline{R} = 2.114\ 5 \times 8.9 = 18.82 \ \mu m$

下控制线　　　　$R_x = D_2 \overline{R} = 0$

③根据以上结果作出 $\overline{x}$-R 图，如图 7-28 所示。

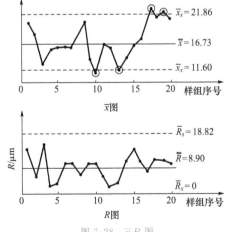

图 7-28　$\overline{x}$-R 图

④判断工艺过程稳定性。由图 7-28 可见，有 4 个点越过控制线，表明工艺过程不稳定，应查找原因加以解决。

7.4 提高加工精度的工艺措施

7.4.1 减少误差法

查明产生加工误差的主要因素后,设法对其直接进行消除或减弱。如细长轴加工用中心架或跟刀架会提高工件的刚度,也可采用反拉法切削,工件受拉不受压就不会因偏心压缩而产生弯曲变形,如图 7-29 所示。

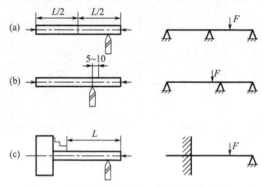

图 7-29 用辅助支承提高工件刚度来减小误差

7.4.2 误差补偿法

误差补偿法是人为地造出一种新的原始误差,去抵消原来工艺系统中存在的原始误差,尽量使两者大小相等、方向相反而达到使误差被抵消得尽可能彻底的目的。例如,用预加载荷法精加工磨床床身导轨,借以补偿装配后受部件自重而引起的变形。磨床床身是一个狭长的结构,刚度较差,在加工时,导轨三项精度虽然都能达到要求,但在装上进给机构、操纵机构等以后,便会使导轨产生变形而破坏了原来的精度,采用预加载荷法可补偿这一误差。又如用校正机构提高丝杠车床传动链的精度。在精密螺纹加工中,机床传动链误差将直接反映到工件的螺距上,使精密丝杠加工精度受到一定的影响。为了满足精密丝杠加工的要求,采用螺纹加工校正装置以消除传动链造成的误差,如图 7-30 所示。

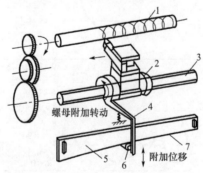

图 7-30 螺纹加工校正装置

1—工件;2—丝杠螺母;3—车床丝杠;4—杠杆;5—校正尺;6—滚柱;7—工作尺面

7.4.3 误差分组法

误差分组法是把毛坯或上道工序加工的工件尺寸经测量按大小分为 n 组,每组尺寸误

差就缩减为原来的 $1/n$。然后按各组的误差范围分别调整刀具位置,使整批工件的尺寸分散范围大大缩小。例如,某厂加工齿轮磨床上的交换齿轮时,为了达到齿圈径向跳动的精度要求,将交换齿轮的内孔尺寸分成 3 组,并用与之尺寸相对应的 3 组定位心轴进行加工。其分组尺寸见表 7-9。

表 7-9　　　　　　　　　　　　　　　　　　分组表　　　　　　　　　　　　　　　　　　　mm

组别	心轴直径 $\phi25^{+0.011}_{+0.002}$	工件孔径 $\phi25^{+0.013}_{0}$	配合精度
第 1 组	$\phi25.002$	$\phi25.000\sim\phi25.004$	±0.002
第 2 组	$\phi25.006$	$\phi25.004\sim\phi25.008$	±0.002
第 3 组	$\phi25.011$	$\phi25.008\sim\phi25.013$	$+0.002$ -0.003

误差分组法的实质,是用提高测量精度的手段来弥补加工精度的不足,从而达到较高的精度要求。当然,测量、分组需要花费时间,故一般只是在配合精度很高,而加工精度不宜提高时采用。

7.4.4　误差转移法

误差转移法的实质是转移工艺系统的几何误差、受力变形和热变形等。例如,磨削主轴锥孔时,锥孔和轴径的同轴度不是靠机床主轴回转精度来保证的,而是靠夹具保证的,当机床主轴与工件采用浮动连接以后,机床主轴的原始误差就不再影响加工精度,而转移到夹具来保证加工精度。

在箱体的孔系加工中,在镗床上用镗模镗削孔系时,孔系的位置精度和孔距间的尺寸精度都依靠镗模和镗杆的精度来保证,镗杆与主轴之间为浮动连接,故机床的精度与加工无关,这样就可以利用普通精度和生产率较高的组合机床来精镗孔系。由此可见,在机床精度达不到零件的加工要求时,通过误差转移的方法能够用一般精度的机床加工高精度的零件。

7.4.5　就地加工法

将全部零件按经济精度制造,然后装配成部件或产品,且各零部件之间具有工作时要求的相对位置,最后以一个表面为基准加工另一个有位置精度要求的表面,实现最终精加工,这就是"就地加工"法,也称为自身加工修配法。"就地加工"的要点,就是要求保证部件间的位置关系,即在要求的位置关系上利用一个部件装上刀具去加工另一个部件。例如,在转塔车床制造中,转塔上六个安装刀具的孔,其轴线必须保证与机床主轴旋转中心线重合,而六个平面又必须与旋转中心线垂直。如果单独加工转塔上的这些孔和平面,装配时要达到上述要求是困难的,因为其中包含了很复杂的尺寸链关系。因而在实际生产中采用了就地加工法,即在装配之前,这些重要表面不进行精加工,等转塔装配到机床上以后,再在自身机床上对这些空间和平面进行精加工。具体方法是在机床主轴上装上镗刀杆和能做径向进给的小刀架,对这些表面进行精加工,便能达到所需要的精度。

又如龙门刨床、牛头刨床,为了使它们的工作台分别与横梁或滑枕保持位置的平行度关系,都是装配后在自身机床上,进行就地精加工来达到装配要求的。平面磨床的工作台,也是在装配后利用自身砂轮精磨出来的。

7.4.6　误差平均法

误差平均法是利用有密切联系的表面之间的相互比较和相互修正,或者利用互为基准进行加工,以达到很高的加工精度的方法,如三板互易法、易位法等。

例如,配合精度要求很高的轴和孔常用对研的方法来达到。所谓对研,就是配偶件的轴和孔互为研具相对研磨。在研磨前有一定的研磨量,其本身的尺寸精度要求不高,在研磨过程中,配合表面相对研擦和磨损的过程,就是两者的误差相互比较和相互修正的过程。

又如,三块一组的标准平板是利用相互对研、配刮的方法加工出来的。因为三个表面能够分别两两密合,只有在都是精确的平面的条件下才有可能。另外还有直尺、角度规、多棱体、标准丝杠等高精度量具和工具,都是利用误差平均法制造出来的。

7.4.7 控制误差法

控制误差法是在利用测量装置加工循环中连续地测量出工件的实际尺寸,随时给刀具以附加的补偿,控制刀具和工件间的相对位置,直至实际值与调定值之差不超过预定的公差为止。现代机械加工中的自动测量和自动补偿就属于这种方法。

7.5 影响表面质量的主要因素

不同的加工方法,对加工零件的表面质量的影响规律也各不相同。

7.5.1 影响已加工表面粗糙度的因素

机械加工中,形成表面粗糙度的主要原因可归纳为三方面:几何因素、物理因素和工艺系统的振动。

1.几何因素

切削加工表面粗糙度主要取决于切削残留面积高度,并与切削表面塑性变形及积屑瘤的产生有关。

图 7-31 所示为车削、刨削加工残留面积高度。图 7-31(a)所示为使用直线刀刃切削的情况,其切削残留面积高度(理论最大表面粗糙度)为

$$H = \frac{f}{\cot \kappa_\tau + \cot \kappa_\tau'} \tag{7-23}$$

图 7-31(b)所示为使用圆弧刀刃切削的情况,其切削残留面积高度为

$$H \approx \frac{f^2}{8r_z} \tag{7-24}$$

由式(7-23)和式(7-24)可知,在理想切削条件下,由于切削刃的形状和进给量的影响,在加工表面上遗留下来的切削层残留面积高度就形成了理论表面粗糙度。进给量、刀具主偏角、副偏角越大,刀尖圆弧半径越小,则加工残留面积高度越大,表面越粗糙。

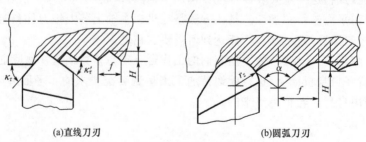

(a)直线刀刃　　　　　　　　　　(b)圆弧刀刃

图 7-31　车削、刨削加工残留面积高度

2.物理因素

切削过程中刀具的刃口圆角及后刀面的挤压与摩擦会使金属材料发生塑性变形,从而使理论残留面积挤歪或沟纹加深,促使表面粗糙度恶化。在加工塑性材料而形成带状切屑时,在前刀面上容易形成硬度很高的积屑瘤,它可以代替前刀面和切削刃进行切削,使刀具的几何角度、背吃刀量发生变化,其轮廓很不规则,因而使工件表面出现深浅和宽窄不断变化的刀痕,有些积屑瘤嵌入工件表面,增大了表面粗糙度。

3.工艺系统的振动

金属切削加工中产生的振动是一种十分有害的现象。若加工中产生了振动,刀具与工件间将产生相对位移,会使加工表面产生振痕,严重影响零件的表面质量和性能;工艺系统将持续承受动态交变载荷的作用,刀具极易磨损(甚至崩刃),机床连接特性受到破坏,严重时甚至使切削加工无法继续进行;振动中产生的噪声还将危害操作者的身体健康。为减轻振动,有时不得不降低切削用量,使机床加工的生产率降低。

7.5.2　影响已加工表面理化和机械性能的因素

机械加工过程中,工件由于受到切削力、切削热的作用,其表面与基体材料性能有很大不同,在物理力学性能方面发生较大的变化。

1.影响表面层冷作硬化程度的因素

表面层冷作硬化程度取决于产生塑性变形的力、变形速度及变形时的温度。

刀具的刃口圆角和后刀面的磨损对表面层冷作硬化有很大影响,刃口圆角和后刀面的磨损量越大,冷作硬化层的硬度和深度也越大。在切削用量中,影响较大的是切削速度和进给量。当切削速度增大时,则表面层冷作硬化程度和深度都有所减小。进给量增大,塑性变形程度也增大,因此表面层冷作硬化现象严重。但当进给量过小时,由于刀具的刃口圆角在加工表面上的挤压次数增多,因此表面层冷作硬化也会加剧。被加工材料的硬度越低和塑性越大,则切削加工后其表面层冷作硬化现象越严重。

2.影响表面层的金相组织变化的因素

磨削时大部分的热量传给工件,因而最容易产生加工表面层的金相组织的变化。其最典型的现象就是磨削烧伤,并以不同烧伤色来表明表面层的烧伤深度。工件表面的烧伤层将成为使用中的隐患。

(1)磨削用量

由试验可知,磨削深度增大时,无论是工件表面的温度,还是表面层下不同深度的温度,都会随之升高,使烧伤加剧。在纵向磨削时,纵向进给量增大,工件表面的温度和表面层下不同深度的温度将降低,使烧伤减轻。为了弥补因纵向进给量增大而导致表面粗糙度值增大的缺陷,可采用较宽的砂轮。

当工件速度增大时,磨削区的温度会上升,但随着工件速度的提高,相当于磨削热源在工件表面上的移动速度加快,从而缩短了热源的作用时间,使磨削表面的温度下降。因此它的影响同磨削深度相比要小得多。提高工件速度又会导致工件表面粗糙度值的增大。为了弥补这一缺陷,一般可采用提高砂轮速度的方法。

(2)冷却方法

有效的冷却方法可以把磨削热大量带走而避免或减轻工件表面的烧伤现象。目前通用的冷却方法,实际上切削液不易进入磨削区而是大量注入离开磨削区的已加工表面上,难以避免磨削区烧伤。故目前有的已经从砂轮结构上采取措施,使冷却液直接进入磨削区,以充分发挥冷却作用。

3.影响表面层的残余应力的因素

引起残余应力的原因有以下三个方面:

(1)冷塑性变形的影响

在切削力作用下,已加工表面受到强烈的冷塑性变形,其中以刀具后刀面对已加工表面的挤压和摩擦产生的塑性变形最为突出,此时基体金属受到影响处于弹性变形状态。切削力除去后,基体金属趋向恢复,但受到已产生塑性变形的表面层的限制,恢复不到原状,因而在表面层产生残余拉应力。

(2)热塑性变形的影响

工件加工表面在切削热作用下产生热膨胀,此时基体金属温度较低,因此表层金属产生热压应力。当切削过程结束时,表面温度下降较快,故收缩变形大于里层,由于表层变形受到基体金属的限制,故而产生残余拉应力。

(3)金相组织的影响

切削时产生的高温会引起表面层的金相组织变化。不同的金相组织有不同的密度,表面层金相组织变化的结果造成了体积的变化。当表面层体积膨胀时,因为受到基体的限制,所以产生了压应力;反之,则产生拉应力。

7.6 提高表面质量的途径

7.6.1 减小表面粗糙度的工艺措施

1.选择合理的切削用量

切削速度对表面粗糙度的影响比较复杂,一般情况下在低速或高速切削时,不会产生积屑瘤,故加工后表面粗糙度值较小。在切削速度为 20~50 m/min 加工塑性材料时,常出现积屑瘤和磷刺,再加上切屑分离时的挤压变形和撕裂作用使表面粗糙度更加恶化。切削速度越高,切削过程中切屑和加工表面层的塑性变形程度越小,加工后表面粗糙度值也就越小。在粗加工和半精加工中,当进给量>0.15 mm/r 时,进给量的大小决定了加工表面残留面积高度的大小,因而,适当地减少进给量将使表面粗糙度值减小。

一般来说背吃刀量对加工表面粗糙度的影响是不明显的。当背吃刀量<0.03 mm 时,由于刀刃不可能刃磨得绝对尖锐而具有一定的刃口半径,正常切削就不能维持,常出现挤压,打滑和周期性地切入加工表面,从而使表面粗糙度值增大。

2.选择合理的刀具几何参数

增大刃倾角对降低表面粗糙度有利。因为刃倾角增大,实际工作前角也随之增大,切削过程中的金属塑性变形程度随之下降,于是切削力 F 也明显下降,这会显著地减轻工艺系统的振动,从而使加工表面粗糙度值减小。减少刀具的主偏角和副偏角及增大刀尖圆弧半径,可减小切削残留面积,使其表面粗糙度值减小。

增大刀具前角使刀具易于切入工件,塑性变形小,有利于减小表面粗糙度。但若前角太大,刀刃有嵌入工件的倾向,反而使表面变粗糙。

当前角一定时,后角越大,切削刃钝圆半径越小,刀刃越锋利;同时,还能减轻后刀面与加工表面间的摩擦和挤压,有利于减小表面粗糙度值。但后角太大削弱了刀具的强度,容易产生切削振动,使表面粗糙度值增大。

3.改善工件材料的性能

采用热处理工艺以改善工件材料的性能是减小其表面粗糙度值的有效措施。例如,工件材料金属组织的晶粒越均匀,粒度越细,加工时越能获得较小的表面粗糙度值。

4.选择合适的切削液

切削液的冷却和润滑作用均对减小其表面粗糙度值有利,其中更直接的是润滑作用,当切削液中含有表面活性物质如硫、氯等化合物时,润滑性能增强,能使切削区金属材料的塑性变形程度下降,从而减小了加工表面的粗糙度值。

5.选择合适的刀具材料

不同的刀具材料,由于化学成分的不同,在加工时刀面硬度及刀面表面粗糙度的保持性,刀具材料与被加工材料金属分子的亲和程度,以及刀具前、后刀面与切屑和加工表面间的摩擦系数等均有所不同。

6.防止或减轻工艺系统振动

工艺系统的低频振动,一般在工件的加工表面上产生表面波度,而工艺系统的高频振动将对加工的表面粗糙度产生影响。为降低加工的表面粗糙度,必须采取相应措施以防止加工过程中高频振动的产生。

7.6.2　减小表面层冷作硬化的工艺措施

(1)合理选择刀具的几何参数

采用较大的前角和后角,并在刃磨时尽量减小其切削刃口圆角半径。

(2)合理控制刀具磨损

使用刀具时,应合理限制其后刀面的磨损程度。

(3)合理选择切削用量

采用较高的切削速度和较小的进给量。

(4)合理选择切削液

加工时采用有效的切削液。

7.6.3　减小残余拉应力、防止表面烧伤和裂纹的工艺措施

对零件使用性能危害甚大的残余拉应力、表面烧伤和裂纹的主要成因是磨削区的温度过高。为降低磨削热,可以从减小磨削热的产生和加速磨削热的传出两条途径入手。

1.选择合理的磨削用量

根据磨削机理,磨削深度的增大会使表面温度升高,砂轮速度和工件转速的增大也会使表面温度升高,但影响程度不如磨削深度大。为了直接减少磨削热的产生,降低磨削区的温度,应合理选择磨削参数:减小背吃刀量,适当提高进给量和工件转速。但这会使表面粗糙度值增大,为弥补这一缺陷,可以相应提高砂轮转速。实践证明,同时提高砂轮转速和工件转速,可以避免烧伤。

2.选择有效的冷却方法

磨削时由于砂轮高速旋转而产生强大的气流,使切削液很难进入磨削区,故不能有效地降低磨削区的温度。因此应选择适宜的磨削液和有效的冷却方法。如采用高压大流量冷

却、内冷却砂轮等。为减轻高速旋转的砂轮表面的高压附着气流的作用，可加装空气挡板，如图7-32所示，以使冷却液能顺利地喷注到磨削区。

采用开槽砂轮也是改善冷却条件的一种有效方法。在砂轮的四周开一些横槽，能使砂轮将冷却液带入磨削区，从而改善冷却效果；砂轮开槽同时形成间断磨削，工件受热时间短；砂轮开槽还有扇风作用，可改善散热条件。因此，使用开槽砂轮可有效地防止烧伤现象的发生。

图 7-32 带空气挡板的冷却液喷嘴

7.6.4 表面强化工艺

冷压强化工艺通过冷压加工方法使表面层金属发生冷态塑性变形，以降低表面粗糙度值，提高表面硬度，并在表面层产生残余压应力和冷硬层，从而提高耐疲劳强度及抗腐蚀性能。

1.喷丸

喷丸利用压缩空气喷射大量快速($35\sim50$ m/s)运动的直径细小($\phi0.4\sim\phi2$ mm)的珠丸(钢丸、玻璃丸)来打击零件表面，造成表面的冷硬层和残余压应力，表面粗糙度值可达 Ra 0.4 μm，如图7-33(a)所示，可显著提高零件的疲劳强度和使用寿命。

2.滚压

滚压利用经过淬硬和精细研磨过的滚轮或滚珠，在常温下对零件表面进行挤压，如图7-33(b)所示，它使表层金属材料产生塑性流动，修正零件表面的微观几何形状，表面粗糙度值可达 Ra 0.4 μm 并使金属组织细化，形成残余压应力。

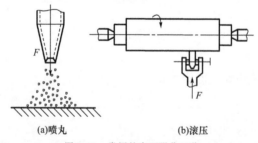

(a)喷丸   (b)滚压

图 7-33 常用的表面强化工艺

7.7 机械加工中振动的产生与控制

7.7.1 机械振动现象及其危害

在机械加工过程中，工艺系统有时会发生振动(人为地利用振动来进行加工服务的振动车削、振动磨削、振动时效、超声波加工等除外)，即在刀具的切削刃与工件上正在切削的表面之间，除了名义上的切削运动之外，还会出现一种周期性的相对运动。这是一种破坏正常切削运动的极其有害的现象，主要表现在：

(1)振动使工艺系统的各种成形运动受到干扰和破坏，使加工表面出现振纹，增大表面粗糙度值，恶化加工表面质量。

(2)振动还可能引起刀刃崩裂，引起机床、夹具连接部分松动，缩短刀具及机床、夹具的使用寿命。

（3）振动限制了切削用量的进一步提高,降低切削加工的生产率,严重时甚至还会使切削加工无法继续进行。

（4）振动所发出的噪声会污染环境,有害工人的身心健康。

研究机械加工过程中振动产生的机理,探讨如何提高工艺系统的抗振性和消除振动的措施,始终是机械加工工艺学的重要课题之一。

7.7.2　机械振动的基本类型

机械加工过程的振动有以下三种基本类型：

1.强迫振动

强迫振动是指在外界周期性变化的干扰力作用下产生的振动。磨削加工中主要会产生强迫振动。

2.自激振动

自激振动是指切削过程本身引起切削力周期性变化而产生的振动。切削加工中主要会产生自激振动。

3.自由振动

自由振动是指由于切削力突然变化或其他外界偶然原因引起的振动。自由振动的频率就是系统的固有频率,由于工艺系统具有阻尼作用,所以这类振动会在外界干扰力去除后迅速自行衰减,对加工过程影响较小。

机械加工过程中的振动主要是强迫振动和自激振动。据统计,强迫振动约占 30%,自激振动约占 65%,自由振动所占比重则很小。

7.7.3　机械加工中的强迫振动及其控制

1.机械加工过程中产生强迫振动的原因

机械加工过程中产生的强迫振动,其原因可从机床、刀具和工件三方面去分析。

（1）机床方面

机床中某些传动零件的制造精度不高,会使机床产生不均匀运动而引起振动。例如齿轮的周节误差和周节累积误差,会使齿轮传动的运动不均匀,从而使整个部件产生振动。主轴与轴承之间的间隙过大、主轴轴颈的圆度、轴承制造精度不够,都会引起主轴箱以及整个机床的振动。另外,皮带接头太粗而使皮带传动的转速不均匀,也会产生振动。机床往复机构中的转向和冲击也会引起振动。至于某些零件的缺陷,使机床产生振动则更是明显。

（2）刀具方面

多刃、多齿刀具如铣刀、拉刀和滚刀等,切削时由于刃口高度的误差或因断续切削引起的冲击,容易产生振动。

（3）工件方面

被切削的工件表面上有断（续表）面或表面余量不均、硬度不一致,都会在加工中产生振动。如车削或磨削有键槽的外圆表面就会产生强迫振动。

工艺系统外部也有许多原因造成切削加工中的振动,例如一台精密磨床和一台重型机床相邻,这台磨床就有可能受重型机床工作的影响而产生振动,影响其加工表面粗糙度。

2.强迫振动的特点

（1）强迫振动的稳态过程是谐振,只要干扰力存在,振动就不会被阻尼衰减掉,去除干扰力,振动就停止。

(2)强迫振动的频率等于干扰力的频率。

(3)阻尼越小,振幅越大,谐波响应轨迹的范围越大;增大阻尼,能有效地减小振幅。

(4)在共振区,较小的频率变化会引起较大的振幅和相位角的变化。

3.消除强迫振动的途径

强迫振动是由于外界干扰力引起的,因此必须对振动系统进行测振试验,找出振源,然后采取适当措施加以控制。消除和抑制强迫振动的措施主要有:

(1)改进机床传动结构,进行消振与隔振

消除强迫振动最有效的办法是找出外界的干扰力(振源)并去除之。如果不能去除,则可以采用隔绝的方法,如机床采用厚橡皮或木材等将机床与地基隔离,就可以隔绝相邻机床的振动影响。精密机械、仪器采用空气垫等也是很有效的隔振措施。

(2)消除回转零件的不平衡

机床和其他机械的振动,大多数是由回转零件的不平衡所引起,因此对于高速回转的零件要注意其平衡问题,在可能条件下,最好能做动平衡。

(3)提高传动件的制造精度

传动件的制造精度会影响传动的平衡性,引起振动。在齿轮啮合、滚动轴承以及带传动等传动中,减少振动的途径主要是提高制造精度和装配质量。

(4)提高系统刚度,增大阻尼

提高机床、工件、刀具和夹具的刚度都会提高系统的抗振性。增大阻尼是一种减小振动的有效办法,在结构设计上应该考虑到,但也可以采用附加高阻尼板材的方法以达到减轻振动的效果。

(5)合理安排固有频率,避开共振区

根据强迫振动的特性,一方面是改变激振力的频率,使它避开系统的固有频率;另一方面是在结构设计时,使工艺系统各部件的固有频率远离共振区。

7.7.4 机械加工中的自激振动及其控制

1.自激振动产生的机理

机械加工过程中,还常常出现一种与强迫振动完全不同形式的强烈振动,这种振动是当系统受到外界或本身某些偶然的瞬时干扰力作用而触发自由振动后,由振动过程本身的某种原因使得切削力产生周期性变化,又由这个周期性变化的动态力反过来加强和维持振动,使振动系统补充了由阻尼作用消耗的能量,这种类型的振动被称为自激振动。切削过程中产生的自激振动是频率较高的强烈振动,通常又称为颤振(Chatter)。自激振动常常是影响加工表面质量和限制机床生产率提高的主要因素。磨削过程中,砂轮磨钝以后产生的振动也往往是自激振动。

2.自激振动的特点

自激振动的特点可简要地归纳如下:

(1)自激振动是一种不衰减的振动。振动过程本身能引起某种力周期性地变化,振动系统能通过这种力的变化,从不具备交变特性的能源中周期性地获得能量补充,从而维持这个振动。外部的干扰有可能在最初触发振动时起作用,但是它不是产生这种振动的直接原因。

(2)自激振动的频率等于或接近于系统的固有频率,也就是说,由振动系统本身的参数所决定,这是与强迫振动的显著差别。

(3)自激振动能否产生以及振幅的大小,取决于每一振动周期内系统所获得的能量与所消耗的能量的对比情况。当振幅为某一数值时,如果所获得的能量大于所消耗的能量,则振幅将不断增大;相反,如果所获得的能量小于所消耗的能量,则振幅将不断减小,振幅一直增大或减小到所获得的能量等于所消耗的能量时为止。若振幅在任何数值时获得的能量都小于消耗的能量,则自激振动根本就不可能产生。

(4)自激振动的形成和持续是由于过程本身产生的激振和反馈作用,所以若停止切削或磨削过程,即使机床仍继续空运转,自激振动也会停止,这也是它与强迫振动的区别之处,因此可以通过切削或磨削试验来研究工艺系统或机床的自激振动,同时也可以通过改变对切削或磨削过程有影响的工艺参数,如切削或磨削用量,来控制切削或磨削过程,从而限制自激振动的产生。

3.消除自激振动的途径

自激振动与切削过程本身有关,与工艺系统的结构性能也有关,因此控制自激振动的基本途径是减小和抵抗激振力的问题,具体说来可以采取以下有效的措施:

(1)合理选择与切削过程有关的参数

自激振动的形成是与切削过程本身密切有关的,所以可以通过合理地选择切削用量、刀具几何角度和工件材料的可切削性等途径来抑制自激振动。

①合理选择切削用量   如车削中,切削速度 v 在 20~60 m/min 内,自激振动振幅增大很快,而当 v 超过此范围以后,则振动又逐渐减弱了,通常切削速度 v 在 50~60 m/min 时切削稳定性最低,最容易产生自激振动,所以可以选择高速或低速切削以避免自激振动。关于进给量 f,通常当 f 较小时振幅较大,随着 f 的增大振幅反而会减小,所以可以在表面粗糙度要求许可的前提下选取较大的进给量以避免自激振动。背吃刀量越大,切削力越大,越易产生振动。

②合理选择刀具的几何参数   适当地增大前角、主偏角,能减小切削力而减小振动。后角可尽量取小,但精加工中由于背吃刀量较小,刀刃不容易切入工件,而且后角过小时,刀具后刀面与加工表面间的摩擦可能过大,这样反而容易引起自激振动。通常在刀具的主后刀面下磨出一段后角为负值的窄棱面。另外,实际生产中还往往用油石使新刃磨的刃口稍稍钝化,也很有效。关于刀尖圆弧半径,它本来就和加工表面粗糙度有关,对加工中的振动而言,一般不要取得太大,如车削中当刀尖圆弧半径与背吃刀量近似相等时,则切削力就很大,容易振动。车削时装刀位置过低或镗孔时装刀位置过高,都易产生自激振动。

使用"油"性非常高的润滑剂也是加工中经常使用的一种防振办法。

(2)提高工艺系统本身的抗振性

①提高机床的抗振性   机床的抗振性往往占主导地位,可以从改善机床的刚性、合理安排各部件的固有频率、增大阻尼以及提高加工和装配的质量等来提高它。

②提高刀具的抗振性   通过刀杆等的惯性矩、弹性模量和阻尼系数,使刀具具有高的弯曲与扭转刚度、高的阻尼系数,例如硬质合金虽有高弹性模量,但阻尼性能较差,因此可以和钢组合使用,以发挥钢和硬质合金两者之优点。

③提高工件安装时的刚性   主要是提高工件的弯曲刚度,如细长轴的车削中,可以使用中心架、跟刀架,当用拨盘传动销拨动夹头传动时要保持切削中传动销和夹头不发生脱

离等。

④使用消振器装置 切削加工时,加工系统往往会产生振动,当系统刚性不足时尤为明显。减轻或消除振动的方法之一是采用专门的消振装置,常见的有阻尼消振器和冲击消振器。例如,在车床上可以采用杠杆式浮动冲击消振器。

思考与练习

7-1 如何判断误差的敏感方向?

7-2 误差复映的根本原因是什么?

7-3 工艺系统静误差包括哪些内容?

7-4 影响机床主轴回转误差的主要因素有哪些?

7-5 机械加工中的各种振动有哪些特点?

7-6 机械加工中产生表面粗糙度的主要原因有哪些?

7-7 获得加工精度的方法有哪几种?

7-8 工艺系统误差的来源包括哪些?

7-9 工艺系统热变形的原理和减少热变形对精度影响的措施有哪些?

7-10 在车床上用两顶尖装夹工件车削细长轴时,加工后经度量发现有如图 7-34 所示的形状误差。试分析产生上述形状误差的主要原因。

(a)锥形 (b)腰鼓形 (c)鞍形

图 7-34 题 7-13 图

7-11 机械加工表面质量对零件的使用性能有何影响?

7-12 在自动车床上要加工一批直径尺寸要求为 $\phi 8 \pm 0.090$ mm 的工件,调整完毕后试车 50 件,测得尺寸如下。画尺寸分布的直方图,计算工艺能力系数。若该工序允许废品率为 3%,则该机床精度能否满足要求?

7.920、7.970、7.980、7.990、7.995、8.005、8.018、8.030、8.068、7.935、7.970、7.982、
7.991、7.998、8.007、8.022、8.040、8.080、7.940、7.972、7.985、7.992、8.000、8.010、
8.022、8.040、7.957、7.975、7.985、7.992、8.000、8.012、8.028、8.045、7.960、7.975、
7.988、7.994、8.002、8.015、8.024、8.028、7.965、7.980、7.988、7.995、8.004、8.027、
8.065、8.017。

7-13 在两台相同的自动车床上加工一批小轴外圆,要求保证直径 $\phi 11 \pm 0.02$ mm,第 1 台加工 1 000 件,其直径尺寸按照正态分布,平均值 $\overline{x}_1 = 11.005$ mm,均方差 $\sigma_1 = 0.004$ mm。第 2 台加工 500 件,其直径尺寸也按正态分布,且 $\overline{x}_2 = 11.015$ mm,$\sigma_2 = 0.002\ 5$ mm。试求:

(1)在同一图上画出两台机床加工的两批工件的尺寸分布图,并指出哪台机床的精度高;

(2)计算并比较哪台机床的废品率高,分析原因并提出改进方法。

7-14 在车床上加工一批直径要求为 $\phi 25_{-0.08}^{0}$ mm 的轴。加工后已知外径尺寸误差呈正态分布,$\sigma = 0.01$ mm,分布曲线中心比公差带中心大 0.02 mm。

求：(1)试画出正态分布图；

(2)计算该批零件的合格率、不合格率及可修复率和不可修复率；

(3)系统误差是多少？

(4)计算工序能力系数，判断本工序工艺能力如何。

7-15　在车床上加工一批直径尺寸要求为 $\phi 40^{+0.03}_{-0.08}$ mm 的孔。加工后内孔尺寸误差呈正态分布，$\sigma = 0.02$ mm，平均尺寸为 39.98 mm。

求：(1)试画出正态分布图；

(2)计算该批零件的合格率、不合格率及可修复率和不可修复率；

(3)系统误差是多少？

(4)计算工序能力系数，判断本工序工艺能力如何。

7-16　在无心磨床上磨削圆柱销，直径要求为 $\phi 8^{0}_{-0.040}$ mm 每隔一段时间连续抽取五个工件进行测量，得到一组数据，共测 20 组工件 100 个数据，见表 7-10，表中数据为 7.960 + $x(\mu m)$。试：(1)画出 $\overline{X}\text{-}R$ 图；(2)判断工艺过程是否稳定；(3)判断有无变值系统误差；(4)对 $\overline{X}\text{-}R$ 图进行分析。

表 7-10　　　　　　　　　　　　　　习题 7-16

组号	测量值					组号	测量值				
	x_1	x_2	x_3	x_4	x_5		x_1	x_2	x_3	x_4	x_5
1	30	25	18	21	29	11	26	27	24	25	25
2	37	29	28	30	35	12	22	22	20	18	23
3	31	30	33	35	30	13	28	20	17	28	25
4	35	40	35	35	38	14	24	25	28	34	20
5	36	30	43	45	35	15	29	28	23	24	34
6	43	35	38	30	43	16	38	35	30	33	30
7	35	18	25	21	17	17	28	27	35	38	31
8	21	18	11	23	28	18	30	31	29	31	40
9	20	15	21	25	19	19	28	38	32	28	30
10	26	31	24	25	26	20	33	40	38	33	30

第8章

微课
装配工艺

机器装配工艺基础

工程案例

如图 8-0 所示,普通车床主轴和尾座中心线在装配后必须等高,在主轴箱、尾座、底板和床身等零部件的加工精度都符合要求条件下,该装配精度很难由相关零部件的加工精度直接保证。若装配时出现不等高现象,则加工的零件会出现锥面,甚至可能使刀具发生崩刃现象。机器的质量最终是通过装配质量保证的,若装配不当,即使零件的制造质量都合格,也不一定能够装配出合格的产品。

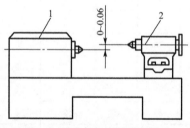

图 8-0 普通车床主轴、尾座装配

1—主轴箱;2—尾座

因此,研究和制定合理的装配工艺规程,采用有效的装配方法,对于保证机器的装配精度,提高生产率和降低成本,都具有十分重要的意义。

【学习目标】

1.了解各种装配方法的实质、特点和使用范围。

2.掌握装配尺寸链的建立方法,并能熟练运用极值法、概率法计算装配尺寸链。

3.了解装配的自动化及计算机辅助装配工艺设计。

8.1 装配的概念、生产类型及特点

8.1.1 装配的概念

任何产品都由若干零件组成。根据规定的技术要求,将零件或部件进行配合和连接,使之成为半成品或成品的过程,称为装配。

一般情况下,机械产品的结构复杂,为保证装配质量和提高装配效率,可根据产品的机构特点,从装配工艺角度出发,将产品分解为可单独进行装配的若干单元,称为装配单元。装配单元一般可划分为 5 个等级,即零件、套件(或合件)、组件、部件和机器。如图 8-1 所示为装配单元划分。

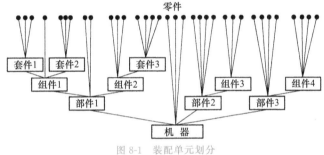

图 8-1 装配单元划分

零件是组成产品的最小单元,机械装配中,一般先将零件装成套件、组件或部件,然后再装配成产品。

套件是在一个基准零件上装一个或若干零件构成的,它是最小的装配单元。套件中唯一的基准零件是为了连接相关零件和确定各零件的相对位置。为套件而进行的装配称为套装。套件因工艺或材料问题,分成零件制造,但在之后的装配中可作为一个整体,不再分开,如图 8-2 所示的双联齿轮。

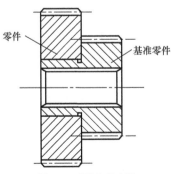

图 8-2 双联齿轮套件

组件是在一个基准零件上,装上若干套件及零件构成的。组件中唯一的基准零件用于连接相关零件和套件,并确定它们的相对位置。为形成组件而进行的装配称为组装。组件与套件的区别在于组件在以后的装配中可拆。如机床主轴箱中的主轴组件,如图 8-3 所示。

部件是在一个基准零件上,装上若干组件、套件和零件而构成的。部件中唯一的基准零件用来连接各个组件、套件和零件,并决定它们之间的相对位置。为形成部件而进行的装配称为部装。部件在产品中能完成一定的完整功能,如机床中的主轴箱。

机器或称产品,是由上述全部装配单元结合而成的整体。

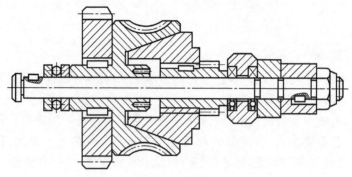

图 8-3　主轴组件

由图 8-1 可见,同一等级的装配单元在进入总装前互不相关,故可同时进行装配,实行平行作业。在总装时,选定一个零件或部件作为基础,首先进入总装,其余零部件相继就位,实行流水作业,这样,就可以合理地使用劳动力和装配场地,缩短装配周期,提高生产率。

8.1.2　装配生产类型及特点

机器装配的生产类型,按装配产品的生产批量大小可分为单件小批生产、成批生产和大批大量生产三种类型。生产类型不同,装配工作的组织形式、装配方法、工艺装备等方面均有较大区别。各种生产类型装配工作的特点见表 8-1。

表 8-1　　　　　　　　　　　各种生产类型装配工作的特点

生产类型		大批大量生产	成批生产	单件小批生产
基本特性		产品固定,生产活动长期重复,生产周期一般较短	产品在系列化范围内变动,分批交替投产或多品种同时投产,生产活动在一定时期内重复	产品经常变换,不定期重复,生产周期一般较长
装配工作特点	组织形式	多采用流水装配线,有连续移动、间歇移动及可变节奏移动等,还可采用自动装配机或自动装配线	笨重的、批量不大的产品,多采用固定流水装配,批量较大时,采用流水装配,多品种平行投产时用多品种可变节奏流水装配	多采用固定式装配或固定式流水装配进行总装
	装配工艺方法	优先采用完全互换法装配,精密偶件成对供应或分组装配,无任何修配工作	主要采用互换法,并灵活运用其他保证装配精度的装配方法,如调整法、修配法及合并法	以修配法和调整法为主,互换件比例较小
	工艺过程	工艺过程划分很细,力求达到高度的均衡性	工艺过程划分须适合于批量的大小,尽量使生产均衡	一般不制定详细工艺文件,工序可适当调动,工艺也可灵活掌握
	工艺装备	专业化程度高,宜采用专用高效工艺装备,易于实现机械化和自动化	通用设备较多,但也采用一定数量的专用工、夹、量具以保证装配质量和提高工效	一般为通用设备及通用工、夹、量具
	手工操作要求	手工操作比重小,熟练程度容易提高,便于培养新工人	手工操作比重较大,技术水平要求较高	手工操作比重大,要求工人有高的技术水平和多方面的工艺知识
	应用实例	汽车、拖拉机、内燃机、滚动轴承、手表、缝纫机、电气开关等	机床、机动车辆、中小型锅炉、矿山采掘机械等	重型机床、重型机器、汽轮机、大型内燃机、大型锅炉等

可以看出,对于不同的生产类型,装配工作的特点都有其内在的联系,而装配工艺方法

也各有侧重。要提高单件小批生产的装配工作效率,必须注意装配工作的特点,保留和发扬合理的部分,改进和废除不合理的做法,通过具体措施予以改进和提高。

8.1.3　装配精度

装配精度是指机器装配以后,各工作面间的相对位置和相对运动等参数与规定指标的符合程度。

一般机械产品的装配精度包括零件间的尺寸精度、位置精度、相对运动精度和接触精度等,如图 8-4 所示的钻模夹具。

1.尺寸精度

尺寸精度是指相关零部件的距离精度和配合精度。例如:图 8-4 中钻模夹具装配时要严格控制钻套与工件定位面之间的距离 20±0.03 mm,钻套与钻模板的配合过盈量;图 8-0 中卧式车床主轴线与尾座孔轴线不等高的精度要求在 0~0.06 mm;齿轮啮合中非工作齿面间的侧隙等。

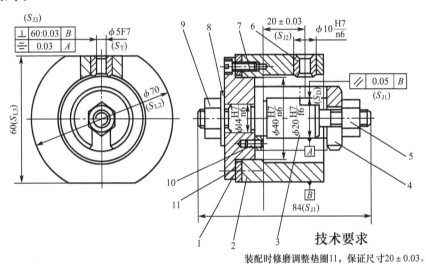

装配时修磨调整垫圈11,保证尺寸20±0.03。

图 8-4　钻模夹具

1—盘;2—套;3—定位心轴;4—开口垫圈;5—夹紧螺母;6—固定钻套;
7—螺钉;8—垫圈;9—锁紧螺母;10—防转销钉;11—调整垫圈

2.位置精度

位置精度是指相关零部件间的平行度、垂直度及同轴度等。例如,图 8-4 中定位轴线与底平面 B 的平行度在 0.05 mm 以内,钻套轴线与底平面 B 的垂直度要求,与定位心轴的对称度要求,卧式车床主轴前、后轴承的同轴度等。

3.相对运动精度

相对运动精度是指有相对运动的零部件间在运动方向和运动位置上的精度。例如,车床拖板移动相对于主轴轴线的平行度、滚齿机滚刀垂直进给运动和工作台旋转轴轴线的平行度等。

4.接触精度

接触精度是指相互接触、相互配合的表面接触面积大小及接触点的分布情况。例如,齿轮侧向接触精度要控制沿齿高和齿长两个方向上接触面积的大小及接触斑点数。接触精度影响接触刚度和配合质量的稳定性,它取决于接触表面本身的加工精度和有关表面的相互位置精度。

各装配精度之间存在密切关系,如位置精度是相对运动精度的基础,尺寸精度和接触精度对相互位置精度和相对运动精度的实现又有较大影响。

8.1.4 装配工作的基本内容

1.清洗

清洗的目的在于去除零件表面的油污及机械杂质。清洗的方法有擦、浸、喷淋等;清洗液有煤油、汽油、碱液及化学清洗液等。

2.连接

连接是装配的首要任务。连接方式有可拆连接(如螺纹连接、键连接和销连接等)与不可拆连接(如焊接、铆接和过盈连接等)两种。前一种连接的优点是,拆卸零件时,不会损伤任何零件,且拆卸后的零件还能重新装配在一起。后一种连接方式是不可拆卸的,是指假如要拆卸的话就要损坏有关零件。

3.校正、调整、配作

为保证装配精度,常常需要进行一些校正、调整、配作的工作。如在单件小批生产条件下,采用完全互换法进行装配常常是不经济的,甚至是不可能的,这时就应采用校正、调整、配作等装配方法。常见的例子有机床床身的校正、轴承间隙的调整和定位销的配作等。

4.平衡

对高速回转且有运动平稳性要求的机器,如精密磨床、电动机和高速内燃机,为保证工作的平稳性,防止在运行过程中产生振动,一般均对旋转零部件做静平衡和动平衡。在实际工作中,究竟采用何种平衡,达到多高的平衡精度,应根据零件的大小、长径比和机器对平稳性要求的高低来确定。

5.验收与检验、试验

机器装配好以后,应根据检验、试验规范进行必要的验收。如对车床除了要进行主轴回转精度和导轨精度等几何精度的验收外,还要验收它的噪声、温升和抗振性等。对装配好的机械产品一般要进行常规检验,有的还要进行破坏性试验,如发动机的特性试验、汽车与拖拉机的寿命试验、军用光学仪器的雨淋和抗振试验等。机械产品的验收与检验、试验是保证机器质量,避免不合格品出厂,提高企业信誉的有效方法。

8.2 装配工艺规程

装配工艺规程是指用表格的形式,把装配内容、方法及顺序、检验、试验等内容书写出来,并成为指导装配工作、处理装配工作中存在问题依据的工艺文件。

8.2.1 装配工艺规程的内容及制定步骤

分析产品结构、性能及装配技术要求是制定装配工艺规程的基础。

1.划分装配单元

划分装配单元即将产品划分为若干独立的装配单元,划分装配单元时应以便于装配和拆卸为原则,以基准件为中心,尽可能减少进入总装的单独零件,缩短总装配周期。

如图 8-5(a)所示,轴上的两个轴承同时装入箱体零件的配合孔中,既不便于观察,导向性又差,还会给装配工作带来困难。若改为图 8-5(b)所示的结构形式,轴上的右轴承先行装入孔中 3~5 mm,左轴承再开始装入,即可使装配工作简单方便。

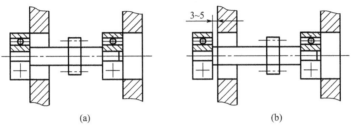

(a)   (b)

图 8-5　轴依次装配的结构

2.机器的结构设计应便于拆卸检修

由于磨损及其他原因,所有易损零件都要考虑拆卸方便问题。

如图 8-6(a)所示的轴承在更换时很难拆卸下来,若改为图 8-6(b)所示结构就容易拆卸了。

在图 8-7(a)中,定位销孔为不通孔,取出定位销很困难,若改为图 8-7(b)所示的通孔结构或图 8-7(c)所示的带有螺纹孔的定位销,就可方便地取出定位销了。

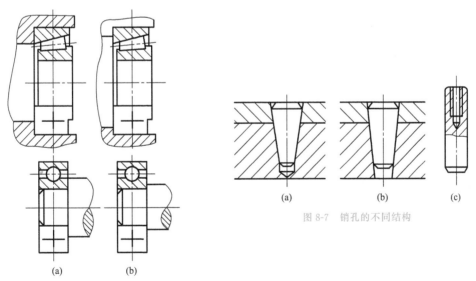

(a)　　　　(b)　　　　(c)

图 8-7　销孔的不同结构

(a)　　　　(b)

图 8-6　轴承结构应考虑拆卸问题

3.便于调整

采用调整法装配时,机器的零部件间要有调整结构。如图 8-8(a)中没有调整结构(未加调整垫片),两个齿轮的啮合间隙由各相关连接件的加工精度来保证,这不仅给加工带来困难,也难以保证装配精度。如图 8-8(b)所示结构加入了调整垫片,通过装入合适厚度(分别为 a 和 b)的调整垫片,来保证两个齿轮规定的啮合间隙。

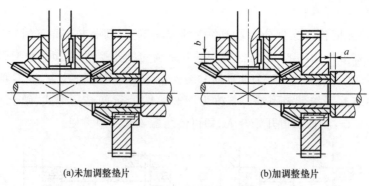

(a)未加调整垫片　　　　　　　　(b)加调整垫片

图 8-8　调整结构

4.要有正确的装配基面

有配合关系的零部件间要有正确的装配基面,以保证相关零部件间的位置关系,从而保证装配精度。如图 8-9(a)所示的缸盖与缸套的装配面之间没有正确的装配基面,缸盖与缸套装配后,缸盖小的导向套不能起到良好的导向扶正作用,导致活塞杆运动偏斜,不能满足装配精度及工作性能要求;反之,如图 8-9(b)所示结构有正确的装配基面,缸盖中的导向套能够起到良好的导向扶正作用,从而满足装配精度及工作性能要求。

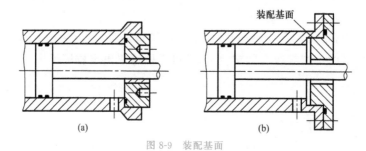

(a)　　　　　　　　　　　(b)

图 8-9　装配基面

5.减少装配时的修配和机械加工

首先,应尽量减少不必要的配合面。因为配合面过大、过多,零件机械加工就困难,装配时修配量也必然增加。其次,要尽量减少机械加工,机械加工工作越多,装配工作越不连续,装配周期越长。图 8-10 所示为两种不同的轴润滑结构。其中,图 8-10(a)所示结构需要在轴套装配后,在箱体上配钻油孔,增加了装配的机械加工工作量;图 8-10(b)所示结构改为在轴套上预先加工好油孔,便可消除装配时的机械加工工作量。

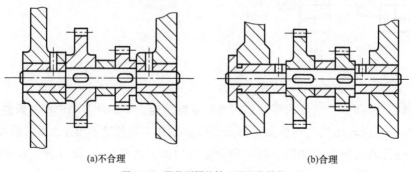

(a)不合理　　　　　　　　　　(b)合理

图 8-10　两种不同的轴上的油孔结构

8.2.2　确定装配的生产组织形式

1.移动式装配

生产组织形式一般根据产品的结构、精度及生产纲领的大小来确定。大批量生产一般采用移动式装配。产品在装配线上移动,有强迫节奏和自由节奏两种。

2.固定式装配

中小批量生产一般采用固定式装配。固定式装配是指产品或部件的全部装配工作都集中在固定的工作地点完成。

3.确定装配顺序

将产品划分为套件、组件及部件等装配单元。无论哪一级装配单元,都要选定某一零件或比它低一级的装配单元作为装配基准件。装配基准件通常应是产品的基体或主干零部件。基准件应有较大的体积和重量,有足够的支承面,以满足陆续装入零部件时的作业要求和稳定要求。例如,床身零件是床身组件的装配基准零件;床身组件是床身部件的装配基准组件;床身部件是机床产品的装配基准部件。

在划分装配单元、确定装配基准零件以后,即可安排装配顺序,并以装配系统图的形式表示出来。具体说来,一般是先难后易、先内后外、先下后上,预处理工序在前。

4.选择装配方法

按照生产纲领的大小选择装配方法。大批量生产采用机械化、自动化流水线装配;中小批量生产采用固定式手工装配。

按照产品的精度及生产纲领选择保证装配精度的方法。如大批量生产采用完全互换法、分组法或调整法来保证装配精度;中小批量生产则采用修配法来保证装配精度。

5.编写装配工艺文件

单件小批生产时,通常只需绘制装配系统图。装配时,按产品装配图及装配系统图工作。大批量生产时,通常还需编制部件、总装的装配工艺卡,阐明工序次序、简要工序内容、设备名称、工装夹具名称与编号、工人技术等级和时间定额等项内容。在大批量生产中,不仅要编制装配工艺卡,而且要按照编制装配工序卡直接指导工人进行产品装配。此外,还应按产品图样要求,编制装配检验及试验卡。

8.3　装配尺寸链

8.3.1　装配尺寸链的基本概念

装配尺寸链是产品或部件在装配过程中,由相关零件的有关尺寸(表面或轴线间距离)或相互位置关系(平行度、垂直度或同轴度等)所组成的尺寸链。

同工艺尺寸链一样,装配尺寸链也是由封闭环和组成环组成的,组成环也分为增环和减环。由于装配精度是零部件装配后才最后形成的尺寸或位置关系,因此装配尺寸链的封闭环就是装配所要保证的装配精度或技术要求,即封闭不同零部件之间的相对位置精度和尺寸精度。而对装配精度有直接影响的零部件的尺寸和位置关系,都是装配尺寸链的组成环。装配尺寸链也具有封闭性和关联性的特征。装配尺寸链是制定装配工艺、保证装配精度的重要工具。

图 8-11 所示为轴和孔配合的装配关系,装配后要求轴和孔有一定的间隙。二者的间隙 A_0 就是该尺寸链的封闭环,它是由孔尺寸 A_1 与轴尺寸 A_2 装配后形成的尺寸。在这里,孔尺寸 A_1 增大,间隙 A_0(封闭环)也随之增大,故 A_1 为增环。同理,轴尺寸 A_2 为减环。

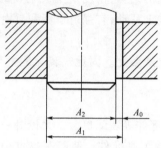

图 8-11 孔、轴配合的装配尺寸

8.3.2 装配尺寸链的建立

装配尺寸链的建立是在装配图的基础上,根据装配精度的要求,找出与该精度有关的零件及其相应的有关尺寸,并画出尺寸链图。这是解决装配精度问题的第一步。只有所建立的装配尺寸链是正确的,求解它才有意义。

装配尺寸链中,封闭环属于装配精度,很容易查找。组成环是与装配精度有关的零部件上的相关尺寸,因为涉及的数量一般较多,而与该尺寸链无关的零部件尺寸也较多,因此组成环的查找是建立装配尺寸链的关键所在。

1.查找装配尺寸链的步骤

(1)明确装配关系

看懂产品或部件的装配图,看清各个零件的装配关系,弄懂各个零件产品或部件中是如何确定其空间位置的,从而找出各个零件的装配基准。

(2)确定封闭环

明确装配精度的要求,即准确找到封闭环。

(3)查找组成环

以封闭环两端的那两个零件为起点,沿装配精度要求的方向,以相邻零件装配基准面间的联系为线索,分别找出影响该装配精度要求的相关零件,直至找到同一基准零件,甚至是同一基准表面为止。

找到相关零件后,其上两装配基准面间的尺寸就是与该装配精度有关的尺寸,即组成环。也可以从封闭环的一端开始,一直找到封闭环的另一端为止;或从共同的基准面开始到封闭环的两端。无论哪一种方法,关键要使整个尺寸链完全封闭。

(4)画尺寸链图

当相关尺寸齐全后,即可像工艺尺寸链一样,画尺寸链图,并确定组成环性质。

2.查找装配尺寸链应注意的问题

(1)简化性原则

机械产品的结构通常都比较复杂,对装配精度有影响的因素很多,查找尺寸链时,在保证装配精度的前提下,可以不考虑那些影响较小的因素,使装配尺寸链适当简化。

例如,图 8-12 所示为车床主轴与尾座中心线等高问题。车床主轴与尾座中心线等高装配尺寸链应表示为图 8-13(a)所示,其中:

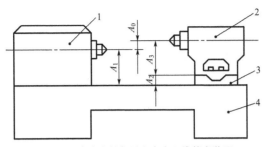

图 8-12 车床主轴与尾座套中心线等高装配

1—主轴箱;2—尾座体;3—尾座底板;4—床身

A_1——主轴锥孔轴线至尾座底板距离;

A_2——尾座底板厚度;

A_3——尾座顶尖套锥孔轴线至尾座底板距离;

e_1——主轴滚动轴承外圆与内孔的同轴度误差;

e_2——尾座顶尖套锥孔与外圆的同轴度误差;

e_3——尾座顶尖套与尾座孔配合间隙引起的向下偏移量;

e_4——床身上安装主轴箱和尾座的平导轨间的高度差。

由于 e_1、e_2、e_3、e_4 的数值相对于 A_1、A_2、A_3 的误差而言是较小的,对装配精度影响也较小,故装配尺寸链可以简化成图 8-13(b)所示的结果。

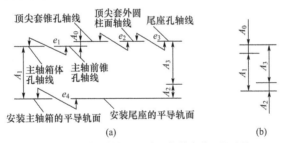

图 8-13 车床主轴与尾座中心线等高装配尺寸链

(2)最短路线原则

在装配精度既定的条件下,组成环数越少,各组成环所分配到的公差值越大,零件加工越容易、越经济。在产品结构设计时,在满足产品工作性能的条件下,应尽量简化产品结构,减少影响产品装配精度的零件数。

在查找装配尺寸链时,每个相关的零部件只应有一个尺寸作为组成环列入装配尺寸链,即将连接两个装配基准面间的位置尺寸直接标注在零件图上。这样组成环的数目就等于有关零部件的数目,即"一件一环"。最短路线原则也可以称为"环数最少"原则或"一件一环"原则。

(3)方向性原则

在同一装配结构中,在不同位置及方向都有装配精度的要求时,应按不同方向分别建立装配尺寸链,不同方向上的无关尺寸不可随意混淆。例如,蜗杆副传动结构,为保证正常啮合,要同时保证蜗杆副两轴线间的距离精度、垂直度、蜗杆轴线与蜗轮中间平面的重合度,这是三个不同位置及方向的装配精度,因而需要在三个不同方向上分别建立尺寸链。

8.3.3 尺寸链的计算方法

1.装配尺寸链的应用

当已知与装配精度有关的各零部件的公称尺寸及其偏差时,求解封闭环的公称尺寸及其偏差,主要用于对已设计的图样进行校核验算;当已知封闭环的公称尺寸及其偏差时,求解与该项装配精度有关的各零部件公称尺寸及其偏差,主要用于产品设计过程之中,以确定各零部件的尺寸和加工精度。

2.装配尺寸链的计算方法

装配尺寸链的计算方法有极值法和概率法两种。极值法的优点是简单可靠,但在已知封闭环的情况下,计算得到的组成环公差过于严格。特别是当封闭环精度要求高、组成环数目较多时,组成环公差可能无法通过机械加工来保证。

概率法面向一批零件中其加工尺寸处于公差带范围中间部分的零件。实际上,对于一批零件而言,这些零件占大多数,处于极限尺寸的只是极少数。而且一批零件装配时,尤其是多环尺寸链装配时,同一部件的各组成环恰好都处于极限尺寸的情况就更少见。因此,在成批或大量生产中,当装配精度要求高且组成环数目又较多时,可采用概率法解算尺寸链,以扩大零件的制造公差,降低制造成本。

8.4 保证装配精度的方法

采用合理的装配方法,实现用较低的零件加工精度,达到较高的产品装配精度,这是装配工艺的核心问题。

根据生产纲领、生产技术条件及机器性能、结构和技术要求的不同,常用的装配方法有互换法、选配法、修配法和调整法。这四种方法既是机器或部件的装配方法,也是装配尺寸链的具体解算方法。

8.4.1 互换法

根据互换程度的不同,互换法分为完全互换法和不完全互换法。

互换法的实质是通过控制零件的加工误差来保证装配精度的。在装配过程中,每个待装配的零件不需要任何挑选、调整或修配,装配后即可达到装配精度的要求,这种装配方法称为完全互换法。若大多数零件装配后即达到装配精度的要求,而少数不合格,则称为不完全互换法(也称大数互换法)。

下面以图 8-14 凸轮箱装配为例,简述完全互换装配法的尺寸链计算。

已知条件:$A_\Sigma = 1 \sim 1.75$ mm,$A_1 = A_3 = 5$ mm,$A_2 = 191$ mm,$A_4 = 30$ mm,$A_5 = 150$ mm。

由尺寸链基本计算公式可知封闭环 A_Σ 的公称尺寸为

$$A_\Sigma = A_2 - (A_1 + A_3 + A_4 + A_5) = 1 \text{ mm}$$

则 A_Σ 可表示为 $1^{+0.75}_{0}$ mm。

组成环的公差可根据封闭环的公差确定,即将封闭环的公差分配到组成环上。分配时,首先算出组成环的平均公差,即

$$T_A = \frac{T_{A_\Sigma}}{n-1} = \frac{0.75}{5} = 0.15 \text{ mm}$$

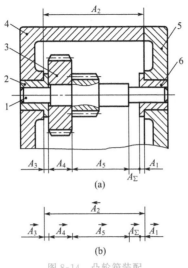

图 8-14　凸轮箱装配

1—齿轮轴;2—滑动轴承;3—齿轮;4—传动箱体;5—箱盖;6—滑动轴承

然后根据各组成环的尺寸大小、结构的工艺特点及加工的难易程度,按照"等公差"或"等公差级"的方法进行各环公差值的调整。

由于 A_1 和 A_3 尺寸小且容易加工,取 $T_{A_1}=T_{A_3}=0.1$ mm,把其减小的公差分配给 A_2 和 A_5,即 $T_{A_2}=0.22$ mm,$T_{A_5}=0.18$ mm。

在组成环的公差确定后,需在组成环中选一个作为尺寸链计算的"协调环"。协调环应满足下列条件:结构简单;非标准件;不能是几个尺寸链的公共组成环。本例中选 A_5 为协调环。

除协调环外其余各组成环的上、下极限偏差按"入体原则"标注,即

$$A_1=5_{-0.1}^{0} \text{ mm} \qquad\qquad A_2=191_{0}^{+0.22} \text{ mm}$$
$$A_3=5_{-0.1}^{0} \text{ mm} \qquad\qquad A_4=30_{-0.15}^{0} \text{ mm}$$

协调环的极限偏差要根据尺寸链的计算公式来确定,即

$$\text{ESA}_5=0-0-0-0-0=0$$
$$\text{EIA}_5=0.22+0.1+0.15+0.1-0.75=-0.18 \text{ mm}$$

故 $A_5=150_{-0.18}^{0}$ mm。

可见,采用完全互换装配法装配时,装配尺寸链采用极值解法,即满足封闭环的公差等于或大于各组成环公差之和。

完全互换法的特点是:装配质量稳定可靠,装配过程简单,生产率高,易于实现装配机械化、自动化,便于组织协作生产,便于维修中更换零件。但由于各环公差以及上、下极限偏差是按极限尺寸考虑的,所以当装配精度要求较高,特别是装配体中组成环数较多时,就会使零件尺寸公差过小,造成加工困难。因此,完全互换法常用于较高精度的少环尺寸链或较低精度的多环尺寸链的大批大量生产中。

根据数理统计原理可知:在一个稳定的工艺系统中进行大批量生产时,零件加工误差出现极值的可能性很小,而各零件的加工误差同时为极大或极小的极端情况可能性更小,可忽略不计。因此,将组成环的公差适当放大,使零件加工容易,虽有少数不合格,但这是小概率事件,很少发生,从总的经济效果上看仍然合理可行,这就是不完全互换法。

采用不完全互换法装配时,可采取必要的工艺措施,以便降低或排除产生废品的可能性。这种装配方法适用于装配精度要求较高且组成环较多的大批量生产中。

8.4.2 选配法

选配法是将尺寸链中组成环的公差放大到经济可行程度,然后选择合适的零件进行装配,以保证规定的装配精度要求。选配法主要有以下三种形式:

1.直接选配法

从待装配的零件群中,凭装配经验和必要的判断性测量,选择一对符合规定要求的零件进行装配,这就是直接选配法。

这种装配方法的优点是能达到很高的装配精度,但与工人的技术水平和测量方法有关,且劳动量大,不宜用于生产节拍要求较严的大批大量流水作业中。另外,直接选配法还有可能造成无法满足要求的“剩余零件”的出现。

2.分组选配法

分组选配法是先将装配的零件进行逐一测量,再按公差间隔预先分成若干组,按对应组分别进行装配的装配方法。显然,分组越多,所获得的装配质量越高。但过多的分组会因零件测量、分类和存储工作量的增大而使生产组织工作变得复杂化。一般地,零件的分组数以3～5组为宜。

这种装配方法的主要优点是在零件的加工精度不高的情况下,也能获得很高的装配精度。同时,同组内零件可以互换,具有互换法的优点,因此又称为分组互换法,适用于装配精度要求很高且组成环较少的大批大量生产中。

分组时,各组的配合公差应相等,配合件公差增大的方向也应相同,但零件表面粗糙度及几何公差等不能放大。同时,要尽量使同组内相配零件数相等,若不相等,则需要另外专门加工一些零件与其相配。

3.复合选配法

复合选配法是上述两种方法的复合,即先测量、分组,再直接选配。其优点是:配合件公差可以不等,装配精度高,装配速度快,能满足一定生产节拍的要求。在发动机汽缸与活塞的装配中,多采用这种方法。

下面举例说明选配法的应用。图 8-15 所示为某活塞销和活塞的装配。要求活塞销和活塞销孔在冷态装配时,要求有 0.002 5～0.007 5 mm 的过盈量。

解:若采用完全互换法装配,并设活塞销和活塞销孔的公差采用“等公差”分配,则它们的公差都仅为 0.002 5 mm(因为封闭环公差为 0.007 5－0.002 5＝0.005 0 mm),活塞销和活塞销孔的尺寸分别为

$$d = \phi 28^{\ 0}_{-0.002\,5}\ \text{mm}$$

$$D = \phi 28^{-0.005\,0}_{-0.007\,5}\ \text{mm}$$

显然,加工这样的活塞销和活塞销孔既困难又不经济。在实际生产中可以采用分组选配法,将活塞销和活塞销孔的公差在相同方向上放大 4 倍,即

$$d = \phi 28^{\ 0}_{-0.010}\ \text{mm}$$

$$D = \phi 28^{-0.005}_{-0.015}\ \text{mm}$$

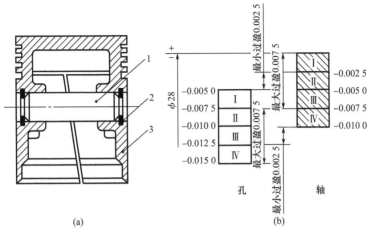

图 8-15 某活塞销和活塞的装配

1—活塞销；2—挡圈；3—活塞

按此公差加工后，再分为 4 组进行相应装配，这样既可保证配合精度和性质，又降低了加工难度。分组时，可涂上不同颜色或分装在不同容器内。便于进行分组装配。分组情况见表 8-2。

表 8-2 　　　　　　　　　　**活塞销和活塞销孔分组互换装配** 　　　　　　　　　　mm

组别	标志颜色	活塞销直径 $d = \phi 28^{\ 0}_{-0.010}$	活塞销直径 $D = \phi 28^{-0.005}_{-0.015}$	配合情况	
				最大过盈	最小过盈
I	白	$\phi 28^{\ 0}_{-0.002\,5}$	$\phi 28^{-0.005\,0}_{-0.007\,5}$		
II	绿	$\phi 28^{-0.002\,5}_{-0.005\,0}$	$\phi 28^{-0.007\,5}_{-0.010\,0}$		
III	黄	$\phi 28^{-0.005\,0}_{-0.007\,5}$	$\phi 28^{-0.010\,0}_{-0.012\,5}$	0.007 5	0.002 5
IV	红	$\phi 28^{-0.007\,5}_{-0.010\,0}$	$\phi 28^{-0.012\,5}_{-0.015\,0}$		

8.4.3 修配法

在装配精度要求高且组成环又较多的单件小批生产或成批生产中，常用修配法装配。修配法是用钳工或机械加工的方法修整产品中某个零件(该零件称为修配件，该组成环称为修配环)的尺寸，以获得规定装配精度的一种方法，而其他有关零件仍可以按照经济加工精度进行加工。

作为解算尺寸链的一种方法，修配法就是修配尺寸链中修配环的尺寸，补偿其他组成环的累积误差，以保证装配精度的要求。因此，修配环也可称为补偿环。通常所选择的补偿环应是形状简单、便于装拆、易于修配，并且对其他装配尺寸链没有影响的零件。

修配法的优点是能利用较低的制造精度，来获得很高的装配精度。但修配劳动量大，对工人技术水平要求高，不便组织流水作业。常用的修配法有单件修配法、合并加工修配法和自身加工修配法三种。

1.单件修配法

单件修配法是选定某一固定零件为修配件，在装配时进行修配以保证装配精度的方法。例如，在图 8-12 车床尾座底板的修配是为保证前、后顶尖的等高度，应用广泛的平键的修配是为了保证其与键槽的配合间隙。这种修配方法在生产中应用最广。

2.合并加工修配法

将两个或多个零件预先装配在一起进行加工修配,这就是合并加工修配法。这些零件组成的尺寸作为一个组成环,这样就减少了组成环的数目,相应地也减少了修配工作量。但出于零件合并后再进行加工和装配,给组织生产带来了一定不便,因此多用于单件小批生产中。如按图 8-12 所示进行尾座装配时,也可采用合并加工修配法,即先将加工好的尾座体 2 和尾座底板 3 两个零件装配为一体,再以尾座底板的底平面为定位基准,镗削加工尾座顶尖套锥孔,这样组成环 A_2 和 A_3 就合并为一个组成环 A_{2-3},此环公差可放大,并且可以给尾座底板的底平面留较小的刮研量,使整个装配工作变得更加简单。

3.自身加工修配法

对于某些装配精度要求很高的产品或部件,若单纯依靠限制各个零件的加工误差来保证,势必要求各个零件具有很高的加工精度,其至无法加工,而且不易选择一个适当的修配件。此时,可采用自己加工自己的方法来保证装配精度,这就是自身加工修配法。例如,牛头刨床总装后,可用自刨的方法加工工作台面,使滑枕与工作台面平行;平面磨床装配时,自己磨自己的工作台面,以保证工作台面与砂轮轴平行。

8.4.4 调整法

对于精度要求高且组成环数又较多的产品和部件,在不能用互换法进行装配时,除了用分组互换和修配法外,还可用调整法来保证装配精度。在装配时,用改变产品中可调整零件的相对位置或选用合适的可调整零件,以达到装配精度的方法称为调整法。

调整法与修配法的实质相同,即各零件公差仍然按经济加工精度的原则来确定,选择一个零件为调整环(也可称为补偿环,此环的零件称为调整件),来补偿其他组成环的累积误差。但两者在改变补偿环尺寸的方法上有所不同:修配法采用机械加工的方法去除补偿环零件上的金属层;调整法采用改变补偿环零件的相对位置或更换新的补偿环零件,以保证装配精度的要求。常用的调整法有可动调整法、固定调整法和误差抵消调整法三种。

1.可动调整法

可动调整法是通过改变调整件的相对位置来保证装配精度的方法。图 8-16 所示为丝杠螺母副调整间隙的机构。当发现丝杠螺母副间隙不合适时,可转动中间螺钉,通过斜楔块的上下移动来改变间隙的大小。

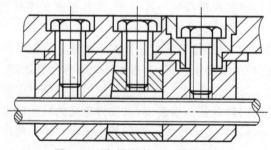

图 8-16　丝杠螺母副调整间隙的机构

采用可动调整法可获得很高的装配精度,并且可以在机器使用过程中随时补偿由于磨损、热变形等原因引起的误差,它比修配法操作简便,易于实现,在成批生产中应用广泛。

2.固定调整法

固定调整法是在装配体中选择一个零件作为调整件,根据各组成环所形成的累积误差大小来更换不同的调整件,以保证装配精度的要求。固定调整法多应用于装配精度要求高的大批大量生产中。

调整件是按一定尺寸间隙级别预先制成的若干组专门零件,根据装配时的需要,选用其中的某一级别的零件来补偿误差,常用的调整件有垫圈、垫片、轴套等。

采用固定调整法时必须处理好三个问题:选择调整范围;确定调整件的分组数;确定每组调整件的尺寸。

3.误差抵消调整法

在产品或部件装配时,通过调整有关零件的相互位置,使其加工误差(大小和方向)相互抵消一部分,以提高装配精度的方法称为误差抵消调整法。这种装配方法在机床装配时应用广泛,如在机床主轴部件装配中,通过调整前、后轴承的径向圆跳动方向来控制主轴的径向圆跳动;在滚齿机工作台分度蜗轮装配中,可以采用调整两者的偏心量和偏心方向,提高其装配精度。

8.5　装配自动化及计算机辅助装配工艺设计

8.5.1　装配自动化

1.概述

机械制造自动化的最后阶段通常是装配自动化,装配自动化是制造工业中需要解决的关键技术。

装配自动化可提高生产率,降低成本,保证机械产品的装配质量和稳定性,并力求避免装配过程中受到人为因素的影响而造成质量缺陷,减轻或取代特殊条件下的人工装配劳动,降低劳动强度,保证操作安全。

目前,世界上工业发达国家的机械制造自动化过程中,已将一些产品、部件的装配过程逐渐摆脱了人工操作,转向装配自动化系统研究,并实现了柔性装配系统(Flexible Assembly System,FAS)。

装配自动化技术发展大致经历了三个发展阶段:传统的机械开环控制的装配自动化技术;半柔性控制的装配自动化技术;柔性控制的装配自动化技术。

装配自动化的各项基础技术在向纵深迅速发展的同时,也向横向扩展,并与其他技术相互渗透,最典型的是控制技术、网络通信技术和人工智能技术的结合。

2.装配自动化的工艺要求

(1)装配自动化的基本要求

要实现装配自动化,必须具备一定的前提条件,主要有以下方面:

①生产纲领稳定,年产量大,批量大,零部件标准化、通用化程度高。

②产品具有较好的装配工艺性。

③实现装配自动化后,经济上合理,生产成本降低。

(2)自动装配条件下的结构工艺性

自动装配工艺性好的产品结构能使自动装配过程简化,易于实现自动定向和自我检测,简化自动装配设备,保证装配质量,降低生产成本。在自动装配条件下,零件的结构工艺性应符合以下原则:

①便于自动给料。

②利于零件自动传送。

③利于自动装配作业。

（3）自动装配工艺设计的一般要求

自动装配工艺的要求要比人工装配的复杂得多。为保证自动装配工艺先进合理，在设计中应满足以下要求：

①平衡各个装配工位的工作时间，保证装配工作循环的节拍同步。

②除正常传送外，应避免或减少装配基础件的位置变动。

③合理选择装配基准面，保证装配定位精度。

④对装配件进行合理分类，提高装配自动化程度。

⑤正确处理关键件和复杂件的自动定向问题。

⑥易缠绕粘连的零件要进行定量隔离。

⑦按照配合要求，对精密配合副要进行分组选配。

⑧根据工艺成熟程度和实际经济效益，合理确定装配的自动化程度。

⑨不断提高装配自动化水平。

2.装配自动化的工艺实现

（1）自动装配机

根据装配产品的复杂程度和生产率的要求，自动装配机可分为单工位装配机、多工位装配机和非同步装配机三大类。

单工位装配机是指所有装配操作都可以在一个位置上完成的自动装配机，适用于两到三个零部件的装配，也容易适应零件产量的变化。

对有三个以上零部件的产品通常采用多工位装配机进行装配，设备上的许多装配操作必须由各个工位分别承担，这就需要设置工件传送系统，按照传送系统形式要求可选用回转式、直进式或环式布置形式。

非同步装配机也称为非同步装配线，是由连续运转的传送链来传送浮动连接的随行夹具，以实现装配工位之间的柔性连接。常用的有直进式上下轨道的非同步装配线、直进式水平轨道的非同步装配机和环式轨道的双链非同步传送装配线。

（2）自动装配线

如果产品或部件复杂，无法在一台装配机上完成装配工作，或由于装配节拍和装配件分类等生产原因，需要在几台装配机上完成装配，就需要将装配机组合形成自动装配线。

自动装配线的基本特征是：在装配工位上，将各种装配件装配到装配基础件上，完成一个部件或产品的装配。

按照装配线的形式和装配基础件的移动情况，自动装配线可分为装配基础件移动式自动装配线和装配基础件固定式自动装配线两种。其中，移动式应用较为广泛，如轨道装配线、带式装配线、板式装配线、车式装配线和气垫装配线等。

装配基础件在工位间的传送方式有连续传送和间歇传送两类。连续传送中，工位上的装配工作头也随之同步移动；间歇传送中，装配基础件由传送装置按生产节拍进行传送，等对象停留在工位上时进行装配，作业一完成即传送至下一工位。目前，除小型简单工件装配中有所采用连续传送外，一般都使用间歇传送方式。

（3）自动装配系统

自动装配系统由装配过程的物流自动化、装配作业自动化和信息流自动化等子系统组成，按主机的适用性可分为两大类：一是根据特定产品制造的专用自动装配系统或专用自动装配线；二是具有一定柔性范围的程序控制的自动装配系统。

通常专用自动装配系统由一个或多个工位组成，各工位设计以装配机整体性能为依据，结合产品的结构复杂程度确定其内容和数量。一般地，专用自动装配系统设施刚性小，不适于产品的更换。

柔性装配系统则具有足够大的柔性，面向中小批量生产，能够适应产品的频繁更换。柔性装配系统一般由装配机器人系统、灵活的物料搬运系统、零件自动供料系统、工具（手指）自动更换装置及工具库、视觉系统、基础件系统、控制系统和计算机管理系统等组成，通常有两种形式：一是模块积木式柔性装配系统；二是以装配机器人为主体的可编程柔性装配系统。

随着科学技术的不断发展和自动化程度的不断提高，柔性装配系统的应用越来越普及，装配过程转向柔性计算机控制已成必然趋势。

8.5.2　计算机辅助装配工艺设计

1.概述

在一个产品的生命循环中，装配是一个很重要的环节。装配的工作效率和工作质量对产品的制造周期和最终质量都有着极大的影响。

一方面，随着新技术、新工艺、新材料的发展，高速加工和强力切削技术广泛应用于加工过程之中。装配时间成了影响制造周期的主要因素。另一方面，随着数控机床的广泛应用，零件的加工精度已不再依赖于工人的技术水平，但装配工作却仍以人为主，装配质量又成了提高产品质量的瓶颈环节。提高装配的工作效率和工作质量，降低装配成本，提高装配自动化，利用计算机进行辅助装配工艺设计（Computer Aided Assembly Planning，CAAP）具有十分重要的意义。

从本质上而言，CAAP 就是利用计算机模拟人编制装配工艺的方式，自动生成装配工艺文件。一方面，CAAP 可以充分缩短编制装配工艺的时间，减轻人的繁琐劳动，提高装配工艺的规范化程度，降低对工艺人员的依赖。另一方面，随着 CIMS 领域研究的不断深入，CAAP 不仅能够提供指导装配操作的技术文件，也可为管理信息系统提供对装配生产线进行科学管理的信息数据，同时还可扩大 CAD/CAPP/CAM（包括装配在内）的集成范围。另外，CAAP 还能及时向产品设计的 CAD 系统反馈可装配性的信息，满足并行工程（CE）的需要。

2.系统组成

计算机辅助装配工艺设计一般包括以下内容：研究装配信息的描述方法；编制典型零件副的装配工作规范，建立装配工艺的知识规则；研究装配工序图的自动生成方法；研究装配顺序的决策原理与实现方法等。

CAAP 系统的主要组成部分包括：

（1）装配信息描述的知识库

即将装配对象及技术要求描述为适于计算机存储的数据库。

（2）动态数据库

用于存储由信息输入模块产生的装配信息，以及推理机在推理决策过程中产生的中间数据和最终结果。

（3）推理机

针对动态数据库内存储的装配信息，利用知识库内的知识与规则，在工序简图库和工艺数据库的支持下，进行推理和决策，生成有关装配工艺和工序图的数据。

（4）装配工艺知识库

存储生成装配工艺所需的知识与规则。

（5）装配工艺简图库

存储典型装配工艺的工序简图，供推理机生成工序图。

（6）装配工艺数据库

存储与装配工艺有关的数据，如各种装配方法所能达到的装配精度及相关检测规范等。

3.基本原理与方法

（1）装配信息描述

装配信息的描述涉及信息的获取、信息的取舍、信息描述方法、信息描述的语言实现等。从长远看，应该提供与 CAD 的接口，以直接从 CAD 得到装配工艺设计的原始数据。目前比较可行的方法是，根据装配图以人机交互方式输入产品的装配信息。

一般而言，装配信息的描述应分层次进行，逐渐细化。在描述清楚零件基本几何数据的前提下，重点描述各零件、固定组件及部件之间的相互装配关系，包括连接关系、连接位置、连接方法、连接方向和连接技术要求等。

（2）装配顺序决策

装配顺序决策通常分为两类：基于配合关系的推理和基于知识的推理。

基于配合关系的推理应用较多，一般采用逆向推理法（拆卸法），即从图的所有零件集中选择几何上可拆的零件，拆卸完一个零件后对剩余的零件继续进行拆卸，利用回溯算法生成所有拆卸顺序与拆卸方案。

基于知识的推理可以充分利用装配任务的特点，搜集人工编制装配工艺的知识规则，有选择地选取装配基准件，形成装配顺序。

不论采取哪一种决策方法，装配顺序的设计都应该分阶段有层次地进行，即从建立框架入手，由粗到细，不断充实与调整，最终生成合理的装配顺序。

（3）装配工序图的自动生成

相对于零件加工工序图而言，装配工序图自动生成的研究更困难，目前一直未能取得突破性进展。一般地，装配工序图自动生成的方法有以下三种：

①采用一定方式获取　按照一定规则截取装配图的局部，进行必要的修改而生成。

②建立所有零件的图形库　这样，根据相应规律即可将有关零件按一定算法"组合"到一起。

③基于典型的装配关系生成典型装配工序图并建立图库　按照一定规则，对装配工序图库中的相应图形进行适当修改，必要时允许少量的人工干预，生成所需的装配工序图。

思考与练习

8-1 机器装配的生产类型有哪些？分别具有哪些工作特点？

8-2 装配精度包括哪些内容？装配精度与零件的加工精度有何区别和联系？

8-3 何谓装配尺寸链？装配尺寸链的封闭环是如何确定的？建立装配尺寸链应遵循哪些原则？

8-4 保证装配精度的方法有哪几种？各适用于什么场合？

8-5 图 8-17 所示为某机床主轴部件，装配后要求轴向间隙 $A_\Sigma = 0^{+0.42}_{+0.05}$ mm。已知 $A_1 = 32.5$ mm，$A_2 = 35$ mm，$A_3 = 2.5$ mm，试计算组成零件的上、下极限偏差。当 $A_\Sigma = 0^{+0.15}_{+0.05}$ mm 时，在不同生产类型下，采用何种装配方法比较合理？试分别确定各组成环的上、下极限偏差。

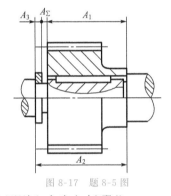

图 8-17 题 8-5 图

8-6 制订装配工艺规程的原则和内容包括哪些？

8-7 机器装配的组织形式有哪些？

8-8 何谓装配单元系统图？何谓装配工艺系统图？

8-9 装配工艺过程是由哪些单元组成的？划分工序的内容包括哪些内容？

8-10 何谓装配自动化？如何实现装配自动化？

8-11 何谓 CAAP？CAAP 具有什么功能？

8-12 CAAP 系统由哪些部分组成？CAAP 的基本原理和方法有哪些？

参考文献

[1] 王先逵.机械制造工艺学.北京:机械工业出版社,2013.

[2] 陈明.机械制造工艺学.北京:机械工业出版社,2012.

[3] 吕崇明.机械制造工艺学.2 版.北京:中国劳动社会保障出版社,2011.

[4] 张世昌.机械制造技术.北京:高等教育出版社,2007.

[5] 于英华.机械制造技术基础.北京:机械工业出版社,2013.

[6] 吕崇明.机械制造工艺学.北京:中国劳动社会保障出版社,2011.

[7] 陈伟栋.机械加工设备.北京:北京大学出版社,2010.

[8] 卢秉恒,机械制造技术基础(第 4 版).北京:机械工业出版社,2019.

[9] 黄健求.机械制造技术基础.北京:机械工业出版社,2006.

[10] 金捷.机械加工技能训练.北京:清华大学出版社,2009.

[11] 曾志新.机械制造技术基础.北京:机械工业出版社,2001.

[12] 张树森.机械制造工程学.沈阳:东北大学出版社,2001.

[13] 戴曙.金属切削机床.北京:机械工业出版社,1996.

[14] 方元青.金属切削机床.徐州:中国矿业大学出版社,1996.

[15] 崔明铎.机械制造基础.北京:清华大学出版社,2008.

[16] 林有希.认识制造.北京:清华大学出版社,2013.

[17] 陈红霞.机械制造工艺学.北京:北京大学出版社,2010.

[18] 郭艳玲,李彦蓉.机械制造工艺学.北京:北京大学出版社,2008.

[19] 蔡光启.机械制造工艺学.沈阳:东北大学出版社,1994.

[20] 吴拓.现代机床夹具设计.北京:化学工业出版社,2011.

[21] 侯放.机床夹具.北京:中国劳动社会保障出版社,2007.

[22] 关慧贞.机械制造装备设计.北京:机械工业出版社,2009.

[23] 王启平.机床夹具设计.哈尔滨:哈尔滨大学出版社,1995.

[24] 汤酞则.材料成形技术基础.北京:清华大学出版社,2008.

[25] 严绍华.材料成形工艺基础.北京:清华大学出版社,2001.

[26] 王茂元.机械制造技术基础.北京:机械工业出版社,2017.

[27] 施江澜.材料成形技术基础.北京:机械工业出版社,2001.

[28] 崇凯.机械制造技术基础课程设计指南.北京:化学工业出版社,2015.

[29] 鞠鲁粤.工程材料与成形技术基础.北京:高等教育出版社,2004.

[30] 中国机械工程学会铸造学会.铸造手册.北京:机械工业出版社,2001.

[31] 中国机械工程学会铸造学会.锻压手册.北京:机械工业出版社,2001.

[32] 中国机械工程学会铸造学会.焊接手册.北京:机械工业出版社,2001.

附 录

机械加工工艺基本数据

表1 车削外圆的加工余量 mm

直径尺寸	直径余量				直径公差	
	粗车		精车			
	长度				荒车	粗车
	≤200	>200～400	≤200	>200～400		
≤10	1.5	1.7	0.8	1.0		
>10～18	1.5	1.7	1.0	1.3		
>18～30	2.0	2.2	1.3	1.3		
>30～50	2.0	2.2	1.3	1.4		
>50～80	2.3	2.5	1.5	1.8	IT14	IT12～IT13
>80～120	2.5	2.8	1.5	1.8		
>120～180	2.5	2.8	1.8	2.0		
>180～260	2.8	3.0	2.0	2.3		

表2 磨削外圆的加工余量 mm

直径尺寸	直径余量		直径公差	
	粗磨	精磨	精车	粗磨
≤10	0.2	0.1		
>10～18	0.2	0.1		
>18～30	0.2	0.1		
>30～50	0.3	0.1		
>50～80	0.3	0.2	IT11	IT9
>80～120	0.3	0.2		
>120～180	0.5	0.3		
>180～260	0.5	0.3		

表 3   镗削内孔的加工余量   mm

直径尺寸	直径余量		直径公差	
	粗 镗	精 镗	钻 孔	粗 镗
≤18	0.8	0.5	IT12~IT13	IT11~IT12
>18~30	1.2	0.8		
>30~50	1.5	1.0		
>50~80	2.0	1.0		
>80~120	2.0	1.3		

表 4   磨削内孔的加工余量   mm

直径尺寸	直径余量		直径公差	
	粗 镗	精 镗	钻 孔	粗 镗
≤18	0.2	0.1	IT10	IT9
>18~30	0.2	0.1		
>30~50	0.2	0.1		
>50~80	0.3	0.1		
>80~120	0.3	0.2		